EARTH SCIENCE FOR LIBERAL ARTS STUDENTS

大学教養地学

はじめて学ぶ

NORIHIKO SUGIMOTO MASAHIRO KISHIMA NAOKI MATSUMOTO

杉本憲彦・杵島正洋・松本直記

JN016474

慶應義塾大学出版会

はじめに

本書は、大学の教養課程で初めて地学を学ぶ学生を想定して書かれた。地学とは、地球や宇宙の成り立ちを知り、そこで起こる現象を考える学問である。地球は、約46億年前に太陽系で誕生し、固体地球、大気や海洋、そして生物が相互に作用しながら、これまで変化し続けてきた。

近年、気候変動、食料、環境、資源の問題など、地球と文明社会の持続可能性が大きく取り沙汰されている。地球と人間の関係に変化が生じてきていることは明らかである。これらの社会問題を考えるために、基礎的な科学的事実を知ることは、文系、理系を問わず、現代人に必須の教養である。

また、日本では、地震や火山の被害だけでなく、大雨、洪水、台風、大雪、高波などの気象災害も頻発する。これらの原因となる現象の本質を正しく知ることは、防災への第一歩となる。一方で、私たちは、風光明媚な景勝地に囲まれて、豊かな自然の中で、四季を感じながら過ごしている。

このように地学は、身の回りの現象から災害と防災、地球環境や持続可能性の問題まで、とても幅広く重要な学問である。しかし残念なことに、現在の高校ではほぼ、一部の文系受験生のための科目として設置される以外、生徒が地学という科目に触れる機会がほとんどなく、大学教養科目としての地学の教科書も非常に少ない。本書はこのような背景を踏まえ、初めて地学を系統立てて学ぶ大学生や一般の方を想定した構成と内容になっている。

3人の執筆者のそれぞれの専門分野の視点から、固体地球、大気と海洋、天文の3部で構成した。現象が生じる原理になるべく踏み込み、現象の理解を目的としたため、扱う内容は取捨選択されており、高校地学の内容をすべてカバーするものではない。読者に高校地学を学んだ経験は問わないが、既習者であっても、現象の仕組みの踏み込んだ説明をぜひとも学んでもらいたい。

　なお、各章末などに問いを設けている。これらの問いには、すぐに答えが得られないものもあるかもしれない。これからの社会を生きるうえで、よく考えて行動して欲しいという、著者らの願いが込められている。

　最後に本書を執筆するにあたって、たくさんの方々の協力を得た。第2部では慶應義塾大学の宮本佳明さん、阿部未来さん、兵庫県立大学の島伸一郎さん、第3部では大阪工業大学の真貝寿明さんに有益なコメントをいただいた。ここに謝意を表したい。

2020年3月　杉本　憲彦

杵島　正洋

松本　直記

目　次

‖‖‖‖‖‖‖ 第2部　地球をめぐる大気と海洋 ‖‖‖‖‖‖‖

第3部　地球を取り巻く天体と宇宙

第 **1** 部

活動する地球の姿

　私たちは、地球について多くのことを知っている。宇宙に浮かぶ青い星で、陸と海が広がり、生命が満ち溢れている。しかし、地球は私たちに対してあまりに大きく、私たちは日常生活の中でその存在をほとんど意識しない。

　私たち人間はこの地球で暮らし、地球の活動に翻弄されながらも、しっかり地球を利用して生きている。第１部では地球について、その姿や構造や活動、表層の変遷の様子など、さまざまな観点から学んでいこう。そして、地球と上手に付き合っていくのに必要な視点や考え方を身につけていこう。

1. 地球の概観と内部構造

　千葉県銚子市に「地球が丸く見える丘公園」という名の公園がある。太平洋に突き出した岬の丘の上からは全方位に視界が開け、地平線と水平線を一周するようにたどると、確かに地球が丸く見えるような気がする。ただしこれは、360°見渡すことで「丸く見える気がする」のであり、観察者の見える範囲が地球に対して限りなく小さいなら、地表がどんな形でも同じように見えるはずだ。大地が球体であることを、人間はいつ、どうやって知ったのだろう。この章では、人間が地球という星の全容や内部を認識していく過程を追いつつ、その姿や内部構造について詳しく見ていきたい。

1-1. 地球の認識
　「地球」という言葉には「球」という形を示す表現が含まれるため、これは球形であることを認識したうえでつくられた言葉である。漢字語句としての最も古い「地球」の事例は、古くは明の時代に遡るという意見もあるが、人々に広く普及したのはずっと後の清朝後期のことらしい。西洋の近代科学が流入し、大地は球体であるとする考えが人々に次第に受け入れられた結果、「地球」（または地毬）という単語が広く使われるようになったといわれる。
　「地球」という言葉や、その正確な大きさや形について、我が国で最初に紹介した人物の一人が**福澤諭吉**である。1868年に福澤が著し出版した日本で最初の科学入門書である『窮理図解』の第八章には、

> 「……世界の状は圓くして　毬の如く又橙實の如し
> 學者の言葉にて　これを地球ともいふ　其の周圍　凡一万二百三十里余
> 南と北を軸にして　西より東へ廻り　昼夜十二時の間に　一廻りを終り
> 日輪へ向たる方は昼にて　其裏の半面は夜なり……」

とあり、地球という言葉の紹介とともに、その形や大きさ（一周の長さ）なども紹介している。「学者の言葉にて……」とあるように、この頃はまだ「地球」と

いう言葉がまだ一般社会に普及していなかったことがうかがえる。

　私たちが暮らす大地の姿について、古代の人々はどのような認識を持っていたのだろうか。各地で勃興した古代文明は、それぞれの文明がもつ常識や観念を背景に、それぞれ独自の概念を編み出した。古代メソポタミア文明は、平坦で円盤型をした大地の周りを海が取り囲み、その外側に壁がそそり立ち天を支えるという世界観を持っていた。他にも古代エジプトや古代中国など、平たい大地という認識を持っていた文明は数多い。一方、古代ギリシャでは数学者ピタゴラスによって地球球体説が初めて論じられたが、科学的な根拠をもって大地を球体であると喝破したのは、紀元前4世紀の当時随一の「知の巨人」**アリストテレス**である。多くの自然科学の開祖ともいえるアリストテレスは、この問題についても以下のような証拠を開示して、地球が球形であると主張した。

- 地中海を挟んで南側のエジプトと北側のギリシャやマケドニアでは、見える星が違う。北方の地域では、北天の星が高く見える一方、南方の地域では北方では見えない星が南の地平線の上に昇ってくる（図 1-1-1 左）。
- 陸から遠く離れた船上からは、海岸ではなく奥にそびえる山地の頂上部が見える。船が陸に近づくにつれて、山のふもとや海岸の街が見えてくる。逆に、陸から見ると遠ざかる船は船底から見えなくなっていく（同、右上）。

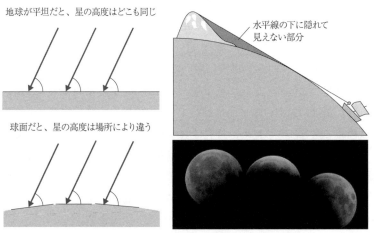

図 1-1-1　アリストテレスが示した「地球球体説」の根拠

・月食時に月が欠ける輪郭が円弧である。月食とは月が地球の影に隠される現象であることはすでに知られており、その影が月よりも大きな円なので、地球が大きな球体であることの証拠になる（同、右下）。

1-2. 地球の大きさの計測

　地球は球体であるというアリストテレスの主張は、その明確な根拠もあって当時の知識層を中心に受け入れられていった。その後、アリストテレスが家庭教師をしたとされるマケドニア王アレクサンドロスは、ギリシャ・トルコ・エジプトから東方のイラン（ペルシャ）、インド西方までの広大な領土を征服し、当時の人々が知る世界は東西に大きく拡大した。エジプトのナイル河口には彼の名を冠した都市アレクサンドリアが建設され、世界最大の規模を誇る図書館が建造された。印刷も製本技術もない当時、パピルスに記された書物や記録はほぼ唯一無二のものであり、ゆえに図書館は「知」を求めて世界中の学者や学生が集まる、現在の大学か研究機関に相当する学問の中枢であった。

　このアレクサンドリア図書館長を30年にわたり務めたのが、紀元前230年頃に活躍したギリシャの科学者エラトステネスである。彼は数学や地理学などにも重要な業績を残しているが、何より彼の名声を高めているのが、地球一周の距離を初めて科学的に求めたことである。ゆえに測量学の父とも称される。

　図書館の業務として、各地の風土や伝承を記録に残すという作業が進められていた。そんな中、彼は次の記述に出会う。その記述とは、「……シエネでは夏至の正午、太陽が井戸の底に映る……」というものだった。

　シエネはナイル川の中流、砂漠に咲いたオアシス都市で、20世紀に巨大なダムが建造された都市アスワンに重なる。太陽が井戸底の水面に映るとは、すなわち太陽が正確に頭上、地平面に対して90°の位置から照らすことを意味する。太陽は極めて遠方にあるため、日射はいつも平行になることはわかっていた。もし地球が平坦なら、同日同時刻ではシエネに限らずどこでも地平線に対して同じ角度で太陽光が射し込む。シエネで真上ならどこでも真上に太陽が来る。しかし彼は日頃の経験から、アレクサンドリアではそのようなことが一度も起きないことを知っていた。これは地球が球体だからである。

　エラトステネスはさらに先を見ていた。アレクサンドリアで夏至の正午、地

面に棒を垂直に立てて、棒とその影の長さを計測した。棒と影の長さがわかれば、作図によってこの地における太陽光の射す角度が求まる（図1-1-2）。この角度は、2地点と地球の中心を結んでできる扇形の中心角に等しい。エラトステネスによると、その角は7.2°、一周360°の50分の1だった。

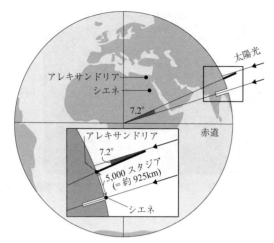

図 1-1-2　エラトステネスによる地球の計測方法

あとは、扇形の弧の長さ、すなわち2地点の直線距離が求められれば、断面円の一周長、すなわち地球の一周長が得られる。エラトステネスは旅人らから、シエネ―アレクサンドリア間の移動に必要な日数と1日あたりの平均移動距離を割り出し、両地点間の推定距離が5,000スタジア（現在の単位で約925 km）であることを導き出した。これから地球一周長を求めると約46,250 kmとなる。この値は、現在知られている値の一周およそ40,000 kmとそれほど違わない。当時の観測精度を考えれば、現実の地球の大きさに極めて近い、とても優秀な測定値ということができる。

　ところが、当時の人々にこの地球の大きさが受け入れられることはなかった。彼らにとってこの値は大きすぎたのである。もしこの数値が正しいとすると、当時の人々が認識していた世界は、地球のほんの一握りの場所に過ぎないことになってしまう。彼らに受け入れられるものではなかった。

　エラトステネスから約400年後の紀元150年頃、同じアレクサンドリアで活躍した**プトレマイオス**は、当時の知識を集大成した世界図を描き上げた。この世界地図には緯度経度と思われる線が描かれるなど、明確に地球を球体と捉えているが、その大きさはエラトステネスの地球よりはるかに小さかった。この地図は彼の名声もあって多くの人々に受け入れられ、その後の地図はもっぱらプトレマイオス図を修正する形で進められた。

左図に描かれた範囲（推定）

図 1-1-3　プトレマイオス図（左）と、描写範囲を現在の地図に投影したもの（右）

　15 世紀、スペインとポルトガルによる大航海時代の幕が開けると、世界地図や地球儀は航海の必需品となった。当時の欧州ではインドや中国など東アジアへの関心が高く、こうした世情を背にしたコロンブスは 1492 年、東アジアへの新たな航路を求め、大西洋を西に漕ぎ出した。当時の世界地図は実際より小さな地球を想定し、ヨーロッパ西端とアジア東端がかなり近くに描かれていた。この「小さい地球」という認識が、彼を海の彼方へ突き動かしたのである。

　苦難の果てにコロンブスが到達した陸地は、アジアとは違う未知の大地で、後に新大陸アメリカと名付けられた。その後、新大陸の向こう側に大西洋とは別の未知なる大海が発見され、彼らが渇望するアジアやヨーロッパはその先にあると考えられた。マゼランとその一行は 1519 年にスペインを出発し、新大陸南端を回って太平洋に至り、その後 3 年かけて、隊の一部が（マゼラン自身は途中で死去）ついに地球一周を果たして帰還した。ここにようやく、地球は球体でしかも予想より大きかったこと、エラトステネスの求めた値がかなり真実に近かったことが証明されたのである。

1-3. 地球の精密な形

　17 世紀に入ると、フランスやイギリスも新大陸での植民地経営に乗り出した。1672 年、フランスの天文学者ジャン・リシェは、火星観測のため南米の仏領ギアナに滞在していた。パリ天文台長の**カッシーニ**と、地球上の離れた 2 地点から同時に火星を観測することで、地球—火星間の正確な距離比を求めるため

だった。観測は成功し、リシェは帰国後に報告書を書いた。そしてそこに、訪問先のギアナで体験した不思議な話を挿入した。ギアナでは、彼らが持参した精密な振り子時計が、毎日2分半ずつ遅れてしまっていた。初めは時計の誤作動や狂いを疑ったが、フランスに戻るとその時計はまた正しい時を刻む。この不思議な話はパリの人々の間でも評判になった。

　海を隔てたイギリスにもこの話は伝わった。**ニュートン**はこの話を聞いて、それは「地球各所で**重力**の値がわずかずつ異なる」から、と主張した。重力がフランスとギアナで違えば、振り子のおもりを引く地球の重力が異なり、周期が微妙に違ってくる。さらにニュートンは、重力が各地で異なる値を示す理由について、地球の自転がもたらす**遠心力**が働くからとし、この遠心力のせいで地球は赤道方向に膨らんだ形状である、とも主張した。

　ところが、この主張にリシェの盟友カッシーニが反発した。彼は天文学を応用してフランス国内の測量を担当しており、その経験からむしろ地球は極方向に伸びた「レモン型」と主張した。地球は「オレンジ型」か「レモン型」か、対立する主張は話題を呼び、論争は10年近く続いた。

　決着をつけるべく、フランス学士院が赤道（ペルー・エクアドル）と高緯度（ラップランド）に測量隊を派遣し、緯度1°の正確な距離をそれぞれ数年かけて求めた。図1-1-4のように、赤道が膨らんだ形なら低緯度の1°長より高緯度の1°長のほうが長く、逆に極が伸びた形なら低緯度の1°長のほうが長い。結果はわずかに高緯度の1°のほうが長く、地球はニュートンが示したとおり「赤道方向にわずかに膨らんだ**楕円体**」と決着した。

　一方、フランスの測量技術も高く評価された。その後、国際的に単位統一の機運が高まった際、フランスを中心として再定義が検討され、新たな長さの単位である「メートル」が考案された。これは、地球の北極点から赤道までの距離を10,000 kmとし、その1,000万分の1

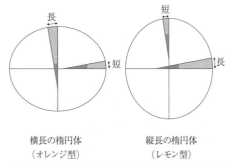

横長の楕円体　　　　　縦長の楕円体
（オレンジ型）　　　　（レモン型）

図 1-1-4　2つの楕円体と緯度10°長の違い（色を付けた扇形は中心角10°）

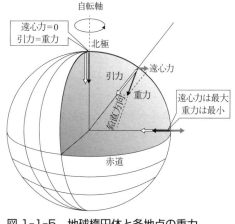

図 1-1-5　地球楕円体と各地点の重力

を 1 m とするというもので、ゆえに地球一周長（北極点と南極点を通る子午線一周長）はほぼ 40,000 km となる（定義後の再計測では 40,008 km）。赤道一周はこれよりわずかに長く 40,075 km。地球が赤道方向に膨らんだ理由は、地球の自転で生じる遠心力が自転軸に対して外向きに働き、赤道で最も大きく働くからである。重力は万有引力と自転による遠心力の合力で（図 1-1-5）、赤道では最大の遠心力が万有引力と正反対の向きに働くため、赤道での重力は極と比べて 0.5% ほど小さい。

1-4. ジオイドと GPS 測量

　実際の地球は、もちろん幾何学的に完全な楕円体ではなく、山の出っ張りもあれば海の凹みもある。ただし、最も突出したエベレスト山で 8,848 m、最も凹んだマリアナ海溝チャレンジャー海淵で − 10,920 m、つまり幅 20 km の間（平均半径の 1/300 未満）にすべての地表が入ってしまう。

　地表の凹凸は平均海面から計測し、これを**標高**という。この平均海面は楕円体と完全に一致せず、楕円体からわずかに凹凸が存在する。これは地球の重力が（緯度や高度による差を除いても）場所ごとにわずかに異なり、海水が集まって海面が高まる場所や、逆に海水が周囲に逃げて海面が下がる場所ができるからである。これは地下の物質の密度の不均一が原因である。地下に高密度の物質が潜んでいると、その直上の地表では重力がわずかに大きくなり、海水が引き寄せられて少し高まった状態で安定になる。この平均海面は、重力が同緯度海面と同じ位置と考えれば陸地内部にも延長することができ、地球全体を包む滑らかな曲面体となる。これを**ジオイド**という。**ジオイド**とは Geo-（地球の）に -oid（のようなもの）をつないだ造語であり、地表の標高も海底の水深も、このジオイド面から計測したものである。

各地点の標高を求める作業を水準**測量**というが、これまでは基準となる海面に近い地点から順に内陸や高所へ計測していくため、内陸や山岳の標高を求めるには大変な時間と労力を要した。近年では航空レーザ測量（航空機から地表にレーザ光を照射し、反射波が戻る時間から地表の凹凸を求める）や、衛星測量（複数の人工衛星からの電波を受信し、その位相差から衛星との距離を算出し、観測地の位置や標高を求める）も導入されている。どちらも、求まるのは地表の相対的な凹凸であり、標高に換算するには各地点での精密なジオイド高が求められている必要がある。それでも、特に衛星測量については、GPS衛星など世界の測地衛星を利用した測量の精度が飛躍的に向上し、水準測量に匹敵するまでになってきた。日本では、ほぼ常に日本の頭上に位置する準天頂衛星みちびき1〜4号が打ち上げられたことで、建物の死角がほぼなくなり、今後より正確な位置判断ができると期待されている。

1-5. 地球の内部構造を探る

　見えない地球の内部を知るにはどうすればよいだろう。深く穴を掘って調べようとしたこともあるが、人類が20年の年月をかけて最も深く掘ったロシア・コラ半島超深度掘削計画でも、最深部はわずか12 kmに過ぎず、地球半径の約6,400 kmと比較すれば表面のひっかき傷に過ぎない。

　ほかにどんな方法があるだろう。それには「波」が利用できる。物体の中を通過する「波」は、通過した場所の情報を教えてくれることがある。例えば、材質のわからない机を叩いてみて、その音で素材が木か金属プラスチックか、中が空洞か、それとも物質が詰まっているか、さまざまなことがわかる。医者が診断に用いる聴診器やエコー（超音波）、レントゲン（X線）なども、体内を通過した波から内部の情報を得ようとする技術である。

　地球に対しても、音や振動の波で調べられる。海底の凹凸は、現在では船上からエアガンで大音響を出し、その音波が海底で反射して戻ってきたところをマイクで収音することで調べられる。ちょうど、やまびこの時間ギャップが反射した山までの距離に比例するのと同じで、反響が戻るまでの時間が往復距離＝水深の2倍に換算される。音波は海底で反射するだけでなく、軟弱な地層中を通過して硬い面で反射することもあり、海底下の地層の様子もある程度知る

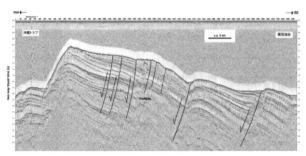

図 1-1-6　沖縄本島北西海底の音波探査画像
出所：産業技術総合研究所。

ことができる。ただし音波は急激に減衰し、1 km に達する前に消滅してしまう。

　さらに深部を調べるには、地層や岩盤の中でもあまり減衰せずに伝わる波で調べる必要がある。それには**地震波**が有効である。地震波は、地下で岩盤が破壊された際の衝撃が振動となって四方八方に伝わっていくもので、P 波や S 波などいくつかの種類がある。このうち **P 波**（primary wave）は最も速く伝わる地震波で、波動の各点の動きが波の進行方向に沿って前後に動く「縦波」であり、媒質の疎密が伝わっていく（図 1-1-7 左）。硬く緻密な物質の中では速く伝わる。一方、**S 波**（secondary wave）は、波動の各点の動きは波の進行方向と垂直、つまり前方に進む波に対して上下や左右にはみ出すように動く「横波」で、それが波として伝わっていく（図 1-1-7 右）。やはり硬い物質ほど速く伝わるが、固体岩盤であれば P 波速度の 0.6〜0.7 倍、液体ではまったく伝わらない。

　大地震の地震波は地球内部を通過して、地球の裏側にまで達する。こうした地震波を解析することで、地球内部に関するさまざまなことがわかる。1926 年、アメリカのグーテンベルクは、震源から角距離（震源と観測点の距離を中心と結んだ扇形の角度で表現したもの）103° 以遠の地点では、S 波がほぼまったく到達しないことを発見した（図 1-1-8 左）。ここを S 波シャドーゾーンという。

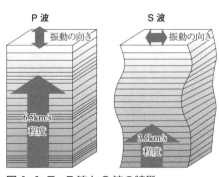

図 1-1-7　P 波と S 波の特徴

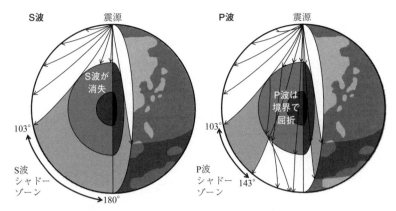

図 1-1-8　P波とS波それぞれの経路とシャドーゾーン

　S波が到達しないということは、地球内部にS波が通れない場所、すなわち液体の領域があることを意味する。ここを**核**（core）という。103°より手前ではS波が到達していることから、核（少なくとも核の表層）は液体で、それより浅部は固体物質が連続することが推定された。ここを**マントル**という。

　P波はどうだろう。P波も角距離103°以遠にシャドーゾーンを持つが、震源の裏側、143°～180°にはP波が到達する。このことは、P波が深さ2,900 kmの核―マントル境界で内側に折れるように2度屈折し、凸レンズを通った光が1点に集まるように、P波が震源の裏側に集中していることを意味する（図1-1-8右）。P波も物質の固さや密度で速度が大きく変化するが、核に入ると速度が不連続に減少することから、核を構成する物質はその上のマントルと明確に異なることが示唆される。

　このように、地震波は地球内部を照らす照明のように、地球の内部構造を次々と明らかにしていった。地表を覆う地殻とマントルの境界は、1907年にモホロビチッチによって発見された（後述）。デンマークのレーマンは、P波が到達するはずのない角距離110°付近に、微弱なP波が届くことを発見した。このP波は他の場所に到達するP波とは違い、波形（位相）が反転していて、地球内部で1回反射したことを示す。レーマンは、核の内側にP波を反射させる固体表面があると予言し、後の検証でそれが確かめられた。すなわち、核は内側の固体部分すなわち**内核**と、外側の液体部分すなわち**外核**に分けられる。

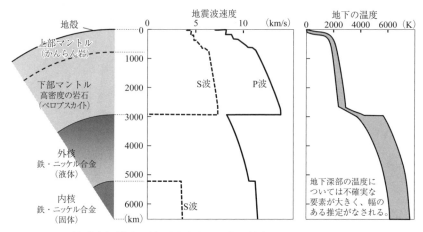

図 1-1-9　地球内部構造と地震波速度・温度の分布

　マントルや核を通過する地震波の速度や、地球の形成過程を考慮することで、これらを構成する物質がだいたい推定される。内核と外核は、ともに金属の鉄を主成分とし、6％程度のニッケル、および数％のその他元素を含む合金である。つまり、地球の中心には巨大な金属鉄の球が入っていることになる。地球内部の温度は中心に近いほど高温で、外核の外側で 3,000℃以上と、鉄が液体で存在するには十分な温度であるが、中心に近づくにつれて圧力が急増し、ゆえに中心部の鉄は固体になってしまう。

1-6.　地殻とマントル

　地表付近の構造も地震波で調べる。地表の観測地点に P 波が到達すると、カタカタと細かい揺れが起きる。その後、S 波が到達するとユサユサとした振幅の大きな揺れになる。前者つまり S 波が到達する前の細かい揺れのことを**初期微動**、後者つまり S 波到達によって生じる大きな揺れを**主要動**と呼ぶ。

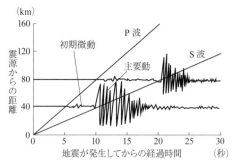

図 1-1-10　地震波の様子（初期微動・主要動）と震源からの距離との関係

1899年、東京帝国大学の**大森房吉**
は、地表の各地点での初期微動継
続時間から、その地点と震源との
距離が単純な比例式で求まること
を見出した。これが**大森公式**で、d
$=kT$ と表される（d：震源距離、T：
初期微動継続時間、k：定数）。定数 k
を 8.0 としたとき、初期微動継続時
間が 10 秒であれば、そこは震源か

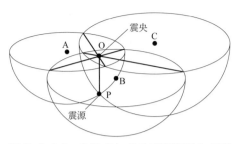

**図 1-1-11　3 地点からの震源距離から震
源の位置を求める方法**

ら 80 km の地点ということになる。この関係から、複数地点の初期微動継続時
間が得られれば、震源の位置や深さを決定することができる。

　ところがこの関係も、震源からかなり遠方の地点では少々怪しくなってくる。
1907 年、クロアチアの地震学者**モホロビチッチ**は、震源から 150〜200 km より
遠方では、地震波が震源距離から推定される時刻より少し前に到達しているこ
とを発見した。地震波速度が一定なら、震源距離と経過時間は比例するはずで
ある。このことは、地球内部に
地震波速度が不連続に変化する
領域があることを意味する。モ
ホロビチッチが解析したところ、
地下 35〜40 km に不連続面をお
き、その下側が上側より地震波
速度が大きくなると仮定すると、
観測結果とよく合致することが
わかった。すなわち、地球内部
に地震波速度を大きく変化させ
る不連続面があることを、彼は
発見したのである。

　モホロビチッチの発見を受け
て、多くの地震学者が多数の地
震記録について再調査したとこ

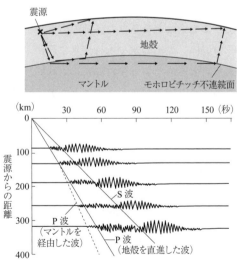

**図 1-1-12　地震波の到達の様子（遠方では地
震波が予想より先に到着する）**

ろ、世界中のどこでもほぼ同じ深さに同様の不連続面があることがわかった。この境界面を**モホロビチッチ不連続面**（モホ面）といい、この面より上を**地殻**、下を**マントル**という（図1-1-12）。マントルは地殻よりも地震波速度が1.2〜1.4倍大きくなり、地殻より硬く高密度の岩石でできていると考えられる。

1-7. 地殻の厚さの分布

　モホ面の深さ、すなわち地殻の厚さは、大陸と海洋で大きく異なる。大陸では厚さがほぼ30〜50km、ヒマラヤやアンデスなど標高が高いところでは60kmに達することもある。一方、海洋では島嶼部を除くと5〜6kmしかない。このように、大陸と海洋では地殻の性質が大きく異なることから、前者を**大陸地殻**、後者を**海洋地殻**と区別する。大陸地殻はさらに地震波速度や構成岩石の種類から、主に花こう岩などからなる上部地殻と、より高密度な斑れい岩からなる下部地殻に区分される（中間的な組成の中部地殻を置くこともある）。一方、薄い海洋地殻はすべて下部地殻に相当する岩石（斑れい岩・玄武岩）でできていて、花こう岩の上部地殻を欠く（図1-1-13）。

　地殻の厚みが場所により異なり、特に地表が突出している巨大山脈の下ではモホ面がはるか深くまで下がっていることが判明すると、その理由についてさまざまな議論がなされた。地殻の厚い部分がマントルに深く根を下ろしているその姿は、大小の氷や木材が水に浮かぶ様子とよく似ている。つまり地殻も、より高密度のマントルに浮かんだ状態でバランスを取っているのではないか。この釣り合い、バランスのことを**アイソスタシー**という。

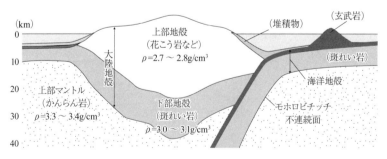

図1-1-13　大陸地殻と海洋地殻

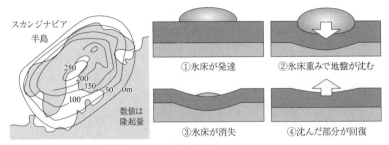

図 1-1-14　スカンジナビア半島の隆起量（1 万年前～現在）とそのしくみ

①氷床が発達　②氷床重みで地盤が沈む
③氷床が消失　④沈んだ部分が回復

数値は隆起量

　地殻とマントルの間でアイソスタシーが成立していることは、多くの証拠が証明してくれた。北欧のスカンジナビア半島は、現在継続的に地盤が隆起していることがわかっており、大きいところでは過去 1 万年間に 250 m も上昇した。これは、それ以前にこの地を覆った厚さ数 km にも及ぶ氷床の重みにより、地殻がマントル内に深く沈み込み、氷が融けた現在はそれを回復すべく浮上している、というものである。カナダ東部にも、同じしくみの隆起帯が見られる。

1-8. アセノスフェアとリソスフェア

　アイソスタシーが成立するには、地殻を支えるマントルが柔軟な物質でなければならない。しかし地震波からは、マントルは地殻より硬い物質であると推測されている。この矛盾はどう説明すればよいだろうか。

　地下の地震波速度を詳細に調べると、マントルに入って少し進んだ深さ 70～200 km 付近で、地震波速度がわずかに遅くなることがわかってきた。ここでは温度が高く、マントルを構成する岩石が軟らかくなっていると考えられる。ここを地震波低速度層と呼ぶこともあるが、現在では**アセノスフェア**（岩流圏）と呼ぶ。氷床をのせた大陸が沈降し、氷床が失われると高度を回復するというアイソスタシーを成立させるマントルの柔軟さは、このアセノスフェアによって実現しているといえる。

　アセノスフェアの上には低温で硬いマントルの薄い層と地殻が残る。地殻は単独で浮き沈みするのではなく、アセノスフェアより浅い部分全体、すなわちマントル最上部の層と地殻が 1 枚の板として存在し、浮上や沈降のみならず水平方向にも運動することになる。これを**リソスフェア**（岩石圏）という。リソ

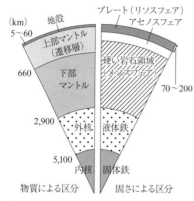

```
(km)    地殻    プレート（リソスフェア）
5〜60              アセノスフェア
      上部マントル
       （遷移層）      硬い岩石領域
660                 （メソスフェア）
       下部
      マントル              70〜200

2,900
        外核   液体鉄

5,100
        内核   固体鉄
    物質による区分  固さによる区分
```

図 1-1-15　プレート・アセノスフェアと地殻・マントルの関係

スフェアは十数枚に分離して地球を覆い、独立して水平方向に運動する。この 1 枚を「プレート」として扱う。日本で暮らす人にとっては常識ともいえる、地表を覆いながらゆっくり動き、押し合ったり沈み込んだりして地震などさまざまな現象をもたらすプレートとは、アセノスフェアの上に乗ったリソスフェアのことなのである。

　アセノスフェアより下層も、地震波速度の分布などからさまざまな研究がなされている。モホロビチッチ不連続面から 410 km までを上部マントルとし、ここはマグマ上昇に伴ってやってくるマントル捕獲岩の研究から、主にかんらん岩という岩石でできた領域と判明している。そこから 660 km までは、かんらん岩中のかんらん石が徐々にスピネルという鉱物に遷移する層、さらに 660 km より下はペロブスカイト（またはブリッジマナイト）という超高密度の岩石でできた領域が、マントルの底部まで続く。ここを下部マントルという。近年ではマントル最下部の約 100 km だけを D″層（D ダブルプライム層）として独立させる研究もある。

　プレートの概念の登場は、それまで細分化され閉塞感のあった地球科学全体の雰囲気を一変させた。地震だけでなく、火山活動や造山運動、マグマ形成論、構造地質、はては古生物地理まで、それまで個々に進展してきた地学分野の多くの領域において、プレート理論を基礎とした再解釈が試みられた。次章では、プレートが地表の現象を支配するという概念がどのように成立したか、およびプレート運動がもたらす地震などの地殻変動について述べることにする。その前に、地球内部のしくみがもたらす地磁気について、次節にまとめる。

1-9.　地磁気

　地球は巨大な磁石である。地表で方位磁石を使うと N 極が北を指すことから、地球深部には北極側に S 極があり、磁石の N 極を引き付けていることがわかる。

方位磁石の N 極は、厳密には真北から少しずれた方向を指し、真北とのずれを**偏角**という。東京では西偏 6～7°となる。方位磁石は鉛直方向にも動けるようにすると水平面から大きく傾いて静止し、N 極が指す向きと水平面とのなす角（下向きを正）を**伏角**という。伏

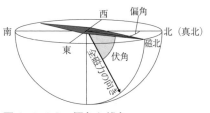

図 1-1-16　偏角と伏角

角は赤道でほぼ 0°（水平）、高緯度ほど角度が大きくなり、90°の地点を磁極という。北磁極は 2020 年現在、カナダ北方の北緯 80°付近、南磁極は南極大陸縁の南緯 80°付近にあり、それぞれ年々移動している。また、磁力の強度（全磁力）も年々変化し、現在は衰弱する傾向にある。

　こうした地磁気の分布からわかる地球全体の磁場は、南北に極を持ち、地球を包み込む形となる。地球の磁場は大気圏のはるか外側にまで大きく広がり、太陽からのプラズマ粒子を絡め捕ったりして、プラズマ粒子が地球大気に衝突して大気をはぎ取るのを防いでいる。絡め捕られたプラズマ粒子は北磁極と南磁極に引き寄せられ、大気圏上層の大気分子と衝突して発光させる。これがオーロラである（コラム「オーロラの発生のしくみ」p.126）。

　地球の磁場は一見すると棒磁石の磁場に似ているが、磁場の向きや強度が変化することから永久磁石ではない（そもそも地球内部は高温で、磁石が磁力を失うキュリー点を大幅に上回る）。実は地球の磁場は、外核にある液体鉄の流動により発生すると考えられている。外核では、地球の自転や上下の温度差などから液体鉄が複雑な対流を生じ、この渦状の流れが電流となり、電磁石と同じ原理で磁場をもたらしている。こうした地磁気の解釈は「ダイナモ理論」と呼ばれ、さらに現実に合う液体鉄の流れを解明しようと研究が進められている。

Question !
現代に生きる私たちが、地球の全体像を直接的な体験で理解するとしたら、どんな方法があるだろうか。考えてみよう。

コラム　残留磁気と松山基範

かつての地磁気の向きが、その当時にできた岩盤に記録されることがある。火山をつくるマグマの中には、磁場に強く反応する磁石のような鉱物（磁性鉱物）がわずかに含まれる。これらは、マグマの流れが落ち着き、温度がキュリー点を下回って鉱物の磁場が復活する際、当時の地磁気の向きに磁場を持つため、岩石全体がこの方向に弱い磁気を帯びた状態になる。逆に、岩盤がもつ弱い磁場を計測すると、その岩石ができた時代の磁北の向きが三次元的にわかる（磁北は真北の周りをゆっくり回るように動くので、長期的には磁北の平均≒真北となる）。

1929年、京都帝国大学の**松山基範**は、兵庫県北部の玄武洞という溶岩でできた場所を調査し、この溶岩層のうち77万年前より古いものは、残留磁気のN極が南を指すことを発見した。彼は東アジアの各地で同様の研究を行い、この現象が全地球規模で起きていることを立証した。つまり、過去には磁石のN極が南を指す時期があったのである。これを逆磁極期、現在と同じ向きの時期を正磁極期と呼ぶ。地磁気の正逆の変遷はこの1億年の間にも何百回となく繰り返している。

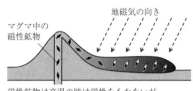

磁性鉱物は高温の時は磁性をもたないが、冷却すると地磁気の向きに帯磁する。

図1-1-17　残留磁気のでき方

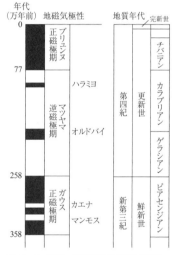

図1-1-18　古地磁気の変遷史
磁極が現在と同じ向きの「正」を黒く塗り、「逆」を白で塗った。

松山基範による地磁気逆転の発見は、当時はほとんど顧みられなかったが、その後、1950年代に古地磁気の研究とプレート運動論が進むにつれて、その功績の重要性が認識されるようになった。地磁気逆転の変遷史を認識するため、ほぼ正磁極の時代、逆磁極の時代を一括りにした固有名称がつけられているが、現在に最も近い逆磁極期には松山の名が冠されている。

2. プレートテクトニクス

　地球は今も活動している。地震や火山噴火が起きるたびに、私たちは地球が活発に活動する星であること、その莫大なエネルギー規模を認識させられる。地震や火山は、地表を覆うプレートがそれぞれの向きに運動するため生じる、と考えられ、こうした概念を**プレートテクトニクス**という。プレートテクトニクスの登場によって、従来は別々のしくみで解釈されていた地球上の多くの現象は、瞬く間にプレート運動に基づく解釈に書き換えられていった。まさにプレートテクトニクスは、地球科学を一変させた革命的理論なのである。

　プレートテクトニクスによってどんな現象が生じるのか、そしてプレートは何に動かされているのか、この章で明らかにしていきたい。

2-1. プレート理論の誕生

　プレートテクトニクスの理論が完成したのはわずか半世紀前、20 世紀後半に入った頃である。それ以前は、大地が水平方向に動くことなどないと信じられていた。そんな中、プレート理論の萌芽ともいえる考えが一人の学者によって発表された。1915 年、ドイツの気候学者**ウェゲナー**は著書『大陸と海洋の起源』の中で、地球上のすべての大陸がかつて 1 枚の巨大な大陸、すなわち超大陸パンゲアを構成し、パンゲアが分裂してできた大陸が海洋をかき分けて進んでいく、という「大陸移動説」を主張した。彼は最初、大西洋を挟むアフリカと南米の海岸線が類似していることに気づき、そこからこの仮

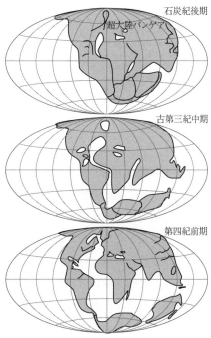

石炭紀後期

超大陸パンゲア

古第三紀中期

第四紀前期

図 1-2-1　ウェゲナーの大陸移動説

説に到達したといわれるが、学説として紹介する際には他にも、両大陸にまたがる古い地質構造や氷河の痕跡、陸上生物化石の分布など多くの証拠を挙げて、現在は離れ離れの大陸が太古は１枚の超大陸だったことを説明している。

　大陸が分裂して何千キロも移動するというウェゲナーの仮説は人々の関心を呼

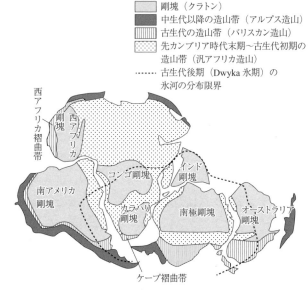

凡例:
- 剛塊（クラトン）
- 中生代以降の造山帯（アルプス造山）
- 古生代の造山帯（バリスカン造山）
- 先カンブリア時代末期～古生代初期の造山帯（汎アフリカ造山）
- 古生代後期（Dwyka 氷期）の氷河の分布限界

図 1-2-2　大陸移動説の根拠（地質や氷河痕跡の連続）
出所：Smith and Hallam（1970）および Read and Watson（1975）を簡略化。

び、一部の学者は彼を熱烈に支持した。しかし、当時の地球科学界は、彼の斬新な説に対して冷淡であった。巨大な質量をもつ大陸が数千 km も移動するメカニズムやエネルギー源について、ウェゲナー自身が人々を満足させられる仮説を用意できなかったからともいわれる。ウェゲナーはさらに証拠を積み重ねようとしたが、1930 年、グリーンランドでの調査中に病死してしまう。主を失った大陸移動説は、急速に人々の記憶から薄らいでいった。

　二度の世界大戦は学問の世界にも多大な影響を及ぼした。地球科学も例外ではなく、軍需に直結する地下資源探査が最優先とされ、大陸がはたして動いたかどうかといった優雅な話題は後回しにされた。大戦の後も平和がすぐ訪れたわけではなく、冷戦という緊張状態に再突入した米ソ両国は競うように軍備を拡大した。その一つに潜水艦がある。敵側に知られずに接近できる能力は脅威であり、逆に潜水艦の位置を海上から捕捉する技術開発も進められた。船上から海中に向かって大音響を発すると、潜水艦のような固い物体があると音は強く反射して戻ってくるので、その反響を集め解析することで、固い物体すなわ

ち潜水艦の位置と深さがわかる、というものである。

　この軍事技術は思わぬ成果をもたらした。音響は潜水艦がなければ、海底まで到達し、そこで反射して戻ってくる。往復の時間が長ければそこの水深が深いというわけで、海底の起伏が連続的にわかるのである。こうして、それまでまったく知られていなかった海底地形が次第に明らかになっていった。そこには予想もしないダイナミックな地形が存在していた。やがて、海底地形探査を主目的とした音波探査も行われるようになり、こうして未知の領域だった海底の起伏に富んだ姿が露わになってきたのである。

図 1-2-3　海底地形図

　ウェゲナーが超大陸の分裂によって生じたと考えた大西洋。その中央を南北に貫く背骨のように、長大な海底山脈が走っていた。これを**海嶺**（mid-oceanic ridge）と呼ぶ。大西洋中央海嶺は、大西洋両側の大陸の海岸と並行に走るように、北極海から南極海まで続き、さらにインド洋、太平洋に達し、北米の太平洋岸に吸収されるという、総延長が 40,000 km を超える地球最大の地形である。海嶺の中央には深い峡谷があり、この峡谷を軸に、緩やかにすそ野を引く左右対称の構造をしている。一方、日本やインドネシア等の列島沿岸、南米の太平洋岸などでは、深さが 10,000 m にもなる深い溝状の地形が伸びる。これを**海溝**（trench）という。山脈や峡谷と呼ぶにはあまりに長大なこれらの海底地形は、

人々に驚きをもって受け入れられた。

　こうして新たな世界が見えてくると、これらの地形の成り立ちにも関心が集まってくる。海上（船上）から観測できることの一つに、海底岩盤がもつ残留磁気の計測がある。海底の岩盤は主にマグマが冷え固まった岩石（火成岩）でできていて、マグマが冷えて岩盤になる際の地磁気の向きに弱く磁化される。これを船上から計測すると、ある場所は正に磁化され、ある場所は負に磁化される。図 1-2-4 のように残留磁気の正逆で色分けすると、海底に縞模様が現われた。この縞模様は海嶺に平行で、よく見ると海嶺を軸に左右対称にみえる。

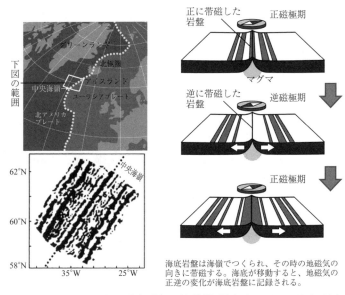

海底岩盤は海嶺でつくられ、その時の地磁気の向きに帯磁する。海底が移動すると、地磁気の正逆の変化が海底岩盤に記録される。

図 1-2-4　海底岩盤の残留磁気の縞模様（左）と、そのでき方（右）

　地磁気の正逆の歴史（p.18）と対比しながら縞模様の幅の間隔を追っていくと、海嶺の部分が最も若い岩盤で、両側に離れるにつれて古い過去の岩盤であるとわかる。これは、海底の岩盤が海嶺でつくられ、平均 2〜3 cm/年の速度で両側に離れていくように移動する、と考えれば辻褄が合う。こうして、海底の岩盤は海嶺で生まれ、徐々に海嶺から離れるように動き続ける、という考えが成立した。これを**海洋底拡大説**という。

さらにこの後、海底のできた年代を広範囲に知る方法が確立した。海底には岩盤の上に堆積物が厚く積もるが、ここには放散虫などプランクトンの化石が含まれる。できたばかりの岩盤のすぐ上に最初に降り積もったプランクトンを採取し、その生物の生息した時代がわかれば、それはこの岩盤の形成年代とほぼ一致する。こうして海底岩盤の形成年代を求めると、海嶺部分はほぼ現在に近く、そこから離れるにしたがって古くなり、その分布は海嶺を軸に左右対称になっていた。このことも海洋底拡大説を完全に支持していた。

　大西洋は拡大している。逆に時間を巻き戻すと大西洋はどんどん狭まり、2億年前には両側の大陸が接合してしまう。これはウェゲナーが提唱した超大陸パンゲアそのものではないか！　こうしてウェゲナーの学説は、彼が生きた当時はほぼ未知だった海底に関する知見によって、再評価されていった。

　海底が一定の向きに動き続けていることが明らかになると、いくつもの事象がこの考え方で説明できるようになった。その一つがハワイ―天皇海山列である。ハワイ諸島は太平洋のほぼ中央に位置し、水深 6,000 m の海底からそびえ海上に突き出した巨大な火山の列である。活発に火山活動を続けるハワイ島が最東端にあり、西に向かうにつれて島の大きさは小さくなる。ハワイ諸島の西方延長にはミッドウェー島などのサンゴ礁からなる島が続くが、これらは島が水没した後もサンゴが成長を続けた結果できた島々である。さらに西方には、頂上がのこぎりで切り落とされたように平らな海山、平頂海山が、延々と太平洋の北西端まで続く。これらを天皇海山列と呼ぶ（図 1-2-5）。

　島をつくる火山の活動年代は、島がハワイ島から北西に離れるほど古くなる。このことは、火山を載せた海底が北西に移動するとすれば説明できる。すなわち、ハワイ島の位置でマグマが上昇して火山島を形成し、そのまま海底とともに北西に移動、するとマグマが上昇する場所に新たな火山島ができる、という繰り返しである。マグマの供給源は海底岩盤の下にあり、海底が移動してもこれは移動しない。ここを**ホットスポット**という。ハワイ諸島の他にも、ホットスポット起源と考えられる火山列がいくつも見つかり、海底が一方向に動くという概念はますます確かなものとなっていった。

　太平洋海底をもたらす海嶺はかなり南米寄りに存在し、西に離れるほど海底の年代は古くなる。ところが、最も古い海底でも約2億年前までしか遡れず、地

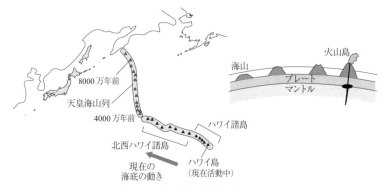

図1-2-5 ホットスポットと火山島・海山列

球の歴史46億年に比べると非常に若い時代のものしかない（大陸には40億年前の岩石も存在する）。これより古い時代の海底はどこに行ったのだろうか。

　この疑問は、最も古い海底のすぐ先に海溝があること、海溝から斜め下に地震の震源が集中して面を形成すること（これを**和達・ベニオフ面**という）から、ある考えにまとまっていった。すなわち、古い海底は海溝から地球内部に沈み込んでいくというものである。こうして、海底は海嶺で生まれ、長く移動した後に、海溝に沈み込んでその生涯を終えるという、プレート理論の基本概念が完成したのである。

　その後、移動する海底岩盤は地震波低速度層（p.15）より上部の硬い板状の部分であることから、これをプレートと呼ぶようになった。これと構造運動を意味するtectonicsと組み合わせて、プレート運動論をプレートテクトニクスと呼ぶようになった。プレートテクトニクスの登場によって、地震学や地形学だけでなく、火山学や岩石学など、それまで別々に解釈されていた個々の学問は、この概念によって再解釈や修正を余儀なくされた。こうしてようやく、プレートテクトニクスを共通基盤とする地球科学という学問が成立したのである。

2-2. プレート境界

　プレートテクトニクスでは、プレートがそれぞれ独自の方向に動くことで、そのひずみの力が境界部に集中し、さまざまな地学現象がここで発生する。プ

レート境界は両側のプレートの運動から、①離れる境界、②すれ違う境界、③閉じる（近づく）境界、と分類される。③の近づく境界はさらに、③a.衝突する境界、③b.沈み込む境界、に分類できる。

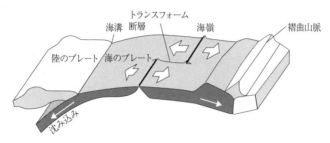

図 1-2-6　プレート境界の分類

①　離れる境界（海嶺・地溝帯）

　プレートが互いに離れるように動くと、その境界は亀裂となって少しずつ開く。すると、その隙間を埋めるように地下からマグマが上昇し、地表で冷却されて固化し、プレートの一部として付け加わる。離れる境界の大部分は海底に伸びる海嶺で、これは麓からの高さ（比高）が 2,000 m 以上になることもある巨大山脈だが、裾野の幅も極端に広いため傾斜は非常に緩やかである。中央には深い峡谷（中軸谷）があることが多い。中軸谷やその周辺では無数の亀裂から溶岩が流出し、海水によって表面が急冷され、球状のマグマ塊が積み重なった枕状溶岩として地表を覆う。また、地中に染み込んだ海水が地下深部のマグマに加熱され、200〜300℃の熱水となって海底から噴出するところもある。

　海嶺は深海底にあって調査が難しいが、陸上にもプレートの離れる境界が存在する。その一つがアイスランドである。大西洋中央海嶺の上に位置するアイスランドでは、島を東西に引き裂くように島の至る所に亀裂が走り、中にはマグマを吹き出す亀裂、すなわち割れ目火口も多数存在する。地熱エネルギーは豊富で、各家庭の暖房や給湯、発電などに利用されている。

　もう一つが、アフリカ東部を南北に伸びる峡谷、アフリカ大地溝帯である。ここも谷の両側がゆっくり（約 1 cm/年）離れる運動をしており、地溝の底は徐々に拡大している。周辺にはキリマンジャロ山など大型の火山が存在し、現

在も活発に活動する火山も多い。アフリカ大
地溝帯は、近年になって分裂を開始した非常
に若い地溝と考えられ、やがて間のくぼ地が
拡大して海水が進入すると、細長い湾になる。
アフリカとアラビア半島の間の紅海がこれに
相当する。さらに時間が経つと間の海洋が拡
大し、大西洋のような広い海底ができる。

図 1-2-7　アフリカ大地溝帯

②　すれ違う境界（トランスフォーム断層）

　海嶺の中軸は、多数の横ずれ断層で断ち切られている。これを**トランス**
フォーム断層といい、海嶺と海嶺、あるいは次に説明する海溝とを接続する横
ずれ断層である。ここでは、すき間が開いたりしないのでマグマ放出はないが、
プレート境界部でときどき大地震が発生する。トランスフォーム断層はたいて
い海底に潜んでいるが、例外的に陸上で見られるものもある。アメリカ西部の
サンアンドレアス断層は陸上を 1,000 km 以上も走る長大な断層で、100 年に数
回の大地震を引き起こし、ロサンゼルスなどに大きな被害をもたらしている。

③　衝突する境界（褶曲山脈）

　プレートが接近する境界では、一方が他方の下に沈み込む場合と、どちらも
沈み込めずに衝突して盛り上がり、巨大な山脈になる場合の 2 通りが存在する。
沈み込み境界をつくるプレートは少なくとも一方が海洋プレートだが、ともに
密度の小さい大陸地殻を載せた大陸プレートでは、互いに沈み込むことができ
ず、衝突して急峻な山脈をつくる。典型的なものが、インドプレートがユーラ
シアプレートに衝突してできたヒマラヤ山脈である。インドの前進は衝突後も
止まらず、地盤を激しく折り畳みながら隆起したことが、激しく褶曲した地層
などから推測できる。ヒマラヤ山脈のほか、ヨーロッパのアルプス山脈なども
プレートの衝突でできた褶曲山脈で、これらの場所では、ときどき大地震が発
生するほか、地下深部に押し込められ高圧条件にさらされた特殊な鉱物が、隆
起によって地表にもたらされたりする。

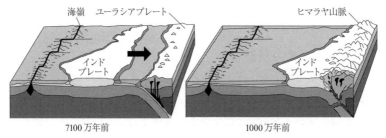

7100万年前 1000万年前

図1-2-8　インドプレートの衝突とヒマラヤ山脈の形成

④　沈み込む境界（海溝）

　プレートの沈み込みが生じるのは、海洋地殻を載せたプレート（海洋プレートという）がプレート境界に接近する場合で、沈み込む境界部分には海溝ができる。海溝は地球上で最も深く窪んだところで、深いところでは水深が8,000〜10,000 m超にもなるが、陸からの土砂で埋め立てられ凹みが浅くなったところもあり、これは**トラフ**（舟状海盆）と呼び分ける。

　日本列島は典型的な沈み込み境界にあり、世界でも有数の活発な地域である。日本列島の東には太平洋プレートが、南にはフィリピン海プレートがそれぞれ列島の下に沈み込み、その境界では周期的に巨大地震が発生する（3章で解説）。また、活発な火山が海溝に並行して一列に並び、これもプレートがもたらす活動である（4章で解説）。一方、陸側も北米プレートとユーラシアプレートが本州中部を境に押し合う関係で、ここではヒマラヤなどに比べると小規模だが、プレートの押し合いによって隆起山脈（主に断層運動でできる山脈）とその間に沈降盆地ができる。また、海岸プレートに積もった砂泥などが沈み込みの際に陸側に押し付け

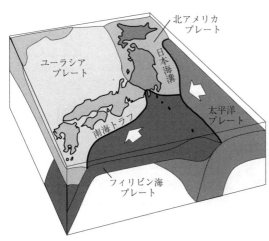

図1-2-9　日本列島周辺のプレート

られてできる「**付加体**」も特徴的である。

2-3. プレート運動の原動力とプルームテクトニクス

　プレートは海嶺で誕生し、海溝から沈み込む。この運動の原動力は何だろうか。プレート理論の登場以来、この疑問に対する探究が続けられてきた。有力な説としては、プレートを載せたマントル全体が対流し、プレートはその流れに乗って動くというもの、また、沈み込んだプレート先端部（**スラブ**）が高密度化して自ら沈降し、後ろのプレートを引っ張るというものがある。では、沈み込んだプレート先端部はどこまで前進するのだろうか。

　1980年代の半ば、**地震波トモグラフィー**という技術が開発された。ちょうどCTスキャンのように、地球内部を多数の地震波で観測することにより、局所的な物質や温度の違いを把握できるという技術である。早速この技術を使って、沈み込んだプレートがどこまで前進しているか探究が行われた。

　地震波トモグラフィーで浮かび上がってきたのは、沈み込んだ海洋プレートが深さ660km付近で水平方向に滞留している姿だった。ここは上部マントルと下部マントルの境界で、岩石の密度が大きく変化するため、地表付近の岩石でできたプレートは簡単に沈み込めず、ここに滞留するのである。逆に、この深さまではプレートが順調に沈んでいく。沈み込むプレートに強い圧力が加わり、高圧条件で存在できる高密度の鉱物がプレート岩石の中につくられることで、プレート先端部が「おもり」になって沈降し続けるのである（p.50）。そして、この動きはプレート全体の駆動力となる。つまり、沈み込んだ先端部が後ろを

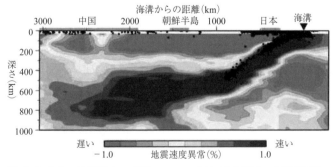

図1-2-10　地震波トモグラフィーで見た日本列島の地下深部

引っ張り、プレート全体がその方向に動くというのである。これは、長らく未解明だったプレート運動の原動力に一つの解を与えるものだった。

　深さ660kmの上部／下部マントル境界で滞留するプレートの残骸は、その後どうなるだろう。地震波トモグラフィーはその先の姿も明らかにした。プレート残骸の真下、外核と接する下部マントルの底部に、周囲より低温の大きな塊がいくつも存在していたのである。下部マントルを通過できずに滞留していたプレート残骸は、やがて下部マントルと同等の密度に変化した後にプレートから切り離され、じわじわと沈降して、最終的にはマントルの底に積もっていく。地表で生まれたプレートは、ついにはマントルの底にまで達していたのである。この2,000km以上も沈降する岩石の大規模な流れをコールドプルームという。

　一方、太平洋の南半球側やアフリカ南部には、マントル深部の高温の岩石が大規模に上昇している様子も明らかになった。これをホットプルームという。ホットプルームの上端は上部／下部マントル境界まで達し、そこからさらに枝分かれし、最後は融解してマグマの柱となって地表に達する。これがホットスポットで、太平洋に多数の火山島をもたらしたり、アフリカ大陸を引き裂いて大規模な火山を形成したりしている。

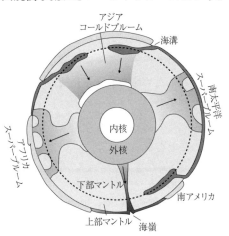

図 1-2-11　プルームテクトニクスの概念図

　現在の地球には、南半球に二つのホットプルームが存在する。アフリカ南部のホットプルームは、かつてパンゲア大陸を引き裂いた巨大プルームの名残で、今もアフリカ大陸を引き裂く地溝帯を形成するほか、大陸間に生じた海嶺での海洋プレート生産を担っている。また南太平洋を中心に上昇するホットプルームは、これからもハワイのような火山を多数つくり続けるだろう。一方、ユーラシア大陸の中央部には巨大なコールドプルームがあり、インドやアラビア、オーストラリアプレートはこれに引き寄せられるようにユーラシアに向かって

運動している。インドプレートがヒマラヤ山脈を形成したように、アラビアや
オーストラリアもいずれはユーラシアに衝突して巨大な山脈を形成し、いずれ
はユーラシアを中心に巨大な超大陸が形成されるだろう。こうして双方向のプ
ルームにより、地球内部は大規模な循環、対流運動をし続け、大陸を載せた表
面のプレートは離合集散を続ける。このようにプルームの存在がプレート運動
を支配する、という考え方を、**プルームテクトニクス**という。

　プルームとプレートによって駆動される地球内部の岩石領域の対流運動は、
地球内部に蓄積された熱を地表に汲み上げ、地球外に放出する役割を果たす。
地球内部熱の放出は熱伝導でも進むが、岩石は熱伝導率が著しく低いためこの
熱放出だけでは不十分で、ゆえに岩石を軟らかくして対流するしくみが成立し
ている。また、高温のマグマの噴出や、マグマの熱を受け取った熱水や温泉水
の湧出なども、地球の熱放出の効率的なしくみといえる。こうした過程を通じ
て、地球は熱を失い徐々に冷却していく。実際には放射性元素の崩壊による熱
生産があるため冷却速度を見積もるのは難しいが、数十億年先には地球内部の
流動性が失われ、プルームやプレート運動が停止すると予想される。地震も起
きず山脈や火山の形成もない、活動しない冷たい惑星になるのは、まだまだ当
分先のことである。

> Question！
> プレートが動くことで、地球上にはどんな現象がみられるだろうか。また、プ
> レートは何によって動かされているだろうか。

3. 地震と地震災害

　地震は昔も今も、人間社会にとって最も脅威となる自然現象である。日本での最古の地震記録は、日本書紀にある允恭天皇代（西暦416年）のものであり、この他にも地震の記録が頻繁に登場する。当時の人々が地震に対して強い関心と恐れを抱いていたことがうかがえる。世界でも、古代中近東や古代ギリシャ、古代中国には、紀元前から古地震に関する記述が残る。いずれも、大地が大きく揺れ動き、人間社会に大きな被害を与えた災害として記録されている。

　地震とはどんな現象なのだろうか。人間は地震を理解し、いつの日か地震を克服することができるのだろうか。この国で暮らす人間として、地震についての正しい知識と判断力を身につけておきたい。

3-1. 地震という現象

　地震とは文字通り「大地が揺れ動く現象」のことを指すが、地球科学ではこうした揺れの原因となる「地下での岩盤の破壊現象」のことを「地震」といい、地表が揺れ動くことは「地震動」と呼び分けることもある。かつては、巨大なナマズが地下で暴れるとする考えや、地中のガス爆発やマグマの移動を原因とする解釈もあった。しかし、地震によって地表に断層が出現することが何度か確認されたことで、岩盤に力が加わり続けることで岩盤に歪みが蓄積され、限界を超えて岩盤が破断すること、すなわち断層運動そのものが地震であると理解されるようになった。

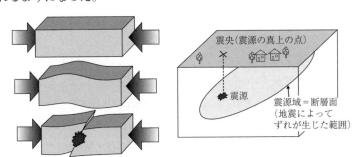

図1-3-1　岩盤の歪みと地震のしくみ（左）と震源と震央、震源域（右）

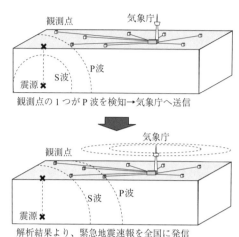

観測点の1つがP波を検知→気象庁へ送信

解析結果より、緊急地震速報を全国に発信

図1-3-2　緊急地震速報のしくみ

地震が発生する際、岩盤のある1点で破壊が始まり、そこから岩盤の破壊が断層面となって広がっていく。破壊が開始する点を**震源**、一連の地震で動いた面全体を震源域という。また震源の真上で地表の地点を震央という。

地震が発生すると、震源から地震波が周囲に伝播する。地震波については、P波とS波、初期微動と主要動、各地点での初期微動継続時間から震源の位置や深さを決定できることなど、1章ですでに述べた。日本では全国に数千基もの地震計を配備し、オンラインで気象庁のスーパーコンピュータとつないでいる。地震計が地震を感知すると、直ちに震源の場所や地震の規模について解析が始まり、数秒〜十数秒で解析が終了する。**緊急地震速報**はこのしくみを利用したもので、震度5弱以上の揺れが予想される場合、直ちに報道機関などを経由して情報発信し、大きな揺れが到達する前に備えよう、という試みである。2007年の運用開始以来、改良を重ね続け、現在では85％以上の高い的中率を誇る、世界でも類を見ないほど優秀な警報システムである。

地震の揺れの強さは**震度**で表現する。日本では気象庁が独自に定めた震度階級を用いる。これは、揺れの程度を震度0から震度7までの10段階に区分したもので、現在では主に地震の揺れの加速度から求めている。

地震の揺れの強さは震源に近いほど強く、離れるほど減衰していく傾向にある。震度の分布は震央を中心に同心円状になることが多いが、地震で生じた断層の向き（岩盤がずれ動く方向）に強震域が伸びることもある。また、地盤が軟弱なところ、例えばもともと水底だったり沿岸の低湿地を埋め立てた場所のように、砂泥が緩く堆積しているところでは、地震の揺れが増幅されて大きな揺れになったり、液状化現象を起こして建造物を倒壊させたり沈下させたりする

など、大きな被害が発生することがある。

　地震の規模を比較する場合、観測する場所や地盤の違いによって値の異なる震度では不都合なので、**マグニチュード**（M）を用いる。これは地震を引き起こすエネルギー E（単位 J）を表す値で、logE＝4.8＋1.5 M の関係がある。すなわち、M が 1 大きくなると E は 31.6 倍、M が 2 大きくなると E は 1,000 倍という関係になる。M の求め方はいくつかあるが、アメリカのリヒターが考案した最も簡単な定義では、震源から 100 km の距離で計測した地震波形の最大振幅から求めている。後に、これとは異なる複数の定義が考案され、日本では気象庁マグニチュード（Mj）という独自の M を用いている。ただし、どの定義の M を用いても、M＜8 の場合は値がばらつくことは少ない。

　M＞8 の大きな地震については、従来の方法だと M が 8 付近で頭打ちになって実際の規模を反映しないことから、生じた断層の面積とずれ幅の積から求めるモーメントマグニチュード（Mw と表記する）で置き換えることが多い。2011 年の東日本大震災では、地震発生直後には通常の方法で求めた Mj＝8.4 が発表されたが、後にモーメントマグニチュードを求めて Mw＝9.0 と改正された。

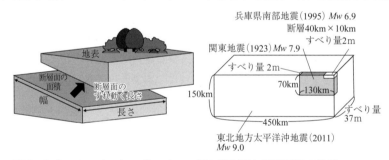

図 1-3-3　モーメントマグニチュードの概念図と地震規模の比較

　大きな地震が起きると、その後に震源周辺で少し小さな地震が多数発生する。これを余震という。余震は、本震の時の断層運動で滑り残したり不安定なまま残ったところを、少しずつ修正して安定な状態に移行するための動きであり、余震の分布はほぼ本震の震源域に一致する（図 1-3-4 左）。たとえるなら、大きく寝返りをうった後、一番落ち着く状態になるよう姿勢を整える動きといえよう。Mw を与える大地震の震源域は、その余震の分布域をもとに決定する。

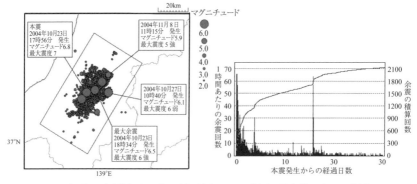

図1-3-4　新潟県中越地震の余震域（左）および余震発生数の経過（右）
出所：気象庁。

　余震は本震発生の直後に最も多く、次第に減衰していく（図1-3-4右）。この関係を余震に関する大森公式といい、発生回数は日数とほぼ反比例して減少する（現在は少し改良した公式が用いられる）。つまり10日後には1/10に、100日後には1/100になる。また、余震のMは本震に比べ小さく、小さな地震ほど多く発生する。例えば、M7の本震が発生すると、M6の最大余震が1回、M5の余震が10回、M4の余震が100回、のように、Mが1下がると件数が10倍になる関係がある。これを**グーテンベルク・リヒター則**といい、余震規模や発生件数を知る重要な公式である。ただしまれに、本震とほぼ同規模の余震が起きたり、後から起きる地震のほうが大規模なものになったり（この場合、こちらが本震で、先に起きた地震を前震という）することもある。

　グーテンベルク・リヒター則は、特定の地震とその余震群の関係としても成立するが、さまざまな地震を含む広範囲の観測データを当てはめても成立する。Mの大きな地震は莫大なエネルギーを溜め込んで一気に解放するので、エネルギーを小出しにする小規模地震より頻度は小

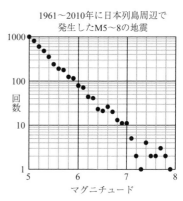

図1-3-5　グーテンベルク・リヒター則

さい。図 1-3-5 は過去 50 年間に日本周辺で発生した地震の発生回数で、M5 地震が 1,000 回起きる間に M8 地震が 1 回程度起きる関係となっている。この地域で M9 地震の頻度を知るには、プロット全体を Y 方向に 10 倍（Y 座標を 1→10、10→100、……のように）スライドすればよい。つまり、M9 の巨大地震は期間を 10 倍すればよく、ほぼ 500 年に 1 度発生することになる。

3-2. 地震発生のしくみ

　地震の実態が岩盤の破壊現象であることは先に述べた。小さな地震なら岩盤にかかる力の変化などでも生じる（地中のマグマが移動したり、ダムに水を溜めたりしても、小さな地震になることがある）が、岩盤を広範囲に破断するような大きな地震は、ほぼプレート運動が原因である。特にプレート境界付近では、2 枚のプレートが別々の方向に動くため、その境界ではプレート同士が引っ張ったり押し合ったりして岩盤に歪みを与え続けるため、限界を超えると境界部が大きくずれ動いて歪みを解放する。これが地震である。

　プレート同士が離れる境界やすれ違う境界では、引き裂かれる境界に沿ってごく浅い地震が発生する。一方、大陸プレート同士が衝突して押し込むような場所では、ヒマラヤ山脈のように岩盤が激しく変形し、それに伴う地震が頻繁に発生する。プレートが押し込む影響はプレート境界部の山脈周辺にとどまらず、その奥の極めて広範囲にわたって地震が発生している。

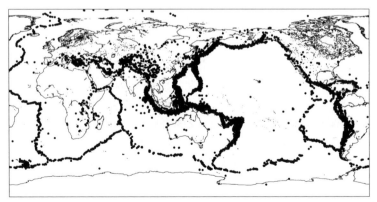

図 1-3-6　世界の震源分布（1961〜2000 年に発生した M5 以上の地震）

プレートがもう一方の下に沈み込む境界では、震源の分布は特徴的な構造を示す。まず、プレート境界である海溝付近から斜め下に向かって、膨大な数の震源が集中している。時にはM8〜M9の巨大地震が発生することもある。これを「プレート境界型地震」または「**海溝型地震**」という。硬く大きなプレート同士が強く固着し、そこが周期的にずれ動くことで発生する地震である。また、そこからさらに斜め下に（深さ600 km付近まで）震源が多数分布する。これはプレートの接触域ではなく、海洋プレートがアセノスフェアの中を沈み込んでいく部分で生じる。沈み込んだプレート先端を「スラブ」というため、この地震を「**スラブ内地震**」ということもある。前章で「和達・ベニオフ面」（p.24）と紹介した、地球内部に向かって斜め下方に伸びる震源の巣は、海溝型地震とスラブ内地震を合わせたものである。

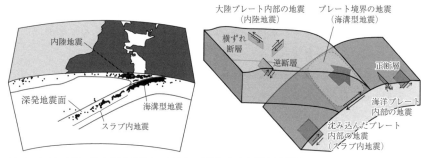

図1-3-7　沈み込む境界付近の地震の分類（日本列島周辺）

　地震は沈み込むプレート側だけでなく、陸側のプレート内部でも生じる。これを**内陸地震**という。ここではプレートの前進に伴って押し合う力が岩盤に加わり続け、陸側プレートの表層部分に亀裂が入る。これが断層である。以前に動いた断層が岩盤全体の弱線として残っている場合、たいてい再びここが同じ方向に動く。これを活断層という。日本列島には無数の活断層が確認されており、これが動いて地震を引き起こすことも多い。このタイプの地震は、プレート境界地震に比べると規模は小さいが、人間が生活する陸域のごく浅いところで発生するため、人間社会に与える被害は大きなものになることもある。

3-3. 地震学の勃興と発展（昭和南海地震まで）

日本はたびたび大地震に襲われてきたため、日本人の地震に対する知識や関心は昔から高かったようだ。地震を地球の活動として科学的に捉える概念は、他の学問と同じく明治維新後に欧米から導入されたが、地震学自体が19世紀後半に成立した若い学問であり、その発展に日本人がかなり早い段階から貢献している。1891年の濃尾地震で地表に現れた根尾谷断層の写真は世界中の教科書に採用され、地震が断層運動であることを強く印象づけた。

2章で述べた大森房吉は、東京帝国大学で学んだ後、ヨーロッパ留学を経て東京帝大の地震学講座教授となった。震源決定や余震回数に関する公式を発表する

図1-3-8　1891年の濃尾地震で地表に現れた根尾谷断層
出所：地震直後、小藤文次郎が撮影。

など、地震学の前進に大きく寄与し「日本地震学の父」と呼ばれる存在となった。欧米の地震学者にとっても、地震の頻発する日本列島は格好の研究対象となり、1875（明治8）年にはすでに当時最新型の地震計が設置されている。1889年には明治熊本地震が発生したが、その地震波は地球内部を経てドイツ・ポツダムでも観測された。これを契機に遠地地震の研究が進み、地球内部構造の探究につながっていく。

1905年、東京帝国大学で大森の弟子だった**今村明恒**は「関東は大地震が周期的に発生する場所であり、今後50年内に次の大地震が発生する」とする学説を雑誌に投稿した。これは当時の新聞に煽情的に取り上げられて大きな社会問題となり、大森は内容を理解しつつも、事態の鎮静化のため今村の学説を否定した。しかし1923年9月1日、関東大震災（大正関東地震、M7.9）が発生した。地盤の軟弱な下町低地は震度7の激震となり、木造家屋の多くが倒壊した。また、地震が昼の炊事時に起きたため火災が同時多発的に発生し、台風来襲で強風が

吹き荒れたため、火は瞬く間に街全体に広がった。神奈川南部や南房総の沿岸部には津波が押し寄せ、沿岸の村を飲み込んだ。死者総数は10万人とも14万人ともいわれ、明治以降の日本としては最大の自然災害となった。なお、大森房吉は関東大震災の直後に病死し、今村明恒が後任として東京帝国大学の教授となり、学内に地震研究所を設立している。

　関東大震災の後も、兵庫県や京都府の北部で地震が相次ぎ、今村は次の大地震が西日本に来ると予想した。彼は私財を投じて地震の観測網を整備しようとしたが、はたして1944年にM7.9の東南海地震、1946年にはM8.0の南海地震が発生し、彼の予想が正しいことが証明された。ちなみにプレート理論が構築されたのは、これより20年近く後のことである。今村はプレート運動と地震の関係を知る前に、地震の周期性に気づいていたことになる。

　現在の知見では、巨大地震は沈み込むプレート境界で起きる。そしてプレートが一定速度で前進し続ける限り、岩盤に歪みが蓄積し、いずれ岩盤に限界が来て破断し、地震になる。この現象はほぼ等間隔で繰り返されるため、地震は周期的に発生することになる。また、プレートの沈み込む速度が同程度だと、最近地震が起きてエネルギーを解放したところより、しばらく静穏で歪みエネルギーを十分に蓄えているところのほうが、次の地震が発生する確率が高い。このように、しばらく地震活動が起きていない場所を空白域といい、次の地震を予測するうえで重要な概念となっている。地震保険会社が利用することで知られるようになった、今後30年間の地震発生確率分布の図1-3-9は、おおむねこの考え方に基づいて計算したものである。

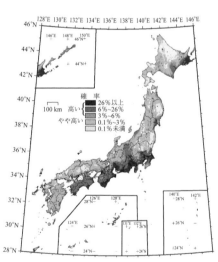

図1-3-9　今後30年間に震度6弱以上の地震が発生する確率分布
出所：地震調査委員会。

3-4. 空白域とアスペリティ（2011年まで）

プレート境界型地震を「大きな板が歪みに耐え切れず破壊する現象」だとすれば、プレート内部の断層が動く地震は「板が大きく破断する前にピシピシと内部に亀裂が生じる現象」ということができる。すなわち、プレート境界の大規模な地震が起きる前には内陸で活断層による地震が頻発し、大地震が起きた後はしばらく静穏な時期が続く。1944年の東南海地震、1946年の南海地震以降、このあたりのプレート境界地震は一段落し、しばらく静穏な時期が続いた。ただし、2つの地震でこの境界すべてが動いたわけではなく、駿河湾を中心とする東海地震の領域は動かないままだった。すなわちここは第一級の**空白域**であり、M8クラスの大地震がいつ起きてもおかしくないとの認識から、東海地震を警戒する特別法が制定され、現在も継続している。

プレート境界の地震は、北海道南岸のプレート境界（千島海溝）で頻繁に起きている。ここはM8級地震が順番に発生する場所で、空白域と認識された場所で実際に地震が起きる（1973根室沖地震など）ことから、プレート境界で起きる地震のメカニズムを強く裏付けるものになった。また、北海道から東北の日本海岸でも地震（新潟地震、北海道南西沖地震など）が続き、このあたりに強い力が加わっている

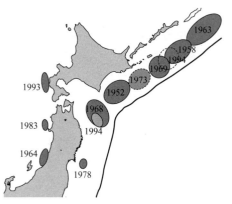

図1-3-10 　1946〜1995年にかけて、東北・北海道周辺で発生したM7以上の地震

ことが示唆された。当時、日本列島の陸側は1枚のつながったプレートと解釈されていたが、これらの地震からここはユーラシアプレートと北アメリカプレートの境界で、両プレートの押し合いによる歪みがここに集中しているのではないかという考えが急速に広まった。

一方、西日本は1948年の福井地震などを除くと、比較的静穏な時期が続いた。過去には西日本の各地も地震に襲われた経験があり、そうした知見から近い将来の地震被害を警告する人もいたが、「地震は東日本のもの」という誤った認識

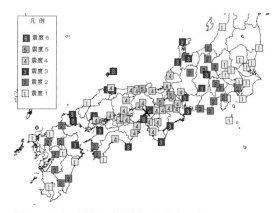

図1-3-11 兵庫県南部地震の震度分布
出所：気象庁速報。当時、震度7は速報できなかった。

を持つ人も多かった。

そうした中、1995年1月17日、兵庫県南部地震（阪神淡路大震災）が発生した。神戸市やその周辺に震度7の激しい揺れをもたらし、高速道路をはじめとする建造物の倒壊、埋立地の液状化、広範囲の火災など、甚大な被害をもたらした。固定しない家具の下敷きになった犠牲者も少なくない。

死者・不明者は6,000人を超え、戦後最大の被害規模となる災害になった。この地震は、六甲山脈から淡路島に沿って伸びる断層群が50kmにわたって動き、大都市・神戸を直撃したもので、改めて活断層がもたらす内陸地震の怖さを見せつける結果となった。

兵庫県南部地震は、その後の地震観測や法体系にも影響を及ぼした。気象庁震度階級の内容が一新され、震度5と震度6が弱・強に分割された。また観測員の体感に頼っていた観測が一新され、地震計から震度を自動的に割り出す現在のしくみが構築されるようになり、全国に4,000地点以上もの地震計をオンラインで気象庁とつないだ巨大観測網が構築された。建築基準法などの法改正も進み、建物の耐震基準がより厳しいものになった。

兵庫県南部地震の後、各地で内陸地震が起きるようになり（2000鳥取地震、2004新潟県中越地震など）、静穏期を終えて日本列島全体が活動期に入ったという認識が広まった。政府機関によって活断層の長期評価が進められ、各地の地震の危険性を今後30年間の地震発生確率という数値で表せるようになった。また、民間利用が進んだGPS技術を応用して、地表や海底に多数のGPS基地局を置き、各地点間の距離を常に計測することで、地表の歪み量つまり地殻変動をmm/年の精度で計測できるようになった。

こうして得られた地表や海底の歪み量から、新たなことが判明した。同じよ

うにプレートの沈み込みを受けて
いる太平洋岸でも、両プレートが
がっちり固着したまま前進する境
界もあれば、海洋プレートがいく
ら前進しても上側のプレートがほ
とんど変形しない、すなわち常に
滑るようにずれてストレスを溜め
ない境界もある、ということがわ
かったのである。例えば宮城県沖
は 30〜40 年周期というきわめて
規則的に地震が発生する場所で、
そこの海底（北米プレート）は太平

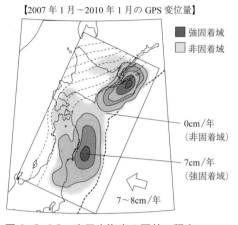

【2007 年 1 月〜2010 年 1 月の GPS 変位量】

■ 強固着域
▨ 非固着域

0cm/年
（非固着域）

7cm/年
（強固着域）

7〜8cm/年

図 1-3-12　東日本海底の固着の程度

洋プレートにしっかり固着し、そこが周期的に破壊されて地震となる。ところ
がその南方や北方では、海底のある陸側プレートが太平洋プレートと固着せず、
太平洋プレートが単独で滑るように前進している。こうした場所では、プレー
ト境界にも関わらず目立った地震は起きていない。つまり、プレート境界面は
場所ごとに固着の差があり、地震は強く固着した面で、長い間力を溜め続けら
れるところで起きる、ということが判明したのである。この強い固着面を**アス
ペリティ**という。

　アスペリティの正体は、沈み込むプレートの表面に突出した海山の残骸と考
えられ、これが沈み込むと陸側プレートとの間に強い引っかかりを生じると推
定されている。アスペリティごとにプレート境界の引っかかり強度は違い、小
さなアスペリティだと小規模の地震が短い周期で繰り返し、大きなアスペリ
ティだと大きな地震が長い周期で発生する。そしてアスペリティの周りの非固
着域では、数日から数カ月かけてゆっくり動くスロースリップや、地震動を生
じさせないように極めてゆっくり滑り動くことで、プレート間の歪みを解消し
ている。こうして 2010 年頃には、地震学者はプレート境界の地震について、規
模や周期性については近い将来に解明できるという実感を持ち始めていた。

3-5. 東日本大震災と南海トラフ巨大地震（2011年以降）

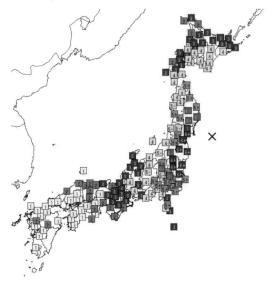

図1-3-13　東北地方太平洋沖地震（東日本大震災）の震度分布
出所：気象庁。

2011年3月11日14時46分、宮城県沖の海底下で、プレート境界の一端で岩盤がずれ始めた。断層面は瞬く間に広がり、さらに離れた断層面とつながり巨大な破断面となって、最終的には三陸沖から鹿島沖にかけての南北500km、東西200kmの巨大な断層面が生じ、激しい揺れが2～3分間も続く前例のない地震が日本列島を襲った。最大震度は7、東北・関東の大半が震度5強以上で、沖縄県を除くすべての都道府県で揺れを観測した。建物や道路などに広く被害が出たほか、地盤が液状化を起こしたところも多かった。

　しかし、この地震による被害の大半は、東北から関東の太平洋岸を襲った巨大な**津波**だった。津波は高さ10mもの水の壁となって沿岸に押し寄せ、防潮堤を乗り越え、建造物を破壊して押し流しながら6km以上内陸に侵入し、その後は引き波となってそれらの瓦礫を海に引きずり込む、ということを繰り返した。津波は奥まった湾やその先の谷奥ではさらに高く押し上げられ、水が斜面を駆けあがる遡上高が最大40mに達したところもある。特に岩手県・宮城県・福島県の沿岸部には壊滅的な被害をもたらし、地震全体の死者約18,500人の大半は津波による溺死だった。津波は福島県内の原子力発電所の発電設備にも被害をもたらし、放射性物質の放出を伴う深刻な事故につながった。

　この地震はさまざまな意味で「想定外」の地震だった。東日本の海溝沿いでは、アスペリティが個々に破壊されて最大M8クラスの地震が順番に周期的に

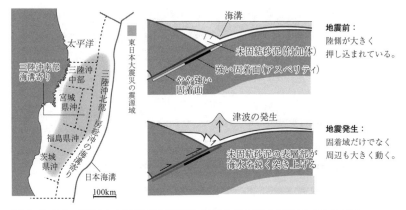

図1-3-14　東日本大震災の震源域と推定された巨大津波のメカニズム

起きる、というのが、半ば常識のように捉えられていた。ところが今回の地震では、3つのアスペリティが連続して破壊され、断層面がつながって南北500kmにも及ぶ巨大な震源域となり、Mw 9.0という超巨大地震となった。このように複数の震源域がつながって動く「連動型」地震については、フィリピン海プレートが沈み込む南海トラフや相模トラフ沿いでは過去の事例が知られていたが、太平洋プレートが沈み込む東日本沿岸ではほぼ想定されていなかった。そもそも、この地震は国内では観測史上最大（昭和南海地震の32倍）、世界でも1900年以降で5本の指に入るという桁外れの規模だった。

　津波の規模も想定外だった。リアス式海岸で有名な三陸海岸は過去に繰り返し津波の被害を受けており、防潮堤など津波への対策は十分に取られていた。しかし今回の津波はその防潮堤を越え、あるいは破壊して内陸に押し寄せた。地震と津波の規模は必ずしも比例ではなく、揺れは小さくても津波被害が大きい「津波地震」というタイプの地震もあるが、今回の地震は超巨大かつ「津波地震」の特徴も兼ね備えていたことになる。また、海水を直接押し上げる海溝そばの海底は、これまでは未固結の土砂が積もる場所で断層運動は起きないと考えられてきたが、地震断層が海底まですべてつながったことで岩盤が海水を直接突き上げ、鋭く大きな津波につながった（図1-3-14）。

　地震観測開始以降、M8級の地震は何度か経験していた日本だが、震源域の複数が連動したM9の超巨大地震を体験したのは初めてで、地震学者は改めて

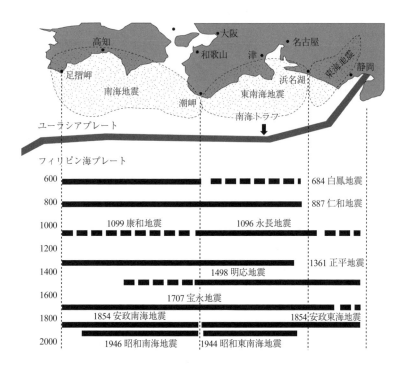

図 1-3-15　南海トラフで起きる海溝型地震の周期性

連動型巨大地震の脅威をまざまざと見せつけられた格好になった。アスペリティが単独で動くか連動して動くかを事前に判断できないという事態は、次にやってくる地震の規模や時期を推定して防潮堤などのインフラ整備に反映させる、という行政の対策にも大きな影を落とすことになった。

　なかでも、駿河湾から南西に伸びる南海トラフで起きる地震について、その対応が大きく変更されることになった。南海トラフでは 100〜150 年の周期でM8 級の大地震が繰り返し発生し、最後の地震が 1944 年の東南海地震と 1946 年の南海地震である（図 1-3-15）。しかし、駿河湾付近を震源とする東海地震域はこの時は動かず、それ以降 160 年以上も大地震が起きない「空白域」であることから、必ず来る東海地震に備えるべく、さまざまな対策が取られていた。

　しかし東海地震はなかなか起きず、そればかりか、東南海・南海地震も最後の発生から 70 年以上が過ぎ、プレート境界に歪みを蓄積し続けている。歴史を

ひもとけば、1707年には上記3つの震源域が連動した宝永地震が発生し、東海から九州にかけて激しい揺れと大津波によって2万人を超える死者を出すなど、これはまさに「連動型超巨大地震」だった。それ以前にも、文献記録の少なさから断定できないものの、複数あるいはすべての震源域が

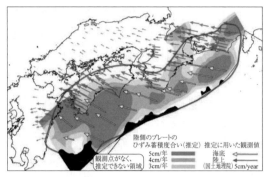

図1-3-16　南海トラフ周辺海底地盤の歪み蓄積量（2016年）

出所：海上保安庁。

連動して動く超巨大地震がたびたび起きている。地震の周期を考えれば、一触即発の東海地震だけでなく、東南海・南海地震についても近い将来に起きる可能性が高まっており、どこか1箇所で地震が発生すると、動き出した岩盤が次々と隣接域を動かして連動型の超巨大地震になることも、現実に起こりうることとして想定しなければいけなくなってきた。

　2016年、海上保安庁が海底GPS局の移動量などから求めた地盤の歪み蓄積量の分布（図1-3-16）をみると、四国南方の南海地震域では、フィリピン海プレートに強く固着した陸側岩盤が毎年5cm以上押し込まれ、70年間分を単純に積算するとすでに3.5m以上も押し込まれた状況にある。一方、東海地震域では160年も押し込みが続いている。すなわち、南海トラフの各領域ではどこも歪み量が飽和に近づいており、1カ所の破壊をきっかけに広範囲が連動し、東日本大震災のような超巨大地震となる可能性がかなり高い。最大規模で発生した場合のMwは9.1（東日本大震災の1.4倍）にもなり、最大34mもの津波が発生、推定死者は32万人、被害総額は220兆円とも1,400兆円とも計算される。そして、この最悪の地震の可能性も含んだ、南海トラフで2018年からの30年間に海溝型地震が発生する確率は、70〜80％と算出されている。

3-6. 地震災害と防災

　地震は人間社会を根底から揺るがし、現代社会においても最も脅威をもたら

す自然現象であることは間違いない。地震発生を予知しようとする研究も継続されているが、近い将来に実現できる見通しはない。よって地震はこれからも「前触れもなく人間社会を襲う」現象として捉えなければならない。

　地震による直接的な被害としては、建物の倒壊、漏電・漏ガスによる火災、急傾斜地の地すべりや崖崩れ、軟弱地盤の液状化などがある。対策としては、耐震構造・耐火素材のように、建物を揺れや火災に強いものにすることが法律で義務づけられ、また斜面に護壁工事を行って地すべりや崩落を防いだり、軟弱地盤のはるか下の固い基盤岩まで基礎杭を伸ばすなど、地表の流動化による被害を小さくする取り組みが進んでいる。また、1995 兵庫県南部地震では転倒した家具の下敷きになって多くの死傷者が出たが、これをきっかけに家具固定の重要性が広く認識されるようになった。

　津波は地表のすべてを根こそぎ持ち去ってしまう深刻な現象で、対策としては、沿岸に防潮堤を築き、また津波被害を受けやすい低い土地をかさ上げして集落を再建するなどがあるが、いずれも津波を完全に防ぎきれるものとは言い難い。津波は早い場合は地震の数分後にも押し寄せるので、沿岸で揺れを感じたら一刻も早く高台に避難する、また揺れを感じなかった遠方でも津波警報・大津波警報を受けたら直ちに避難する、という個々の意識が、現在でも最も効果的な津波対策ということになる。

　地震は人々の生活基盤を奪い去るため、その後の人々の生活が避難所や仮設住宅に依存することになったり、水道や電気、流通網といったインフラの回復に時間がかかったりと、その後の影響も長引くことが多い。地震の後も余震が繰り返されることで、観光地への客足が遠のくなどの間接的な被害もある。こうした被災者の生活環境を速やかに改善することは、地震の直接的な被害への対策と並んで重要な意味を持つ。地震大国である日本は、防災や減災の技術、復興政策の面でも世界をリードする立場にあり、今後もそうした取り組みが世界中の地震災害を軽減することにつながっていくだろう。

Question！
地震は主にどんなところで発生するだろうか。特に沈み込むプレート境界付近について、地震の種類と発生の仕方についてまとめなさい。

コラム　稲むらの火と津波てんでんこ

　日本はこれまでたびたび津波の被害にあってきた。その中で、適切に避難できたことで被害を最小限に留めることができた例もある。こうした事例は教訓として語り継がれることが多いが、ここでは「稲むらの火」という伝承を基にした物語と、近年話題になった「津波てんでんこ」という言葉を紹介する。

　1854年、南海トラフの四国沖を震源とする大地震が発生し、近畿から四国にかけて強い揺れが襲った。安政南海地震である。紀伊国広村（現・和歌山県有田郡広川町）でも強い揺れを感じ、家屋などに多少の被害が出たものの、大きな被害にはならないようだった。しかし、村の高台に住む庄屋の五兵衛は、地震の直後に海水が沖合へ退いていくのを見て、この後に津波が襲うと確信する。平常に戻っていた村人に危険を知らせ、安全な高台に避難させるため、彼は自分の田にある刈り取ったばかりの稲の束（稲むら）に順に火をつけた。火事と思い高台に集まった村人たちが見たものは、海岸から押し寄せる津波が村を飲み込んでいく様子だった。津波は火のついた稲むらをも飲み込んだが、高台に避難した村人たちは助かった。五兵衛の機転と自己犠牲が村人たちの命を救ったのである。

　この話は後にラフカディオ・ハーンによって読みやすい物語にされ、さらに児童向けの読み物に改変されて戦前の国定教科書にも掲載されるなど、多くの人が知る話となった。さらにこの話は翻訳されて海外にも伝わり、津波に対する正しい知識と対応を伝える教材として広く用いられている。2015年、国連で制定された「世界津波の日」の11月5日は、この逸話のもととなった出来事が起きた日である。

　一方、古くから津波の被害に何度も襲われてきた東北地方の三陸海岸には、「津波てんでんこ」という言葉が言い伝えられている。津波の際は、何にも構うことなく真っ先に逃げろ、という強いメッセージだが、これは決して家族や仲間を見捨てて逃げろという自己中心的な意味ではない。周囲への配慮が避難への躊躇を生むなら、個々が最短で行動したほうが最良の結果が得られるという、厳しい経験則から生まれた言葉である。岩手県釜石市では、この言葉を小中学校の防災教育に取り入れており、2011年の東日本大震災の際には小中学生がいち早く避難を開始し、その姿が市民の素早い避難を促した。結果、釜石市は津波による甚大な被害を受けながらも死者数は極めて少なく、これを「釜石の奇跡」と呼ぶ人もいる。

4. 岩石と鉱物

　地球は岩石でできている。岩石の砕けた粒子である砂泥なども含めれば、地表はすべて岩石で覆われている。現在の都市空間は人工物で被覆され、このことに気づきにくいが、ビルの石材やガラス（珪砂を融解して固めたもの）、コンクリート（石灰岩粉末を水で溶いて砂や砂利と混ぜ固めたもの）、アスファルト（原油から分離した不揮発性のタールに砂利を混ぜたもの）など、素材まで目を向ければ、私たちは今も岩石に囲まれて暮らしている。

　岩石や鉱物はさまざまな過程でつくられ、またつくり替えられて、現在の地表に見られる世界が出来上がっている。本章ではこの岩石と鉱物について、原子やイオンまで視野に入れながら理解していきたい。

4-1. 岩石をつくる鉱物の特徴と分類

　岩石を拡大してみると、多数の鉱物粒子が見えるはずだ。例えば大陸地殻に最も多く見られる花こう岩は、肉眼でも確認できる粗い鉱物粒子3〜4種が、隙間なくぎっしり詰まってできている。**鉱物**（mineral）とは天然に存在する無機物の結晶質固体であり、結晶とは特定の元素が規則正しく並んでできた固体で、同一の鉱物なら必ず同じ化学組成（元素の種類と存在比）と同じ結晶構造を持つ。つまり、鉱物は化学的には同一の純物質ということができる。石英の大きな単結晶（水晶という）のように、原子配列が鉱物粒子の外形を整えるまで大きく成長したものもあるが、岩石中で不定形をした石英も、化学組成や結晶構造はまったく違わない。

表 1-4-1　さまざまな鉱物と化学式

元素鉱物／塩化物	酸化物／硫化物	炭酸塩／硫酸塩／リン酸塩	ケイ酸塩（端成分の一つ）
自然金　Au	赤鉄鉱 Fe_2O_3	方解石 $CaCO_3$	かんらん石 Mg_2SiO_4
自然白金 Pt	磁鉄鉱 Fe_3O_4	あられ石 $CaCO_3$	輝石　$MgSiO_3$
自然銅　Cu	黄鉄鉱 FeS_2	石膏　$CaSO_4$	黒雲母 $KMg_3AlSi_3O_{10}(OH)_2$
自然硫黄 S	黄銅鉱 $CuFeS_2$	重晶石 $BaSO_4$	斜長石　$NaAlSi_3O_8$
岩塩　NaCl	方鉛鉱 PbS	燐灰石 $Ca_5(PO_4)_3(OH)$	石英　SiO_2

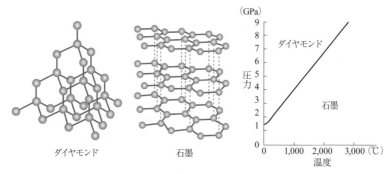

図1-4-1　ダイヤモンドと石墨の結晶構造、および安定領域

　鉱物の定義に「化学組成」と「結晶構造」の2要素が含まれるため、どちらか一方の要素が違う鉱物同士は、他方が一致していても別種と扱うことになる。例えば、ダイヤモンドと石墨（黒鉛、グラファイト）は、どちらも炭素1種でできた結晶だが、図1-4-1のように結晶構造が異なり、硬さや密度、電気伝導度などあらゆる性質が異なる、まったく別の鉱物となる。ダイヤモンドのほうが緻密で高密度な構造をしており、ゆえに高圧条件ではダイヤモンドが安定に、高温条件では原子の激しい振動を許容できる石墨が安定な相になる。

　ダイヤモンドと石墨の関係と同様のものとして、$CaCO_3$の化学式で表される方解石とあられ石、SiO_2で表されるα-石英とβ-石英など複数相、Al_2SiO_5で表される紅柱石と藍晶石と珪線石など、同じ化学式でも結晶構造の異なる鉱物の組み合わせは数多い。こうした関係を**同質異像**といい、元素が1種類の場合のみ同素体という。同質異像の関係にある鉱物同士は、温度・圧力条件が変わると、その条件でより安定な相に変化しようとする。例えば図1-4-2で、紅柱石を含む岩石をより高圧の条件下に置くと、紅柱石はその条件で安定な藍晶石に変化する。逆に、藍晶石を含む岩石があれば、その岩石は過去に藍晶石ができるほどの高圧条件下にあったことがある、という履歴が

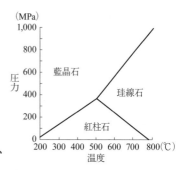

図1-4-2　Al_2SiO_5鉱物の安定領域

わかるのである。

　高圧条件下で安定な鉱物には、ダイヤモンドや翡翠（ひすい輝石）、ざくろ石（ガーネット）、スピネルなど、宝石として珍重されるものも多い。鉱物が宝石として扱われるには、美しい見栄えや希少さのほか、摩耗に強い硬さ（大気中の砂塵に含まれる硬度7の石英粒子と同等以上の硬さ）を持つことも重要な条件である。こうした硬く美しい鉱物は、地下百〜数百kmもの高圧条件下でできたものが多い（真珠など例外もある）。いわば宝石は、地球が長い時間をかけてつくり出した芸術品なのである。

　海洋プレートの沈み込む原動力もこの鉱物変化によるところが大きい。プレートの沈み込みにより岩盤が地下数百kmに持ち込まれると、沈み込んだプレート先端部（スラブ）内にざくろ石やスピネルといった高密度の鉱物が生じる。このためプレート全体がより重くな

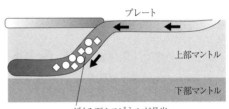

図1-4-3　プレートが沈み込むしくみ

り、プレートがマントルの中に沈み込み続ける原動力となるのである。そしてこの沈み込む力は後ろのプレートを引っ張り、プレート全体を動かす原動力にもなっている。

4-2. ケイ酸塩鉱物

　自然界で確認された鉱物の数は5千種以上ともいわれるが、地球の岩石を構成する主要な鉱物（造岩鉱物）は少なく、本書なら10種程度で十分と考える。造岩鉱物は一部の例外を除き、成分中にケイ素と酸素が大きな割合を占める。ケイ素（Si）は炭素族に属する元素で、一つのケイ素原子から共有結合の腕が4本、正四面体の頂点方向に伸び、それぞれが酸素原子と結合している。これを SiO_4 四面体と呼び、これを結晶構造の基本単位とする鉱物を**ケイ酸塩鉱物**という。

　SiO_4 四面体は負の電荷をもつ原子団イオンなので、

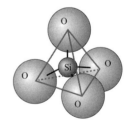

図1-4-4　SiO_4四面体

四面体と四面体の間には正の電荷をもつ金属イオン（陽イオン）が入り、電気的に引き合うことで結晶構造が成立する。つまり、イオン結合で結晶をつくっている。一方、SiO₄四面体の頂点の酸素原子が別の SiO₄四面体の頂点に共有されることで、多数の四面体が共有結合でつながり、二次元・三次元に連結していくこともできる。このように、ケイ酸塩鉱物の結合の仕方には共有結合とイオン結合の 2 つがあり、両者の割合のさじ加減により、さまざまな構造をもつケイ酸塩鉱物が存在する。

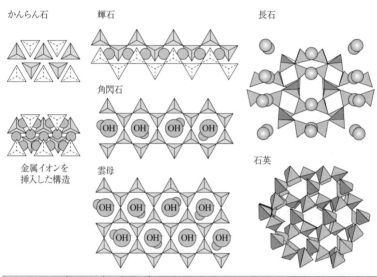

	構造	Si：O 比	主要鉱物
かんらん石族	独立	1：4	かんらん石(Mg, fe)₂SiO₄　ジルコン ZrSiO₄ ざくろ石(Mg, Fe, Mn)₃Al₂Si₃O₁₂
輝石族	一重鎖	1：3	普通輝石(Ca, Mg, Fe)SiO₃　斜方輝石(Mg, Fe)SiO₃ ひすい輝石 NaAlSi₂O₆
角閃石族	二重鎖	1：2.75	普通角閃石 Ca₂(Mg, Fe)₄AlSi₇O₂₂(OH)₂ 藍閃石 Na₂Mg₃Al₂Si₈O₂₂(OH)₂
雲母族	層状	1：2.5	黒雲母 K(Mg, Fe)₃AlSi₃O₁₀(OH)₂ カオリナイト Al₂Si₂O₅(OH)₄
長石族	立体網	1：2	斜長石 NaAlSi₃O₈〜CaAl₂Si₂O₈ カリ長石 KAlSi₃O₈
石英	立体網	1：2	石英 SiO₂

図 1-4-5　さまざまなケイ酸塩鉱物の結晶構造と鉱物群

ケイ酸塩鉱物はSiO_4四面体が並んでつくる構造によって、5〜6のグループに分類できる（図1-4-5）。まず、かんらん石のグループでは、SiO_4四面体が独立して整然と配列し、四面体と四面体の間には金属イオンが多数詰め込まれた構造をしている。次に、輝石のグループは、SiO_4四面体の4つの酸素のうち二つが隣の四面体と共有され、SiO_4四面体が鎖状につながる。鎖自体は陰イオンなので、鎖と鎖を束ねる役割は金属イオンが担う。角閃石のグループは、2本の鎖が梯子状につながった二重鎖の構造をとる。雲母のグループはSiO_4四面体の3頂点の酸素が隣と共有されることで平坦なシートを形成し、シートとシートの間に大型の陽イオンが入ることで、全体として層状の構造となる。なお、角閃石と雲母のグループは、SiO_4四面体6個で囲まれた小空間を持ち、ここには陰イオン（主にOH^-）が入ることから、含水鉱物と総称される。

　最後に長石族や石英ではSiO_4の4頂点すべての酸素が隣接四面体と共有され、金属イオンによる電気的な引きつけを必要としなくても結晶の立体構造を構築している。石英は陽イオンをまったく含まない純粋なSiO_2だが、長石族は一部の金属イオンを取り込むため、四面体中心のSi^{4+}をAl^{3+}に置き換えて電荷のバランスを保っている。なお、ケイ酸塩鉱物の「塩」はイオン結合で結びついた固体を意味するので、金属イオンを含まないSiO_2の鉱物は厳密にはケイ酸塩鉱物ではなく、Siの酸化物として扱うことが多い。

4-3. 固溶体

　図1-4-5の表にもあるように、ケイ酸塩鉱物の中には化学式が1通りで表せず、ある元素が別の元素と交換できるものも多い。例えば、かんらん石の化学式は$(Mg, Fe)_2SiO_4$だが、これはマグネシウムイオンMg^{2+}と鉄イオンFe^{2+}が任意の割合で入り、それらの合計とSiおよびOの比が2：1：4であることを示す。鉱物の定義には「決まった化学組成」とあり、例えば食塩NaClの結晶中にこれとは違う元素が含まれることはない（海水を蒸発させた塩に含まれる$MgCl_2$はNaClとは別の結晶をつくる）。それに比べると、ケイ酸塩鉱物が持つ化学的自由度は特徴的で、濃度を自由に変えられる水溶液（solution）になぞらえて**固溶体**（solid solution）と呼ぶ。なお、石英には同質異像はあるが固溶体はない。

　なぜ固溶体という化学的自由度を持った鉱物が存在できるのだろうか。それ

は、ケイ酸塩鉱物の構造が SiO_4 四面体のつくる骨格によって規定され、金属イオンはその骨格を電気的に束ねる役割に過ぎない、ということで説明できる。例えばかんらん石の場合、SiO_4 四面体がぎっしり詰め込まれた構造の隙間に、2価の陽イオンである Mg^{2+} が入っているが、イオン半径がほぼ同等の Fe^{2+} なら Mg^{2+} の代わりを務めることができる、というわけである。このように、金属イオン同士で、イオン半径と電荷がほぼ等しい元素同士は、自由に置き換わりながら鉱物に入ることができる。存在量は少ないものの、マンガン Mn^{2+} やニッケル Ni^{2+} も Mg^{2+} や Fe^{2+} と交換することができる。

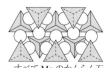
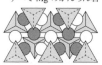
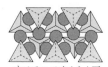

すべて Mg のかんらん石

すべて Fe のかんらん石

○ Mg^{2+}　● Fe^{2+}

図 1-4-6　かんらん石中のイオン交換の模式図

一方、同じ2価の陽イオンであるカルシウムイオン Ca^{2+} は、Mg^{2+} や Fe^{2+} より一回り大きく、同じ隙間に入り込もうとすると結晶構造を歪めてしまう。よって、Ca^{2} が Mg^{2+} や Fe^{2+} を置き換えることはまれで、むしろ Ca^{2} は価数の異なるナトリウムイオン Na^+ と交換し、電荷の過不足は同時に Si と Al を置換することで解決していることが多い。このように Al と Si が交換可能であることは、多くの鉱物で電荷を調整する役目を果たしている。

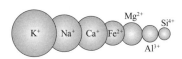

図 1-4-7　陽イオン半径の比較

造岩鉱物が固溶体を持つことは、地球科学的にどんな意義があるだろうか。自然界に存在し、鉱物に入りうる元素の種類は約90種もあるが、地殻の岩石鉱物を構成する元素は上位8種（O, Si, Al, Fe, Ca, Na, K, Mg）で99％を超え、それ以外の大半の元素は極めて少ない。こうした存在量の少ない元素の場合、同じ元素が集まって一つの鉱物をつくるということが非常に難しい。しかし、既存の鉱物に固溶体の性質があれば、大きさが似た主要元素の入る場所に、こうした元素が入り込む（置換する）ことができる。主な造岩鉱物が数十種で事足りているのは、この固溶体の性格が大きな役割を果たしている。

表 1-4-2　岩石の定義と分類

	定義	主な岩石の種類
火成岩	マグマが冷却し、固結してできた岩石	花こう岩・閃緑岩・斑れい岩・流紋岩・安山岩・玄武岩など
堆積岩	岩石片や火山灰などが堆積し、固結してできた岩石	礫岩・砂岩・泥岩・頁岩・凝灰岩・石灰岩・岩塩など
変成岩	岩石が熱や圧力を受け、もととは違う姿になった岩石	ホルンフェルス・大理石・粘板岩・結晶片岩・片麻岩など

4-4. 火成岩の分類

　地球上に見られる岩石は、専門家が細かく分類しても恐らく 100 種類未満で、実際にははるかに少ない分類で把握できる。一般的には、岩石の成り立ちから、**火成岩・堆積岩・変成岩**の 3 つに大きく分類し、さらにその特徴や含まれる鉱物の種類などから、細かく分類する手法が取られる。

　堆積岩や変成岩の定義には、「岩石」という言葉が素材側にも含まれる。つまり、これらは岩石をつくり替えてできた岩石ということができる。一方、火成岩の素材であるマグマも「岩石が融解したもの」なので、結局のところ岩石は岩石領域（マントル＋地殻）の中を、姿を変えながら循環していることになる。

　火成岩はマグマが冷え固まってできた岩石で、地殻で最も普通に見られる岩石である。火成岩は、マグマの冷却速度の違いとマグマの化学成分、特にケイ素の質量比（SiO$_2$ と表記されるこ

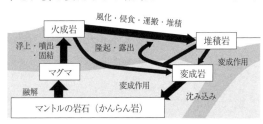

図 1-4-8　岩石の循環の模式図

ともあるが SiO$_2$ という単位で存在するわけではないので、本書では Si と表現する）の違いによって分類される。

　まず冷却速度について、マグマが地下深部で数万〜数十万年もかけてゆっくり冷却した場合、鉱物粒子が数 mm の目視できる大きさまで成長し、すべての部分が結晶質になった岩石ができる。この岩石を**深成岩**という。一方、マグマが地表に噴出して急激に冷却されると、マグマ中の元素が移動する間もなく固化するので、極めて細かい結晶や結晶化できなかったガラスが、わずかに存在

する大粒の斑晶鉱物（マグマだまりに溜まっていた間に成長した結晶粒子）の周りを埋めて岩石をつくる。この岩石を**火山岩**という。

　次にマグマの化学成分について、特にケイ素の質量比（Si 比）に注目する分類がある。ケイ酸塩鉱物のうち特に立体網状の構造をもった鉱物（石英、長石族）は、肉眼で見ても白色や透明なものがほとんどである。これら立体網状の構造をもつ鉱物は、鉱物中に金属イオンをあまり含まず、Si 比が相対的に高い。そのため、これらの鉱物を豊富に含む岩石は Si 比が大きくなり、全体が白っぽくなる。逆に、かんらん石や輝石、角閃石、雲母など、残りのケイ酸塩鉱物は有色鉱物といい、肉眼でも緑や茶色など多様な色彩を持つ。かんらん石や輝石は特に Mg^{2+} や Fe^{2+} などの金属イオンを多く含み、相対的にケイ素の割合が低くなるため、これらの鉱物を多数含む岩石は Si 比が小さくなり、全体が黒っぽく見える。このように、火成岩は色合いや無色鉱物と有色鉱物の比などから 3 タイプに分類でき、深成岩・火成岩の区別を合わせると分類は 6 種類になる（日本では流紋岩と安山岩の中間の化学組成を持つデイサイトという火山岩が多く見られる）。なお、図 1-4-9 には上部マントルの主要な構成岩石であるかんらん岩も記入した。かんらん岩は成分上は斑れい岩と連続する岩石で、斑れい岩よりもかんらん石の割合が多く、Si 比が小さい岩石である。

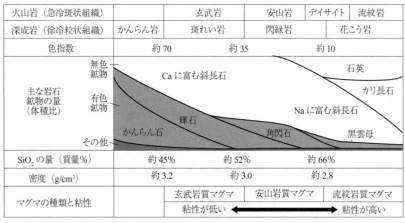

図 1-4-9　火成岩の分類と構成する鉱物組成との関係

4-5. 堆積岩と変成岩

　火成岩とマグマについては次章で詳しく述べるとして、ここでは残りの岩石である堆積岩と変成岩についてまとめる。

　堆積岩は、岩石が砕けた砂泥や火山灰、生物の殻などが堆積し、固結してできた岩石である。岩石が砕けてできた砕屑物粒子は、主に河川によって下流に運ばれ、流速が下がって運びきれなくなった大きさの粒子だけを積もらせる。よって砂ばかり、泥ばかりの堆積層ができやすい。実際には砂岩に礫や泥が、泥岩に砂が混じることは珍しくなく、主成分を岩石名にして、例えば「砂混じりの泥岩」「泥混じりの砂岩」などと呼び分けている。化石を含む場合も、「砂混じりの石灰岩」「貝殻を含む砂岩」のように主たる成分を岩石名にする。

表 1-4-3　堆積岩の分類

粒径 (mm)	堆積物	堆積岩
2	礫	礫岩
1/16	砂	砂岩
1/256	シルト（泥）	泥岩・頁岩
	粘土（泥）	
	火山灰	凝灰岩
	CaCO$_3$殻 貝殻・サンゴ・有孔虫など	石灰岩
	SiO$_2$殻 ケイソウ・放散虫など	チャート
	海水が蒸発	岩塩

　堆積物粒子が堆積岩に変化するためには、バラバラの粒子同士が密着して固い岩石になる必要がある。礫や砂の場合、地層の重みで粒子同士を密着させるだけでは不十分で、大きな隙間が空いてしまう。すると、この隙間に地上から染み込んだ水が入り、間隙水としてしばらく留まるうちに、水が接触する鉱物からイオンなどが水に溶け出してくる。こうして間隙水は、周囲の堆積物から鉱物の成分が溶け出して飽和水溶液になることが多く、温度がやや下がるなど過飽和な状態になるたびに、隙間にこれらの鉱物を沈着させる。こうしてバラバラだった粒子を固く結びつける働きを、**続成作用**という。

　堆積岩は生物源粒子を含むことも多い。海水中では炭酸カルシウム $CaCO_3$ は過飽和で溶けないので、貝類やサンゴなど $CaCO_3$ でできた骨格をもつ生物は数多い。これらの殻は死後も海底に残り、$CaCO_3$ を主成分とする岩石、石灰岩ができる。ただし深海に生物遺骸が沈降すると、水圧が増して溶存 CO_2 も多くなる。そこでは $CaCO_3$ は溶解してしまい、溶解されない SiO_2 の殻だけが残る。こ

うして、ある水深より深い場所（これを**炭酸塩補償深度：CCD**という）では、SiO_2の殻だけが集積し固結してできた、チャートという岩石ができる。石灰岩もチャートも、海底で堆積して岩石となった後、プレート運動で海溝まで運ばれ、沈み込まずに陸地に押し付けられる。これを付加体といい、深海底で何が起きているかを知る重要な手がかりとなる。

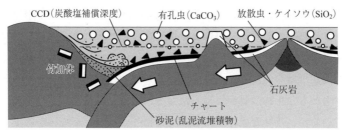

CCD（炭酸塩補償深度）より上では、量的に優勢な有孔虫殻が集まり石灰岩をつくるが、CCDより下では$CaCO_3$の殻は溶解し、SiO_2の殻ばかりが堆積してチャートができる。プレートが沈み込む際、これらは陸からの砂泥堆積物と混合して付加体となる。

図1-4-10　CCDと深海底に積もる生物源堆積岩

　一方、変成岩とは、熱や圧力を受けた岩石がもともととは異なる姿になったものをいう（表1-4-4）。岩石中の鉱物は温度や圧力が大きく変わると、その条件が安定な鉱物に変化しようとする（p.49）ため、特有の鉱物を含む岩石となる。また、鉱物の相転移まで進まなくても、高温で原子の振動が激しくなると、長い年月の間に少しずつ原子が移動し、鉱物が外側に少し成長したり、鉱物同士の接触部分が融合したり、圧力によって鉱物が成長しやすい方向に伸びたり、

表1-4-4　変成岩の分類（原岩と変成作用後の岩石名）

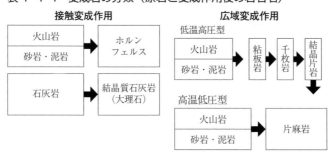

逆に平たく押し潰された姿になる。こうした作用を**変成作用**という。変成岩には、マグマの接触による熱が原因の**接触変成岩**と、プレートが岩盤を押すことで圧力と熱の両方が作用する**広域変成岩**とに分類できる。

　接触変成岩は、地表付近まで上昇したマグマに接触・接近した岩石が、マグマから熱を受けて性質を変化させたもので、規模としてはマグマ縁から数 m〜数 km 以内に見られる限定的な変成岩である。熱によって鉱物中の原子運動が激しくなり、鉱物がその場で再結晶を進めたり結晶を大きく成長させたりする。砂岩・泥岩のような隙間の多い岩石が接触変成作用を受けると、鉱物の成長によって隙間がほぼなくなり、ホルンフェルスという緻密な岩石ができる。また、石灰岩はもともと生物の殻が集積したものなので、有機物などの不純物を多量に含んでいるが、接触変成作用によって再結晶が進むと不純物が除去され、美しい結晶質の石灰岩に生まれ変わる。これが大理石である。接触変成作用に圧力は関与しないので、できた岩石は特定の方向性を持たない。

　岩盤に熱だけでなく圧力を加えてできる変成岩は、プレート運動が岩盤を圧縮することでできる。広域変成岩には、主に高い圧力で岩石の構造や鉱物組成が変わってしまう低温高圧型の広域変成岩と、それより高温の条件に長期間さらされて生じる高温低圧型の広域変成岩とがある。どちらも、プレートが沈み込む境界に沿って数百 km も同じタイプの変成岩が連続して見られることから、広域変成岩の名称が定着している（図 1-4-11）。

　低温高圧型の広域変成岩は、プレートに載って運ばれた砂泥や玄武岩などがプレートの沈み込みと

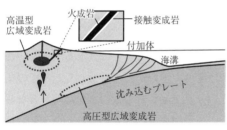

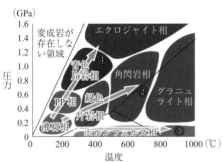

①高圧型変成作用　②高温型変成作用
③接触変成作用
「PP 相」＝ぶどう石・パンペリー石相

図1-4-11　広域変成岩の分布と岩石の種類、変成岩の温度圧力条件図

ともに引きずり込まれ、地下数十 km もの深さまで押し込まれることで生じる。このような岩石には、圧力方向に強く押し潰されて薄く剝げるような特徴や、力の加わった方向に並行な筋状模様（片状組織）ができる。また高圧条件下に長く存在すると、その条件下で安定な鉱物が成長する。変成度が低いと鉱物種に変化のない粘板岩や千枚岩などになるが、さらに深部の高圧条件を経験した岩石は結晶片岩（緑色片岩・藍閃石片岩など特有の変成鉱物名をつけて呼ぶ）と呼ばれる。

　一方、高温低圧型の広域変成岩は、プレート運動がもたらすマグマ（p.67）が地表付近で滞留する周辺で生じる。圧力も受けるのでその方向に緩い縞模様ができたりするが、地下から上昇してきたマグマから熱を長時間受けるため鉱物の再結晶が進み、肉眼で見えるサイズまで成長した鉱物粒子が目立ち、かつ緩やかな縞模様も併せ持つ岩石、すなわち片麻岩になる。

　最後に、地殻の下に広がる広大な岩石領域であるマントルの岩石について述べる。マントルは深さ 660 km を境に上部と下部に分けられ、上部マントルはほぼかんらん岩やそれに類する岩石とされる（直接掘削して回収したわけではないが、上部マントルから上昇するマグマ中にかんらん岩の捕獲岩が見つかる）。このような地下深部の岩石・鉱物については、岩石試料を地下数百〜数千 km の温度圧力条件にして岩石・鉱物の変化を調べる高温高圧実験と、地震波の伝播の仕方などから、矛盾のない岩石・鉱物を推定する、という方法が取られる。深さ660 km までは、深くなるにつれて徐々にかんらん石や輝石がより高密度のざくろ石やスピネルに変化していく。沈み込むプレートはほぼ上部マントルの岩石でできているが、

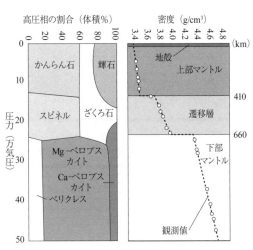

図 1-4-12　高温高圧実験で推定した地下深部の鉱物組成と密度の変化

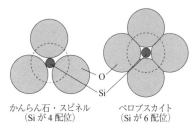

かんらん石・スピネル　　ペロブスカイト
　（Si が 4 配位）　　　　（Si が 6 配位）

図 1-4-13　かんらん石・スピネル
とペロブスカイトに含まれる Si-O
ユニット

プレート自体も沈み込むにつれて高密度の鉱物が形成され、少しずつ高密度になっていくので、継続的な沈み込みが可能である。これも地下深部で起きる変成作用の一つと考えることができる。

　下部マントルの深さになると、これらの鉱物は突然「ペロブスカイト結晶構造」を持つ非常に高密度な鉱物に転移してしまう。ケイ素・酸素・マグネシウムからなるこの鉱物には「ブリッジマナイト」という正式な名称が与えられたが、現在でも下部マントルの主要な鉱物や岩石としてペロブスカイトがよく用いられる。この鉱物はケイ素が酸素原子 6 個に囲まれた基本単位で結晶がつくられ、SiO_4四面体と比べて不連続に高密度な物質であることがわかる。プレートはこの密度の壁を越えることができず、この位置でしばらく滞留する、というわけである。

　岩石や鉱物は硬い固体で、水の循環や生物間の物質の流れのように実感できる動きや流れではない。しかし長い年月の間に、河川の運搬によって礫や砂が移動したり、岩石が地下水に対して少しずつ溶け出したり、逆に地下水から砂泥の隙間に鉱物が沈着したりして（詳細は 6 章）、岩石や鉱物はゆっくりとだが確実に移動している。さらに速度が遅いプレート運動やプルーム運動により、岩石や鉱物は姿を変えながら移動し続け、さらに次章で述べるように融けてマグマになり、それが新たな火成岩になったりする。こうして、地球をつくる岩石や鉱物の世界は常につくり替えられているのである。

Question！
地球上の多くの岩石に共通してみられる特徴とは何だろうか。

---

5. マグマと火山

　マグマは岩石が融けたもので、火山はこれが地表に噴出してできた地形である。赤々とした溶岩を噴き上げたり岩石片を吹き飛ばすエネルギーは凄まじく、人々に畏怖の感情を植えつけ、荒ぶる神の存在をそこに見立てた文明も数多い。今も火山噴火は、私たちの生活に大きな影響を与える自然災害の一つであるが、一方で火山の存在が人々の生活に欠かせない恩恵をもたらすこともある。火山の雄大な姿はそれだけで観光地のシンボルとなり、温泉に癒されようと大勢の人が集まってくる。マグマや熱水は特定の物質を濃縮し、有益な地下資源を形成することもある。本章ではマグマや火山を理解し、火山とよりよく共存する道を探っていきたい。

5-1. 火山の噴火と火山の姿

　マグマは岩石が融けた液体（主にケイ酸塩鉱物が融けたもの）だけでなく、融けずに固体として含まれる鉱物粒子や、溶解した揮発性成分（水、二酸化炭素など）を含んでいる。マグマは元の岩石よりは低密度であるため、浮力によってゆっくり上昇する。マントルと地殻の間や、地殻の中も段階的に密度が小さくなるので、マグマはそこを通過するたびに速度を落としたり停止したりして、そこにマグマだまりが生じる。マグマだまりで停滞したまま完全に冷却してしまい、岩石（深成岩）になってしまうものも多い。

　地下5〜10km付近になると、周囲の岩石はマグマとほぼ同じ密度になり、マグマは上昇を停止して最後のマグマだまりをつくる。ここまでくると上からの圧力がかなり小さくな

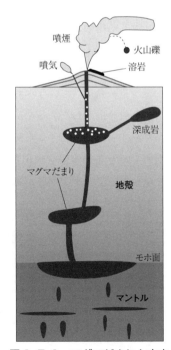

図 1-5-1　マグマだまりと火山

り、マグマ中に含まれる揮発性成分が気泡を生じ始める。揮発性成分の大半は水蒸気で、岩盤の隙間を抜けて地表に達し、噴気（火山ガス）となって放出されるが、地表までに冷えると熱水として地表に湧出する。温泉は熱水そのもののこともあるが、地表から染み込んできた地下水がマグマのそばで熱せられ、さらにこの揮発性成分を受け取って地表に戻ってきたものであることが多い。このようにマグマ中のガス成分は、通常は静かに放出されている。

　ところが、下方からのマグマ供給が急増したり、地震などをきっかけとしてマグマ中で大規模な発泡が急に起きたりすると、マグマだまりの内圧が急激に高まり、周囲の岩盤に強い圧力をかける。マグマは岩盤に亀裂をつくって入り込むが、たいてい過去のマグマの通り道（火道）が最も弱いので、マグマは再びそこを使って急激に上昇し、山頂の火口から噴火を始める。ただし、マグマが途中あるいは最初から違う場所を割り進んで噴火することもあり、その場合は山頂ではない場所に火口を開いて噴火する。

　火山はマグマの粘性によって多様な姿になる（図 1-5-2）。粘性の低いマグマが繰り返し噴出すると、緩やかな傾斜で広い裾野をもつ盾状火山という形をつくる。一方、富士山のような円錐型の火山は、砂を手ですくって指の隙間から落とすとできる、円錐形の砂山に似ている。このとき傾斜は砂の崩れやすさで決まる一定の角度（だいたい 35° 前後＝安息角）となる。実際の円錐型の火山は、火口から放り出された大量の灰や火山礫が降り積もり、それを覆う溶岩の層とが繰り返す層構造を持つ。このような火山を成層火山と呼ぶ。このほか、1 回の噴火でできる小規模な火山体（単成火山）として、スコリア丘や溶岩ドーム、マールなどさまざまな形態がある。

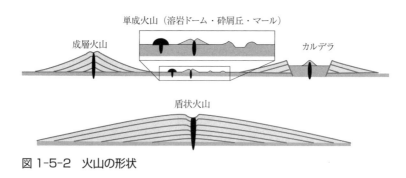

図 1-5-2　火山の形状

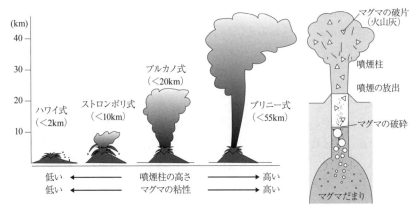

図 1-5-3　マグマの粘性やガスの量と噴火の様子

火山の噴火の様子も、マグマの粘性や含まれるガスの量に左右され、多様な形態となる（図1-5-3）。粘性の低いマグマが噴き出す場合、マグマが上昇する途中でガスの脱出がスムーズに進むため、火口に達した時にはほぼ「気の抜けた」溶岩となって噴水のように噴き上げる。一方、粘性が高くなると、ガスがマグマからなかなか脱出できず、火口付近で急激な発泡と泡の膨張が起こり、マグマが粉々に破砕する。これが火山灰や火山礫となる。火山灰と高温の火山ガスは噴煙となって上空まで高く巻き上げられ、上空の風に乗ってはるか遠方にまで運ばれることがある。火山礫のうち、特に多孔質で密度の小さいものは軽石（安山岩～玄武岩の黒っぽいものはスコリア）という。また、大きな塊が空中に放り出されると、弾丸のような紡錘形やリボン型など特徴的な形状になることがあり、これを火山弾という。直径数mもの大きな火山弾が火口から数kmも飛ばされることもある。

時には火山ガスが大量の灰や岩片を巻き込みながら斜面を高速で走り下ることがあり、これを火砕流という。火砕流は斜面の低い谷底に沿って流れ下り、後に

図 1-5-4　雲仙普賢岳の火砕流
出所：気象庁ホームページ

は灰と岩片が谷底を数十mも埋めてしまう。噴火の終盤になるとガスの抜けた溶岩流が流れ出すが、粘性が高いため流れにくく、1日あたり十数mというゆっくりとした速度で前進する。

このように、火山の噴火の様子はマグマの粘性や成分と密接に関係するが、常に対応するわけではない。例えば富士山の表面は粘性の低い玄武岩質マグマで覆われているが、その姿は典型的な成層火山である。これは富士山をつくったマグマがハワイなどに見られる玄武岩よりやや粘性が高く、含まれるガスも多いため、ハワイなどに比べると火山灰や火山礫を多く噴出して成層火山の形をつくったからである。また、1707年の宝永噴火では、最初は玄武岩ではなく粘性の高い安山岩質マグマが、中央火口ではなく南東側斜面から噴出し（宝永火口）、火山灰や火山弾を爆発的に放出するプリニー式噴火を引き起こした。火山灰は関東一円に達し、江戸でも1寸（3cm）の灰が積もったとされる。宝永火口の周辺には他とは違う安山岩の岩片が多数見られ、火山がいつも同じマグマを噴出するわけではないことを教えてくれる。

1回の噴火でできた単成火山を除くと、火山は何度も繰り返し噴火した結果できた地形であり、火山の姿や積み重なる火山噴出物から噴火の履歴が読み取れる。ただし長い年月の間に侵食を受けて過去の痕跡が失われたり、巨大噴火の後に陥没が起きたりすることもある（この巨大な陥没地形をカルデラという）。現在私たちが見ている火山の姿も、何万年後にはその姿を大きく変えていても不思議ではない。

5-2. 火山の分布とマグマの成因

火山の分布もプレート境界と密接に関係する。プレートが離れる境界である海嶺ではマグマが頻繁に流出しており、マグマが生産される重要な場所である。そのほか、日本やインドネシアのように沈み込む境界に沿って多数の火山が並ぶ。また、プレート境界ではないものとして、ハワイのようなホットスポット火山がある。

火山をもたらすマグマも元は岩石で、これが融解する（一部だけ融解する）には地表では1000～1300℃という高温条件が必要である（岩石を構成する鉱物の種類によって異なる）。ただし、岩石の場所が深くなるにつれて岩石にかかる圧力

が増し、深くなればなるほど硬く
緻密な岩石になり、融解できなく
なる。マグマができる条件に最も
近い場所は、上部マントルの表層
近く、だいたい深さ70〜200km付
近となる。これこそ、地表から続
く固い岩盤であるプレートと、
200km以深の硬い岩石の層に挟
まれた柔軟な層、アセノスフェア
である。

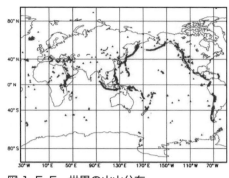

図1-5-5　世界の火山分布
出所：気象庁『防災白書』

　ただしアセノスフェアの深さであって
も、図1-5-6では岩石は「融けそうで融け
ない」状態に留まる。実際、プレートの下
のアセノスフェアは世界中どこの地下に
も存在するが、どこでもマグマが生じる
わけではない。岩石が実際に「融け始め
る」には、ここの岩石に「あと一押し」何
かする必要がある。この「一押し」の一つ
は、岩石を地表に向けて持ち上げて圧力
を下げることである。アセノスフェアで
の温度を保持したまま上昇し減圧すれば、
岩石は融けてマグマができる。
　プレートが離れていく海嶺では、この
しくみでマグマが発生している。プレー

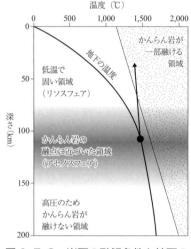

図1-5-6　岩石の融解条件と地下の
温度（地下の温度は一例）

トが両側に引っ張られ、境界付近のプレートが薄くなると、その下では圧力が
弱まって下方からマントルの岩石が上昇する。アセノスフェアの岩石も温度を
保ったまま上昇し、途中で融点を超えてマグマとなり、プレートの下に蓄えら
れる。プレート境界部に亀裂が開くと、マグマは亀裂を上昇して固まり、新た
なプレートの一部となる。海底に噴き出したマグマは玄武岩の成分を持ち、海
水によって表面が急冷され、丸い塊状の溶岩（枕状溶岩）を海底に敷き詰める。

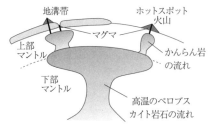

図 1-5-7　プルームと火山（模式図）

大陸上でありながら離れる境界であるアフリカ大地溝帯の周辺にも、キリマンジャロなどの巨大な盾状火山がいくつも存在する。ここでは巨大なホットプルームという形で、マントルの底から熱い岩石が上昇している。これは上昇の途中で大規模に融解して膨大な量のマグマとなり、引き裂かれたプレートの隙間から噴出する（図1-5-7）。かつての地球では膨大な溶岩が広大な面積（日本列島の数倍）を覆いつくし、溶岩台地を形成したこともある。

　プルームの上昇がもたらす火山という意味では、ハワイのようなホットスポット火山もしくみは同じである。ホットスポットは世界に十数箇所が知られており、すべて玄武岩質マグマによる活発な火山活動が見られる。

　ここまで、生じたマグマはすべて玄武岩質マグマで、冷え固まると玄武岩になる。場所によっては、玄武岩溶岩の中に緑色のかんらん岩塊が含まれることがある。これは上部マントルの岩石が融けてマグマとなり、そこから上昇する際にマントルの岩石を抱え込んだまま浮上したもので、マントル捕獲岩と呼ばれ、上部マントルの岩石を知る貴重な手がかりとなる。

　ところが、前章で述べたように玄武岩とかんらん岩では化学成分が少し異なる。玄武岩はかんらん岩に比べ Si 比が少し大きく、逆に Mg^{2+} や Fe^{2+} の割合はやや小さい。かんらん岩が融けてできた玄武岩質マグマが、もとの岩石と異なる化学成分を持つのはなぜだろうか。

　ジュースやお茶を完全に凍らせて、徐々に融かして飲んだ経験のある人なら、最初に融け出した液体が本来の飲料の味よりずっと濃いものだということを、経験的に知っているだろう。これは、混合物の固体が融解を始めるとき、最も融けやすい部分（この例の場合は糖分など溶存成分を大量に含む氷）から融け始めるからである。逆に「味のしない氷」は最後まで融けずに残る。これと同じことが、マグマができる地下でも起きている。

　かんらん岩はかんらん石のほか輝石や斜長石を含む岩石で、かんらん石が最も融点が高く、輝石や斜長石はそれより低温でも融解する。これらの混合物で

ある岩石が上昇し、図1-5-6の「かんらん岩が一部融ける領域」に入ると、輝石や斜長石が主に融解し、かんらん石はほとんど融けない。このような融解の仕方を**部分融解**という。この時、生じたマグマの成分は元の岩石に比べ、かんらん石に多い Mg^{2+} や Fe^{2+} が少なくなり、相対的に Si の割合が高くなり、すなわち玄武岩の成分をもつマグマとなる。

海嶺周辺やアフリカ地溝帯、各地のホットスポットで見られる火山は、すべてアセノスフェアの岩石が部分融解してできた玄武岩質マグマでできていた。ところが、地球上には玄武岩以外の火山も多く、特に日本列島のような沈み込み帯に沿った火山については、上記のしくみでできたとは考えにくい。これらの成因についてはまた別の解釈が必要になってくる。

5-3. 沈み込み帯におけるマグマの成因

日本列島には100を超える活火山があり、気象庁が常時観測する活発な火山も十数箇所ある。世界中を見ても、プレートが沈み込む海溝のそばには多数の火山が列をつくって存在する。ところが、沈み込むプレートは地表を長く移動する間に冷却が進み、沈み込むと周囲を冷やすことになる。なぜ冷たいプレートをマントルに押し込んだのに、火山ができるのだろうか。

加熱や減圧に頼らずに固体を融かして液体にする方法として、不純物を混ぜて融点を下げる「凝固点降下」がある。例えば、雪国で用いられる融雪剤とは、雪（水の結晶）に NaCl や $MgCl_2$ を振りかけることで、結晶中に異物が入り込み、結晶構造を不安定にして雪を融かすというものである。地下深くのマントルでもこれと同じことが起きている。

プレートが沈み込む海溝沿いでは、火山が海溝に沿って一列に存在している。この分布から、沈み込んだプレートが何らかの物質を地下に持ち込み、アセノスフェアの岩石を融かしてマグマをつくったと考えられる。そこで、岩石を高温高圧実験装置の中に置き、さまざまな条件の下で融けるかどうか試す実験が盛んに行われた。その結果、かんらん岩に水などの揮発性成分を混入させると、無水状態より低い温度で部分融解が始まり、玄武岩質マグマができることが確かめられた（図1-5-8②）。

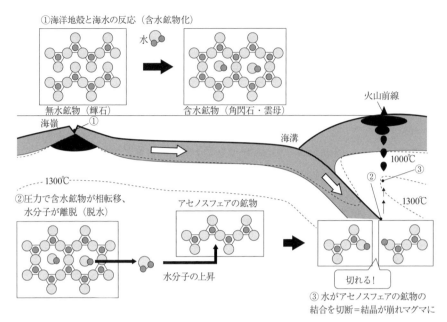

①海洋地殻と海水の反応（含水鉱物化）

水

無水鉱物（輝石）　　　　　　　含水鉱物（角閃石・雲母）

海嶺　　①

海溝

火山前線

1000℃ ③

②

1300℃

1300℃

②圧力で含水鉱物が相転移、
水分子が離脱（脱水）

アセノスフェアの鉱物

水分子の上昇

切れる！

③ 水がアセノスフェアの鉱物の
結合を切断＝結晶が崩れマグマに

図 1-5-8　沈み込み帯におけるマグマのでき方

　沈み込み帯におけるマグマのでき方は以下のように考えられる。まず、海洋
プレートが海嶺で誕生する際、高温のマグマが海水に触れて急冷する。このと
き、マグマ中の鉱物の一部、例えば輝石が水を含む角閃石（含水鉱物）に変化す
る。この状態の水は非常に安定で、容易には放出されない。こうしてプレート
は水を抱えたまま移動し、最終的に海溝から沈み込んでいく。

　沈み込みが深さ100kmを超え、プレートの岩石が非常に高い圧力にさらされ
ると、含水鉱物が壊されて水分子が放出される。水分子はプレートのすぐ上方
にあるアセノスフェアの岩盤中を上昇し、より高温の領域を通過するが、水は
ここで岩石中の鉱物に作用（SiO_4の鎖を水分子が入り込んで切ってしまう）して、
マグマを生じさせるのである（図1-5-8③）。

　日本列島の火山分布をみると、北海道から東北・関東を経て伊豆小笠原諸島
に連なる東日本火山帯と、九州から南西諸島に連なる西日本火山帯とがある
（図1-5-9左）。どちらも、海溝からしばらくの距離には火山がまったく存在せず、

図 1-5-9　日本列島の火山および火山前線

上部地殻（花崗岩）

安山岩の火山

水

玄武岩質
マグマ

玄武岩質マグマは大陸地殻を貫通する際に滞留し、成分を変化させた後に噴火して火山をつくる。

あるラインから急に火山が出現する。この境界を**火山前線**（火山フロント）という。火山前線は、海洋プレートが沈み込んで一定の深さに達し、プレート中の含水鉱物が壊れて水を放出するラインにほぼ対応する。CO_2 などの揮発性成分もマグマ形成に関与するが、ほとんどは水によるものである。

　世界でも、プレートが沈み込む海溝に沿って火山帯が見られる。すべて、沈み込んだプレートが持ち込んだ水がマントルの岩石に作用してマグマができるもので、特に太平洋を囲むように火山の帯ができている。特徴的なのは、ここには安山岩や流紋岩でできた火山も多いことである。これらのマグマは粘性が高く、円錐形の火山体を持ち、爆発的な噴火をする火山も多い。

5-4.　マグマの多様化

　沈み込む境界に沿ってできる火山には多様な火成岩が見られた。ところが、地下でかんらん岩が融解してできるマグマはすべて玄武岩質マグマで、そこに多様性はほとんど見られない。安山岩や流紋岩をもたらすマグマは、どのよう

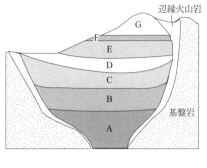
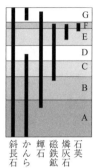

図 1-5-10 スケアガード貫入火成岩体の層状構造

にしてできるのだろうか。また、海溝に沿った場所にしか見られないのはどうしてだろうか。

グリーンランドのスケアガード岩体など、玄武岩質マグマが岩盤中に大規模に貫入し、そこでゆっくり冷却してできた大きな火成岩体がいくつか存在する。こうした岩体を調べることで、マグマが冷却するにつれてどんな現象が起きるか知ることができる。スケアガード岩体では当時のマグマの水平方向に縞模様ができ、マグマの底から順に重鉱物が沈殿して層をつくる様子が観察できる。

玄武岩質マグマがゆっくり冷却すると、斑れい岩を構成するかんらん石や輝石、斜長石らを晶出するが、たくさん生じるかんらん石や輝石は密度が大きく、多くはマグマの底に沈んでしまう。特に、かんらん石は Mg^{2+} や Fe^{2+} を多量に消費する鉱物なので、残った液相（マグマ）には Si が相対的に余るようになる。こうして、玄武岩質マグマより Si に富む安山岩質マグマができる。すると今度は安山岩質マグマから輝石などが生じ、輝石が沈殿することで残液はさらに Si に富むように、徐々に成分が変化していく。このように、マグマから鉱物が晶出し沈殿することで、鉱物に消費されない成分がマグマ側に余り、マグマの成分を変えていくことを**結晶分化作用**という。

結晶分化作用は、もともと単一だったマグマが多様化する一つの方法となる。このほか、大陸地表付近の岩石（花こう岩やそれに近い化学組成の岩石）を溶かし込む作用なども、マグマの化学成分が変化するしくみとなる。

では、こうした多様なマグマが海嶺やホットスポットでは存在せず、沈み込み帯に沿った場所でばかり出現するのはどうしてだろうか。そのヒントは日本列島の火山にある（図1-5-9）。安山岩が多い日本列島の火山の中でも、伊豆諸

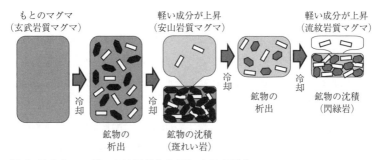

図 1-5-11　マグマの結晶分化作用による多様化

島～小笠原諸島は玄武岩の火山がほとんどで、しかも火山体積が数百 km³規模の巨大な火山が多い（大半が海水中にあり山頂の一部しか見えていない）。太平洋プレートが沈み込んだ地下でマグマが生じ、それが上昇して火山になる、という意味では本州や北海道の安山岩質の火山と同じであるから、違いはマグマが貫通する地殻の違いと考えられる。

　伊豆・小笠原諸島が乗るフィリピン海プレートは、大半が上部マントルの岩石でできていて、表面にわずかな厚さの海洋地殻があるに過ぎない。玄武岩質マグマはこれらをやすやすと通過して地表に達し、玄武岩の大きな火山をつくる。一方、本州・北海道がある北アメリカ・ユーラシアプレートは、大陸地殻を構成する低密度の岩石（花こう岩）が数十 km もの厚さで覆っている。下から上昇してきたマグマは、この軽い大陸地殻内部で浮力を失い、しばらく静止する。ここで停滞している間に、マグマは結晶分化作用や周辺岩石の混入などを起こし、マグマの成分を徐々に変えていく。やがて、重鉱物の塊を切り離して身軽になったマグマは、再び上昇できるようになる。これが安山岩や流紋岩の火山をもたらすのである。

5-5.　花こう岩の謎

　花こう岩は火成岩の一つであり、大陸地殻の大半を占め、地球を代表する岩石である。ところがこの花こう岩について、根本的かつ重大な謎が存在する。あまりにも膨大に存在する花こう岩の形成過程が、うまく説明できないのである。花こう岩は最も白っぽい深成岩で、Si 成分に富み金属イオンが少ないマグ

マ、すなわち流紋岩質マグマからつくられる。ところが、マグマの出発点を玄武岩質マグマとし、結晶分化作用によってこの真っ白いマグマを抽出しようとすると、ごくわずかなマグマと膨大な「黒っぽい鉱物の塊」が生じてしまう。これは地表に存在する岩石の量比と辻褄が合わない。この難題を「花こう岩問題」といい、長らく岩石学の大きな謎であった。

　20世紀後半の実験岩石学は、この長年の問題にも解決の道筋を与えた。マントルのかんらん岩ではなく、もう少しSiに富んだ岩石、例えば斑れい岩を出発点としたマグマ生成ができれば、それは玄武岩質マグマよりももっとSiに富む、すなわち花こう岩に近い組成のマグマになるはずである。さまざまな実験の結果、斑れい岩に十分な水を含ませて下部地殻の温度圧力条件に置いたとき、斑れい岩が部分融解してマグマができた。生じたマグマは期待通り、Siの割合が相当に高いデイサイト質～流紋岩質の成分をもつマグマだった。これが地殻内部でゆっくり冷却すると、石英閃緑岩～花こう岩が直接的にできる。すなわち、花こう岩を直接形成する過程が見つかったのである。

　地殻の底をつくる斑れい岩のところにどうやって水をもたらすか、それは沈み込んだプレートがつくる水分を含んだ玄武岩質マグマであった。このマグマが地殻／マントル境界まで達すると、ここで停滞して大きなマグマだまりをつくる。この時、マグマに含まれる水は接触する下部地殻側に入り込み、斑れい岩を部分融解させてSiに富んだマグマ（花こう岩質マグマ）をつくる。このマグマは周囲の岩石より低密度なのでじわじわ上昇し、途中で固まって花こう岩の巨大岩体をつくる。また、下方からの玄武岩質マグマと任意の割合で混合し（花こう岩質マグマは粘性が高すぎて、そのまま地表に噴出することは難しいが、マグマ混合で生じた安山岩質マグマだと浮上しやすくなる）、安山岩やデイサイトのマグマとなって多様な火山をもたらす。前述した、沈み込み帯に見られる多様な火成岩の成因は、花こう岩質マグマの関与によるところも大きい。

　7章で述べるが、誕生当初の地球は表面が1,000Kを超える灼熱の世界で、岩石が融解したマグマオーシャンの状態だった。やがて、マグマが冷えて薄い地殻が表面を覆ったが、これは玄武岩でできた海洋地殻と考えられる。つまり、誕生当時の地球には大陸地殻はほとんど存在しなかった。大陸のない、海洋地殻でできた地表は、活発なマントル対流に伴って小さなプレートをつくって運

動し、プレート境界では沈み込みも起こったはずである。海水と接して水を含んだ海洋プレートが沈み込むと、地球内部で水が作用してマグマをつくり、そのマグマが地殻を底から融解して花こう岩を生み出した。こうして、地球は徐々に花こう岩を生産して地表に蓄え、徐々に現在のような大陸と海洋のある惑星に進化してきたと考えられる。

　月や火星にはマントルの外側に玄武岩質の地殻があるが、花こう岩は今のところ地球にしか見つかっていない。花こう岩は、水を豊富にたたえ、かつプレート運動が地表の物質を地下に持ち込むしくみを持った星にしか、存在しない岩石なのかもしれない。花こう岩はそれほど独特で、地球らしい特徴を備えた岩石なのである。

> **Question !**
> マグマは誕生する際はほぼ単一だが、地上にはさまざまなマグマからできた岩石が存在する。どのようにしてマグマは多様化するのだろうか。

6. 地形と地層の成り立ち

　地表の姿は常に変化している。山は風雨により削られ、削り取られた砂泥は下流に運ばれる。移りゆく地表の姿も地球が生きた惑星であることの表れであり、変化をもたらすエネルギーが存在することを示している。

　地層は砂や泥などが水平に順に堆積したもので、その土地の過去の様子を教えてくれる大事な古文書である。古文書なので誰もが簡単に読み取れるわけではなく、数多くの経験則や科学技術の力も用いながらの解釈となる。こうした地道な取り組みによって、46億年もの地球の歴史が徐々に明らかになってきた。本章ではまず地形の成り立ちについて、エネルギーの観点で整理しながら解説し、後半では地層からわかる地球の過去の復元方法などについて解説する。地学の特徴である時間軸を意識しながら、移りゆく地表の世界を見届けたい。

6-1. 地球内部エネルギーがもたらす地表の景観

　地球は「表面に段差がある星」である。1 km幅で標高の積算面積をグラフ化すると、標高0〜1 kmの範囲および海面下4〜5 kmの範囲に、それぞれ多くの面積が集中する（図1-6-1）。これは地表が、大陸地殻と海洋地殻という、厚さや素材が異なる2種類の地殻で覆われているからである。

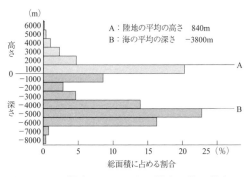

図1-6-1　標高1 kmごとの地表面積の分布

　地表の最高点はヒマラヤ山脈のエベレスト山（8,848 m）、最低点はマリアナ海溝内のチャレンジャー海淵（−10,920 m）だが、どちらも高いところ、低いところが連なった線状の地形で、ともにプレート運動がその境界にもたらした地形である。海溝や海嶺、巨大山脈、トランスフォーム断層など、直線的で地球規模の大きさを持つ地形は、ほぼプレート運動によるものである。日本列島の周

辺にも、海溝やトラフ、火山列など、プレートによる地形が多数見られる。陸域としては飛び飛びの島が並ぶだけの伊豆・小笠原諸島も、深海底から数えると比高 6,000〜8,000 m の巨大な火山島が一列に並ぶ立派な陸塊で、日本列島全体が深海底からそびえる巨大山脈という見方もできる。

　日本列島の内部も、山地と低地が入り組んだ複雑な地形をしている。火山の多い東北地方・関東地方や九州地方は、中央を走る火山列と周辺の平野・盆地で特徴づけられ、火山灰が広く覆っている。陸のプレート同士が衝突する中部地方は、プレートによる圧縮方向の力によって険しい山脈が何本も走るが、ヒマラヤ山脈のような褶曲山脈ではなく、両側を断層で切られ、その間が持ち上がった**断層山地**の性格をもつ。近畿地方や中国・四国地方も断層運動による隆起山地が多く、断層運動で持ち上がったところが山地に、下がったところは盆地や低地（湖や湾も含む）になっている。

図 1-6-2　近畿地方の地形と活断層の分布
出所：活断層：地震調査研究推進本部、地図：国土地理院「地理院地図」。

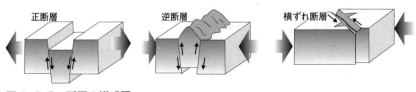

図 1-6-3　断層の模式図

ヒマラヤ山脈のような巨大山脈はもちろん、日本列島に見られるような断層山地も、その原動力はプレート運動が岩盤に与える力である。そしてこの力の源は、地球内部に蓄えられた膨大な熱である。熱は地表に向かって流れ出し、マントルを対流させて地表のプレートを動かし、巨大山脈などのプレート地形をもたらす。また火山も、熱いマグマが地表に噴き出してできる地形なので、地中の熱を外に汲み出すという意味では同じエネルギー源がつくる地形である。このように地球内部の熱はさまざまな地形形成に関与しているが、概して地表の凹凸を大きくするように作用する。

6-2. 太陽エネルギーがもたらす地表の景観

　地表に作用する力は他にもある。河川は地表に谷を刻み、山地を削って下方に土砂を押し流す。海水も、波が海岸を侵食したり、潮流が砂を数十 km も運んだりする。これらは「水による作用」といえそうだが、原動力はすべて太陽のエネルギーである。太陽の熱が海水や地表の水を蒸発させ、風がその水蒸気を内陸に運ぶ。水は雨雪となって地上に達し、その後は地表を流れ、その際に地表にさまざまな地形をつくる。太陽エネルギーが水を上空に運ばなければ、この作用は駆動しない。つまり、太陽エネルギーが水を循環させることで、地表には水の作用を受けてさまざまな地形が形成される。こうした作用は主に地表の凸部を削って凹部を埋めるように働き、究極的には地表を凹凸のない平滑な地形にしようとする。

　地表に露出した岩石が最初に受けるのは、**風化**という作用である（図 1-6-5）。

昼夜や季節の温度変化は、岩石表面の鉱物粒子を膨張収縮させるが、岩石は熱伝導率が極めて低いため熱は内部に伝わらず、表面のみ膨張収縮を繰り返す。また鉱物の種類や結晶の向きによっても膨張率が異なる。すると、繰り返す膨張収縮

図 1-6-4　水循環と太陽エネルギー

によって鉱物粒子の間に亀裂が入る。いったん亀裂が入ると、水がそこに染み込んで鉱物からイオンを溶かし出し、亀裂をさらに大きくする。また水が入った状態で氷点下まで温

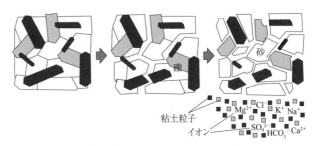

図 1-6-5　岩石の風化と風化生成物

度が下がると、水が凍る際に体積が膨張するため、これも割れ目を大きくする。さらに生物も関与する。植物の根が隙間に入り込んで亀裂を大きくし、根から出る有機酸は鉱物からイオンが溶け出すのを促進する。こうして、露出した岩盤には無数の亀裂が内側まで深く入り、やがてわずかな力でボロボロに崩れるようになってしまう。

　一方、鉱物から溶かし出されたイオンは水に含まれて移動する。地下水を汲み上げたミネラルウォーターには多くの溶存成分が含まれるが、これらは水が地下の岩盤の隙間を流れる間に、岩盤中の鉱物から溶け出したものである。岩盤の種類や水の滞留時間により、成分や濃度は多様なものになる。

　こうして内部まで脆くなった岩石は、地震や大雨によって容易に崩れる。崖や急斜面では**地すべり**や**斜面崩壊**（崖崩れ）を起こし、崩れた土砂が水と合わさると土石流となって流れ下る。岩石が崩れると大小さまざまな**礫**が生じるほか、**砂**（2 mm〜1/16 mm）や**泥**（1/16〜1/256 mm をシルト、1/256 mm 未満を**粘土**という）が生じる。粘土粒子は、岩石を構成する鉱物の微小な破片だけでなく、風化によってイオンが溶脱した残りが変質してできた**粘土鉱物**であることも多い。粘土鉱物の中には、水を含むと膨張する（膨潤という）ものも多く、岩盤中にできると地すべりの危険性が増す。斜面崩壊で生じた岩塊や砂泥は水と混じり、下流へと押し流されていく。

　河川は水のまとまった流れであり、目に見える大きな力で地形に関与する。流水の作用としては、**侵食・運搬・堆積**の 3 作用があり、河川の流速および粒子の直径と密接な関係がある（図 1-6-6）。ある流速では、一定の大きさ未満の

粒子は運搬できるが、それ以上の大きさの粒子は運ぶことができず、水底に堆積させる。流れが速くなるほど重く大きい粒子も運搬できるようになり、豪雨時には通常ではありえない巨礫をはるか遠方まで運ぶことがある。

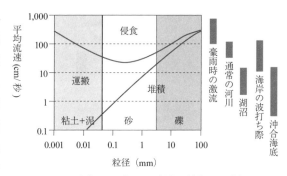

図1-6-6　流水の3作用・流速と粒径の関係

　侵食と運搬の境界については少し事情が異なる。流れが速くなれば侵食力も増していくが、泥より細かい粒子は互いに凝集して塊になり、これをバラバラにするのはかなり難しい。試しにさまざまな粒径の混じった土と水をバケツに入れてかき混ぜたとき、砂は容易にバラバラになるが、泥の塊はかき混ぜたくらいではダメで、土塊を指で潰すようにしないと砕けない。このように、最も動かされやすい粒径は砂のサイズとなる。

　このことは自然景観にも大きな影響を及ぼす。常に海水が寄せては返す海岸では、河口から放出された堆積物が波に転がされるうちに、礫は周囲の砂が揺すられる中で砂の中に沈んでしまう。泥や粘土は流失してしまい、砂ばかりが残って砂浜ができる。泥や粘土ははるか沖合まで運ばれた後、流れのほぼなくなった深い海底にゆっくり沈んで堆積する。ところが例外として、河口部の三角州は泥粒子が堆積してできたものである。これは河川水に懸濁した状態で運ばれた泥粒子に海水が混じり合うことで塩分が作用し、凝析（コロイド粒子が塩と出会い沈殿すること）を起こすことで生じる。

　水の作用は河川や海水だけではない。例えば氷河は積雪が圧縮されてできた氷の流れで、年間数〜数十mというゆっくりとした速度ながら、硬く重い氷の流れであるため強い侵食力をもち、氷河が流れる場所にU字谷など特有の氷河地形をもたらす。現在の日本に氷河はないが、かつて寒冷だった時代の山岳氷河がつくった氷河地形が、中部山岳地帯などに残されている。

　水の化学的な作用を受けた地形としては**石灰岩**地形がある。石灰岩は酸性の水に弱く、容易に溶け出してしまう。例えばCO_2を含む水に対しては、

$$CaCO_3 + CO_2 + H_2O \rightleftarrows Ca^{2+} + 2HCO_3{}^-$$

の反応で溶け出し、逆向きの反応が進むと再び石灰岩が形成される。この反応により、CO_2を含む水が地下の割れ目に沿って流れる際に大きな鍾乳洞をつくり、そこには溶け出した石灰岩が再び固まった鍾乳石や石筍がたくさんできて、独特の奇妙な景観をもたらす。**鍾乳洞**がある石灰岩地帯の地表にも特徴的な石灰岩地形（カルスト地形）ができる。これらは広い意味で風化の一つである。

6-3. 二つのエネルギーの相互作用による地形

　地球内部の熱エネルギーは地表に凹凸を大きくするように作用し、太陽エネルギーは地表の凹凸をならして平坦にしようとする。流水の作用は地表に高低差があってはじめて効果を発揮するため、プレート境界で山脈や火山ができる場所には侵食作用や運搬作用も多く見られ、逆に大平原のような平坦な場所には水の作用による地形も乏しい。

　断層運動が活発な場所では、断層の片側が隆起して山地になり、もう片側は沈降して低地になる。するとその境界では扇状地が発達し、さらに侵食で生じた大量の土砂が下流側に平野をつくることが多い。

　こうした隆起の激しい場所では、河川は侵食力を増して川底を深く削り込み、周囲の低地（河川が側方侵食を繰り返してつくった平坦面＝氾濫原）の一部が高所に取り残され、河岸段丘という地形ができる。地盤の隆起が何度も起きると、複数の段丘面が形成される。海岸では同様に、波が海岸侵食してできた海食崖や波食台が、地盤が隆起すると離水して海岸段丘ができる。反対に、地盤が沈降すると、山地が海に没してできるリアス式海岸やフィヨルドなどの沈水海岸ができる。

　地球表面の姿は、二つの

図 1-6-7　河岸段丘
出所：沼田市観光協会より提供。

エネルギーがせめぎ合う中で常に変動を続ける。プレートが押し合う変動帯では山脈の隆起活動や火山活動が活発で、それを河川が侵食したり堆積物で平坦にしたりすることで、さまざまな地形が見られる。日本列島は、地震や火山活動や土砂災害といった自然災害にたびたび見舞われる一方、多様で美しい景観に恵まれ、観光客を集めている。それは、日本列島が地球自身の活動が露わになるプレート境界に位置し、地球自身の活動と太陽エネルギーのせめぎ合いによって、常にシャープな姿に更新されていることと無関係ではない。

6-4. 海面の上下変動と氷期・間氷期

　段丘やリアス式海岸などの海岸地形は、地盤の上下運動の代わりに海面の上下によって生じることも多い。海面はどんな変動をするのだろうか。

　今から数万年前、地球は今よりも寒冷で、北欧やカナダなどの高緯度地域は厚い氷河に覆われていた。陸地に大量の氷が存在したため、海水はその分少なくなり、現在より最大 100 m 以上も海面が低い時代だった。これを氷期といい、氷期と氷期の間のわずかな温暖な時期を間氷期という。過去の氷期の年代や規模については、かつてはヨーロッパの大陸氷河が残した氷河堆積物の研究から、80 万年前から現在までの間に 4 回の氷期があったと理解されてきた。現在では、南極氷床を円柱状にくりぬいた**氷床コア**を詳細に分析することで、過去の気候をより詳細に復元できる非常に精緻なデータが得られている。

　地球が寒冷化して氷期になると海面は大きく下がる。これを**海退**という。近年で最も寒冷だった 2 万年前頃は、海面が現在より 100 m 以上も下がり、日本

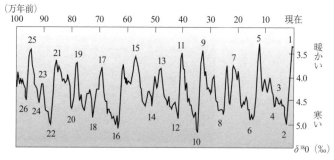

図 1-6-8　最近 100 万年間の気候変動（Vostok 氷床コア）

列島は大陸と地続きとなっていた。関東
平野を流れる河川は干上がった東京湾底
で合流し、古東京川として流れ、湾の外で
ようやく海に注ぎ込んでいた。すると河
川の水は、低下した海面まで流れ下ろう
として地表を侵食する力が高まり、河岸
段丘や海岸段丘が発達したり、台地を刻
む深い谷が多数できる。その後、地球が温
暖化すると海面が上昇し、低地はすべて
海中に没し、谷筋のかなり奥まで海水が
進入して砂泥で谷底を埋め立てた。これ
を**海進**という。約6000年前頃（縄文時代）

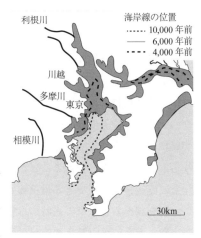

図1-6-9　関東平野の海岸の変遷

の海面は現在より10〜15mも上昇し（図1-6-9）、氷期にできた深い谷は砂泥で
埋め立てられた。

　関東平野をはじめ、日本列島の平野の多くは河川が砂泥を運んで埋め立てた
堆積平野だが、海面の上下動の影響を強く受け、台地と低地が入り組んだ地形
であることが多い。人口の集中する低地は、縄文時代の海進以降に干上がって

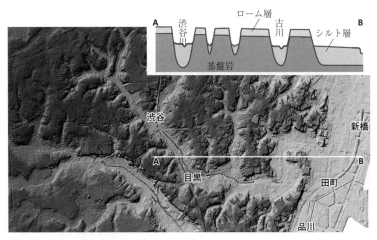

図1-6-10　東京中心部の台地と低地

陸化したところで、多くは液状化しやすい軟弱地盤となっている。

6-5. 堆積物と地層

　河川が削り取って下方に運び出した細かな砂泥は、海や湖まで運ばれ、そこでゆっくり堆積する。砂や泥は河口からまき散らされるように薄く広く、同程度の大きさの粒子ばかり選抜したように堆積するため、断面を見ると、砂や泥が層状に積み重なって見える。これを**地層**という。水底には生物の遺骸も混じり込み、化石となって残ることがある。また火山灰層や火砕流堆積物のように、陸上に直接積もってできる堆積物も、例外的に存在する。

　地層を調べると、その当時の堆積環境や時代など、さまざまなことがわかる。礫・砂・泥といった粒径の違いは堆積当時の流れの速さと対応し、礫の傾きなどから流れの向きもある程度はわかる。礫や砂、火山灰など、堆積する粒子の種類や特徴は、これらがどこから来たかを教えてくれる。

　化石が見つかると、その生物の生息環境を重ね合わせることで、どんな場所で堆積したかが判明する。海中か淡水中か、浅いか深いか、温暖だったか寒冷だったか、酸素量は多いか少ないかなど、化石は多くの情報を教えてくれる。ただし化石については、生物が生息した場所で死んで埋没したか、死後に移動して堆積したかを見極める必要がある。例えば貝殻なら、生息時の姿勢を保持しているか、二枚貝なら合弁かどうか、などいくつか確認項目がある。また、生物本体ではないが、地中に開けた巣穴や這い跡など、生物がそこにいた痕跡も化石になることがあり、これも生物の存在を示す重要な証拠になる。

　こうした地道な作業によって、地層が堆積した当時の環境や、当時起きたであろうさまざまな事象を推定することができる。地層の解釈については、17世紀にデンマークの**ニコラス・ステノ**が**地層累重の法則**、すなわち地層は上方ほど新しいという原則を提唱し、これによって地層ができた当時の環境の変遷を順に解読することができるようになった。18世紀にはイギリスの**ハットン**が**斉一説**、すなわち過去の事象は現在起きる現象と違わないことを主張した。さらに19世紀にはイギリスの**ライエル**が著書『地質学原理』の中で、地層を横切る断層や不整合、マグマの貫入などをも含めた、大地の成り立ちを読み取る方法論を確立した。こうして、地層からさまざまな現象を読み解き、地球の過去を

知る取り組みが進められていった。

　ただし、一つの地層から得られる情報は限られている。地域やその時代のことを理解するには、離れた地層同士を比較したりつないだりして全容を調べる必要がある。これを地層の**対比**という。地層同士を対比するには、離れていても「同じ時代と判定できる層」があると都合がよい。例えば、ある特徴をもった火山灰が広範囲に薄く降り積もっていた場合、これを同時間面としてよい。火山噴火の多い日本では、地層中でもよく目立つ火山灰層を指標（**鍵層**（かぎそう）という）とした地層の対比が一般的に行われており、地質構造の成り立ちを理解するのに大いに役立っている。

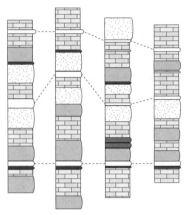

図 1-6-11　地層の対比（火山灰を用いる方法）

　火山がない地域では、主に**化石**が用いられる。化石となる生物種が地球上に出現して短期間で絶滅した場合、この化石が含まれる時代は狭く限定され、おおよその時代が特定できる。この化石が遠く離れた別々の地層でともに見つかった場合、両層はほぼ同時期に堆積したと考えることができる。こうした特徴を持つ化石を**示準化石**（しじゅん）という。時代ごとにいくつもの示準化石が知られているが、ほぼすべてが広範囲に生息する海洋無脊椎生物の化石で、特に地層中に多数見つかり、短期間で絶滅して別種に入れ替わるプランクトン化石（有孔虫、放散虫など）が、現在では詳細な時代区分の材料としてよく用いられる。

6-6. 地質時代区分

　地層から過去のさまざまな状況がわかってきたら、それが「いつ」のものなのか、知りたくなるのは当然である。ところがこの「いつ」が非常に難しい。前述したように、地層の上下関係や不連続構造の解釈などから、各層の順番はわかる。地層に化石が含まれれば、下位の層に含まれる化石生物は、上位の層に含まれる化石生物より古い時代のものといえる。

化石生物の登場と絶滅のタイミングを慎重に調べた結果、その時代に生息していた多数の生物が一斉に絶滅するような出来事、すなわち**大量絶滅事変**（mass extinction event）が、過去に何度も起きていたことが判明した。図1-6-12のように、絶滅境界を境に生物の世界は大きく入れ替わり、下端と上端を絶滅境界で区切られた期間を、その時代に生きた生物で特

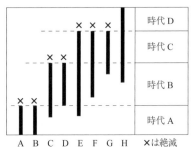

図1-6-12　生物の消長と絶滅境界および地質時代区分

徴づけられる「時代」とすることができる。これを地質時代区分といい、絶滅の規模によって時代区分を「period（紀）」「epoch（世）」「age（期）」と細分している。こうして、連綿と続く地球の歴史を複数の時代に区分し、より詳細な対比を可能にしている。

　地質時代の名称は、その時代の地層、特に前の時代との境界部分が良好に保存された地層を「模式地」と認定し、その地層のある地名が採用されることが多い。例えば、イギリス・ウェールズの旧名カンブリアを用いたカンブリア紀、フランスのジュラ山脈を模式地にしたジュラ紀などがある（石炭紀など例外もある）。その他の場所の地層はこの模式地の地層と対比することで時代を判断していくため、模式地を新たに設定する場合は非常に慎重な作業が進められる。2020年、新生代第四紀更新世の三つ目の時代（期）について、千葉県市原市の養老川沿いの地層を模式地とすることが決定した。この時代は今度「Chibanian Age（千葉期）」と呼ばれることになる。

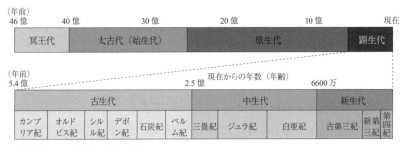

図1-6-13　地質時代区分

6-7. 放射年代測定法

　地質時代区分ができても、それが今から何年前かはわからない。岩石や化石の具体的な年代を求めるには、放射性元素、正確には**放射性同位体**の減衰曲線を利用する。元素には複数の質量数をもつ原子、すなわち同位体が存在する。

　放射性同位体は、原子核が不安定で別の原子核になろうとし、その際に放射線（α 線、β線など）を放射する。この変化は、温度圧力などの外部環境の影響は一切受けず、一定の期間が過ぎると量が半減するように崩壊していく。この期間を**半減期**といい、同位体ごとに半減期が決まっている。

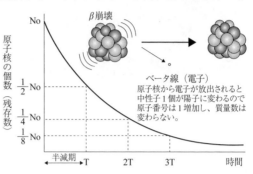

図 1-6-14　放射壊変の原理（β崩壊）と減衰曲線

例えば^{14}C の半減期は 5730 年、^{32}P は 14 日、^{40}K は 13 億年もかかる。この減衰の速度が極めて正確であることから、岩石や地層の年代決定に用いられる。

　放射性同位体を用いた年代決定法は、対象となる岩石や地層の種類や古さによって使い分ける。ここでは^{14}C 法および K-Ar 法について述べる。

　^{14}C 法で用いる^{14}C は、自然界に存在する炭素同位体の一つで、大気 CO_2 や地上の生物体内、水中や地中の炭素を含む物質中に存在し、私たちの体内にも食物の摂取の形で常に存在する。^{14}C の存在比は炭素全体の 1 兆分の 1 未満と極めて少ない。^{14}C は β 線を放出する放射壊変（β壊変）を起こして^{14}N に変化し、この時放射する β 線を検出することで残存する^{14}C の量を計測できる。

$$^{14}C \rightarrow {}^{14}N + \beta^- \text{（半減期 5,730 年）}$$

　放射年代測定法では、現存する放射性同位体の量を測るだけでは年代は求められない。年代とは「出発点から現在までの経過時間」であるから、最初にどれだけ同位体があって、現存する量がこれだけ、と両方の値がないと年代決定には至らない。しかし^{14}C 法の場合、都合のよいことに、最初の^{14}C 量は計測しなくても基本的に問題ない。地表の炭素は CO_2 を通じて大気と地表（地表に棲む

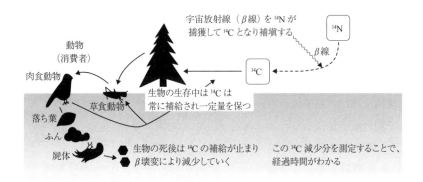

図 1-6-15　¹⁴C を含む炭素の循環

生物）との間で循環しており、CO_2 や生物体内で放射壊変し減少した分の ¹⁴C と同量が、大気上層に降り注ぐ宇宙放射線によって逆に ¹⁴N から ¹⁴C が生成されることで、常に一定の割合を保っているからである。

　生物体内の ¹⁴C（相対値 ¹⁴C/¹²C で比較する）は、生物が生きている間は他の炭素原子と同様に常に外界とやり取りしており、¹⁴C が体内に滞在する間に放射壊変する量など無視できるほどである。よって生物が生存している限り体内の ¹⁴C 比（¹⁴C/¹²C）は一定である。ところが、生物が死ぬと外界とのやり取りが途絶え、炭素原子のうち ¹⁴C のみが減衰曲線に従って減少していく。この減少の程度から、「生物が死んでから現在までの経過時間」がわかる。これを地層形成年代とすれば、地層形成年代が ¹⁴C の分析で得られる。

　¹⁴C 法は 5,730 年という半減期の短さから、地質学的には極めて最近の地層や事物（考古学で発掘される土器や木簡、貝殻や種子など）に適した方法である。逆に 5 万年前を超える古い事物には用いられない。また、地層中に含まれる生物起源物質を測り、生物が死んでから現在までの時間を計測するため、生物起源物質を含まない火成岩や変成岩などには使えない。こうした欠点はあれども、¹⁴C 法は第四紀の詳細な年代決定法として今も頻繁に利用されている。

　もっと古い時代の年代測定には、より長いものさし、つまり半減期の長い放射性同位体が用いられる。例えば K-Ar 法は、カリ長石などの造岩鉱物中に多く含まれる放射性同位体 ⁴⁰K の量を、放射線量から計測する。⁴⁰K の半減期は 13 億年と極めて長く、地球誕生の年代まで測定することができる。

ただし、現存する^{40}K の量だけでは年代決定ができないので、「残存する^{40}K 量＋^{40}K から崩壊してできた原子の量」を求めることで、岩石が誕生した当初の^{40}K 量を導き出そうとしている。^{40}K は β 崩壊して約 9 割は^{40}Ca に、残り 1 割が電子捕獲という方法で^{40}Ar になるが、^{40}Ca は放射線を出さない元素なのと、もともと岩石に含まれていた元素との区別がつかないので、^{40}Ar の量から初期^{40}K 量を換算し、

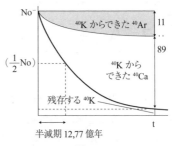

図 1-6-16　^{40}K の放射壊変の減衰曲線と反応生成物

経過年代を求めている。^{40}Ar は常にガスとして存在する原子で、マグマになった時点で含まれていた Ar はすべて脱出したとすれば、現存する鉱物中の^{40}Ar は冷却後に^{40}K から変わったものとみなせる。ただし、^{40}K 由来の^{40}Ar も、完全に岩石中に保存されているかは疑わしいことが多く、ゆえに K-Ar 法だけで年代決定するというよりは、他の方法（U-Pb 法、Rb-Sr 法など）と組み合わせて結論を得ることがほとんどである。

　こうして困難ながらも、地質時代の年表の中に数値を書き込む作業が進められるようになってきた。しかし現在においても、はるか過去の地質時代に数値の目盛を書き込む作業は簡単ではなく、数億年前のような古い時代ほど、得られた値は相当の誤差を含む。ともかくも、こうして地球の歴史を振り返る枠組みが出来上がったのである。

Question！
地層を調べるとどんなことがわかるだろうか。遠く離れた地層同士を対比したり、年代を決めるには、それぞれどんな方法があるだろうか。

コラム　氷床コアが保存する過去の気温変動

　南極の内陸部は極めて低温で、降った雪は融けることなく積み重なり、圧縮されて氷床となる。氷床には過去から現在までの氷が連続的に保存され、これを垂直にくり貫いた氷床コアからは地球の過去が読み取れる。例えば氷中の気泡には当時の大気が閉じ込められていて、これから過去の大気成分（特に CO_2 濃度）がわかる。

　さらに水分子そのものから、過去の気温が直接読み取れる。

　水分子を構成する酸素原子には、質量数が 16 の酸素原子 ^{16}O のほか、質量数の異なる酸素原子 ^{17}O や ^{18}O がわずかに存在し、総じて酸素同位体という。酸素同位体の存在比は $^{16}O : ^{18}O = 99.8 : 0.2$（$^{17}O$ は極めて少ないので無視する）で、どれも安定同位体であるため、この比は地球全体としては不変と考えてよい。

　ところが、^{18}O を含む水分子（便宜上「重い水」と呼ぶ）は ^{16}O を含む水分子（同、「軽い水」）に比べ、分子の質量がわずかに大きいため分子間力が強い。つまり「軽い水」に比べてやや蒸発しにくく、液化しやすい。このため、蒸発した水蒸気や雲に含まれる水分子は、海水より ^{18}O の割合が小さい。このズレの程度を、

$$\delta^{18}O = \frac{試料中の ^{18}O/^{16}O - 標準試料の ^{18}O/^{16}O}{標準試料の ^{18}O/^{16}O} \times 1000 \ （‰）$$

と表す。標準試料を現在の海水とすると、水蒸気の $\delta^{18}O$ は常にマイナスの値となる。雨や雪も水蒸気からできるので、南極の雪や氷床も $\delta^{18}O$ は小さい。特に寒冷期には「重い水」の蒸発量が減り、その時代の南極の氷の $\delta^{18}O$ はさらに小さい値を取る。逆に温暖期には氷の $\delta^{18}O$ は大きくなる。つまり氷床コア中の $\delta^{18}O$ の変動は、過去の気温の変動を復元してくれる。

　氷床コアから読み取った $\delta^{18}O$ の変動は、それまで知られていた氷期・間氷期変動のリズムを再現していたどころか、はるかに詳細な変動も記録していた。また、同時に得られる気泡中の CO_2 濃度の変動とも調和的で、氷期・間氷期変動で起きる地球規模のさまざまな現象を説明するのに用いられる。

　現在得られている氷床コアからは約 80 万年前までしか過去を遡れないが、日本が担当する「ドームふじ基地」で、全長が 3,000 m を超える氷床コアの回収に成功した（最下部が地熱で融解した痕跡があるなど、80 万年前より前に遡れるかどうかは不明）。現在この貴重な資料の精密な分析作業が進められている。

7. 地球と生命の歴史

本章がテーマとする「地球の歴史」にまつわる話は、根拠のないおとぎ話ではない。地球上にわずかに残された過去の痕跡を丹念に探し出し、さまざまな科学技術の光を当てて何らかの情報を得て、それらから地球が歩んできた履歴を読み取ってできた、科学者たちの努力の結晶と呼べるものである。

風化・侵食作用が発達する地表において、過去に遡れば遡るほど有望な痕跡は少なくなり、断片的な情報の間はどうしても想像力で補う場面が多くある。ゆえに、場面によっては別の解釈がなされることもあり、将来書き換えられる記述が含まれることも仕方ない。むしろ、学問が切り拓かれるエネルギッシュな瞬間を堪能してほしいと願いつつ、壮大な歴史物語を繙いていこう。

7-1. 地球の誕生（46 億〜40 億年前：冥王代）

地球は今から 46 億年前、太陽系の他の天体と同時に、母天体となる塵やガスでできた星雲（**原始惑星系円盤**）から誕生した。円盤状の星雲内に漂う物質は、中心の密集部（後の太陽）の重力に引かれながら公転する。固体粒子の塵は、最初は静電気の力で引き合って塊状に成長し、ある程度の大きさの隕石（コンドライト）になると今度は重力で衝突合体を繰り返し、直径 1〜10 km の微惑星にまで成長した。こうした微惑星が、円盤面に無数に存在した。微惑星同士も衝突合体して、太陽を中心に 10 数個の原始惑星が公転する、ほぼ現在の太陽系が誕生した。

なお、地球誕生とされる 46 億年前という数字は、地球上の岩石を調べたのではなく、地球に降下した隕石の放射年代を測定して得たものである。隕石が形成されてから地球規模に成長するまで、長く見積もっても 100 万〜1000 万年であり、隕石の形成年代と地球誕生（および太陽系の惑星の誕生）年代はほとんど差がない、つまり約 46 億年前とみなせる。

ほぼ完成した原始地球は、まだ微惑星の衝突によるエネルギーで全球が溶融した状態だった。大気は最初こそ、星雲に由来する H や He を多く含んだかもしれないが、すぐにマグマが放出する水蒸気や CO_2 に置き換えられた。これら

の大気分子が持つ温室効果によって地表は灼熱の状態が続き、岩石が融解して玄武岩質マグマが地表を覆う状態（**マグマオーシャン**）だった。溶融する地球内部では、衝突合体した隕石のうち金属鉄でできた成分が沈降し、中心部に落ち込んで核を形成した。

　灼熱状態だった表層も、微惑星の衝突が落ち着くと、地表から逃げる熱のほうが多くなって徐々に冷めていく。やがて地表は固結して最初の地殻ができ、上空の雲からの水滴が地表に達するようになると、地表の熱は水によって効率的に冷やされる。雨は降り続き、やがて地表の大半が海水に覆われた「水の惑星」となった。海水には、大気成分から H_2S や HCl といった酸性ガス、岩盤からは Na^+、K^+、Mg^{2+}、Fe^{2+} などの金属イオンが溶け出した。こうしてさまざまな成分を溶かし込んだ海と、CO_2 と N_2 を主成分とする濃密な大気で覆われた地球が出来上がった。

　なお、海ができた年代については、38億年前のグリーンランド・イスア岩体に海が存在した直接的な証拠（枕状溶岩、円礫岩）があるほか、39.6億年前のカナダ・アカスタ片麻岩（へんまがん）の元となった岩石が大陸地殻由来の岩石であることから、それ以前には海があったと推定できる。最近では43億年前にすでに海洋があったとする説も有力で、かなり早い段階で海ができていたことになる。

　これより前、地球誕生からわずか1億年後（45億年前）、地球に別の原始惑星が衝突し、地球の質量の10%程度を吹き飛ばした。衝突した惑星の破片と地球から放出された物質のうち、一部は地球に落下し、残りは地球を周回しながら集まって月を形成した。これが月の形成を説明する最も完成された仮説で、**ジャイアント・インパクト説**という。

　月ができ、海ができた後の40〜38億年前、今度は太陽系のかなり外側から、氷塊でできた彗星や小天体が地表に多数降り注ぐ、という事件が起きた。**後期重爆撃事変**

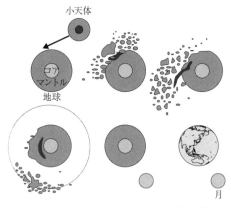

図1-7-1　ジャイアント・インパクト説

（LHB）と呼ばれる大規模な天体衝突により、地球は当初よりはるかに豊富な水を有することができた。同時に、生物の重要な素材であるアミノ酸や核酸などの有機物も、氷に包まれた状態で海中にもたらされたと考えられる。生物の起源となる有機物については、地球でできた（深海や海底泥中でゆっくり合成した）と考える説も根強いが、一部は外部天体からもたらされたとする考えも有力で、さらなる議論が続いている。

　月ができ、海洋ができた地球では、現在よりはるかに大きな潮位変動が起きるようになった。潮の満ち干は、広い浜辺に蒸発塩をはじめ物質の濃縮の場を提供した。特に有機物は、乾燥による脱水反応が進行すると多数の分子がつながり、鎖状や袋状の高分子化合物が大量に生産される。これらを組み合わせることで、最初の生命が誕生したと考えられる。

7-2. 生命の誕生（40億〜35億年前：太古代前期）

　地球は生命に満ち溢れた惑星である。地球上のあらゆる生物には、細胞組織や代謝の方法、遺伝子の構造など、あまりに多くの共通点があり、単一の祖先が進化・多様化してあらゆる生物につながったことは、ほぼ疑う余地がない。19世紀にパスツールは、当時まだくすぶっていた自然発生説を実験によって完全に否定し、微生物に至るまで「生物が生物を生み出す」大原則を確定した。では、生物がまだ存在していない初期の地球で、最初の生命はいつ、どこで、どのようにして誕生したのだろうか。難題だが、現在の生命科学は少しずつこの謎に迫っている。

　1990年代より急激に普及した生物のDNA解析の手法により、多くの生物の遺伝子塩基配列が明らかになった。DNAの塩基配列に共通部分が多いほど近縁種で、分化したのが最近であるという考え方は、従来の形態分類に頼っていた生物の系統樹を大きく描き換えた。生物界は大きく細菌・古細菌・真核生物の3ドメインに整理され、動物と植物の差などは極めて小さな

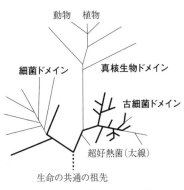

図1-7-2　地球生命の系統樹

ものになった。

　この系統樹で「最初の生命」の周辺には、水温が70℃～100℃でも生息できる**細菌**や**古細菌**の仲間が多数集まり、これらを**超好熱菌**と総称する。現在これらは、深海の熱水噴出孔周辺や高温の温泉周辺などで棲息している。細菌でも古細菌でも常温の環境で棲息するものは、ずっと後になって分かれている。このことから、地球最初の生命は超好熱菌として登場し、その場所は**熱水噴出孔**のような高温環境だったのでは、と多くの人が考えている。

　最初の生命は恐らく原始的な細菌（バクテリア）で、水中に溶存する有機物を分解してエネルギーを得ていたと考えられる。当時まだ酸素O_2はどこにも存在せず、彼らは嫌気的な発酵などの手段で有機物からエネルギーを生産していた。ところが、この「消費者」だけだと、餌となる有機物はすぐ尽きてしまう。生物が繁栄を長く継続するためには、「生産者」すなわち有機物を合成する能力を持つ生物が、「消費者」と同時に存在しないといけない。現在の熱水噴出孔の周辺には、熱水中に溶存する硫化水素H_2Sを使って養分合成を行う化学合成細菌が存在し、彼らが生産する有機物が生態系の基盤となっている。恐らく同様の「化学合成」を行う生産者が早期に登場したことで、地球環境に生物が根付き、繁栄につながったと考えられる。

　化石として発見された最古の生物化石は35億年前のチャート内に含まれるバクテリア化石（オーストラリア）であるが、それ以前も生物が存在していたことがほぼ確実とされている。38億年前のイスア岩体の岩石に含まれる有機物は、間違いなく生物が合成したものといえるものである。さらにその前の時代にも、炭素の安定同位体比$\delta^{13}C$の値から、すでに生産者が存在していた証拠が得られている。地球上の生命は海洋誕生から1億年足らずで登場し、しっかりと繁栄の土台を築いていたことになる。

7-3.　光合成生物の登場と地球環境の激変（**35億～25億年前**：太古代）

　最初の「生産者」だった化学合成細菌の中から、やがて**光合成**を行う生物が登場する。**シアノバクテリア**と称するこの生物は、H_2Sの分解から有機物を合成するのではなく、太陽光を用いて水を分解し、そのエネルギーで有機物を合成する能力を持ったのである。H_2Sと水を変更した以外はほぼ同じ反応経路で

あることが、図1-7-3からもわかるだろう。

それまでH_2Sの供給に依存していた熱水噴出孔周辺の生物群集と違い、光合成の能力を身に付けたシアノバクテリアは、光の届く浅海という広大な領域に生息範囲を拡げ、爆発的に繁栄した。ところが、光合成の副産物として放出されるO_2は当時の生物には猛毒で、O_2濃度が急増すれば当時の生物は致命的な打撃を受けたはずである。実際、この時にか

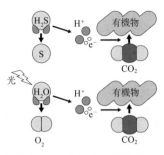

図1-7-3　化学合成細菌（上）と光合成細菌（下）の反応経路

なりの生物が絶滅したと思われるが、微生物なので化石に残りにくく、その絶滅規模は定かではない。

O_2に弱い生物を救ったのは、当時の海水中に大量に溶存していた鉄イオンFe^{2+}だった。Fe^{2+}は水中でO_2に触れて酸化され、酸化鉄となって海底に沈殿してしまう。こうして海底には酸化鉄が堆積し続け、酸化鉄の厚い地層（**縞状鉄鉱層**）を形成した。このFe^{2+}による酸素吸収のおかげで、猛毒のO_2が水中に急増しなくて済んだ。多くの生物は鉄イオンFe^{2+}が尽きるまでの猶予期間をもらった形になり、急ピッチでいずれ来る有酸素環境を生き延びるための進化を進めたのである。

7-4. 動物・植物の登場と繁栄（25億年～7.3億年前：原生代）

縞状鉄鉱層は35億年前頃から見られ、25億年の少し前から徐々に減少し始める。35億年前がシアノバクテリアの登場時期とすると、25億年前（太古代／原生代境界）は、海水中のFe^{2+}が欠乏し始め、余ったO_2が海水中や大気中に蓄積され始めたことを意味する。実際、これ以降の陸上では赤色土壌や赤色砂岩（鉄やアルミニウムがO_2と結びつき、赤褐色に染まった土壌や砂岩）が多数確認でき、O_2が豊富な時代がいよいよ始まったことを示す。

生物はどう対応したのだろうか。O_2はその激しい反応性から、上手に扱えば莫大なエネルギーを得ることができる劇薬である。このO_2を用いて有機物をCO_2と水に直接分解し、エネルギーをつくり出す能力を持った生物が登場した。これを好気性細菌または**好気性バクテリア**と呼ぶ。一方、古細菌の中からは、

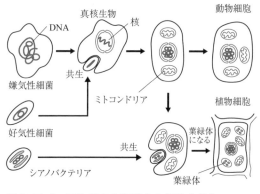

図 1-7-4　原生代の生物進化と細胞内共生

細胞内にもう一つ膜の袋を用意し、DNA をそこにすべて格納して O_2 から守るという生物が登場した。DNA を保護する袋を核といい、核を持つ生物なので**真核生物**という。真核生物は大型化し、複雑な細胞内小器官をもつようになった。

さらに真核生物の一部は、先に有酸素環境に適応していた好気性細菌を体内に取り込み、細胞内器官としてエネルギー合成に従事させることに成功した。これが動物と呼ばれる生物群の祖先で、取り込んだ生物はミトコンドリアという器官となった。さらに、シアノバクテリアを獲得して葉緑体とし、光合成をさせるようになったものが、植物と呼ばれる生物群の祖先である。このような生物進化の方法を、アメリカのマーギュリスは「**細胞内共生**」と呼んだ（図 1-7-4）。生物が独自に能力を開発するのではなく、他の生物を取り込んでその能力を得るという荒っぽい方法を採用したのは、それだけ有酸素環境という激烈な環境変動が急速に迫ってきたのだろう。こうした環境激変の時代を生き抜いたものが、その後の世界で支配的な生物として君臨することになる。

　原生代の前半は、それまで断片的だった陸地が集合して最初の超大陸が形成された時代でもある。ここで、これまでの固体地球側の変遷を見ていきたい。地表は地殻で覆われているが、内部が現在より高温で流動的なため、小さな対流が多数できて小規模なプレートテクトニクスが早々に成立したと考えられる。海水を含んだプレートの沈み込みは大陸地殻をもたらし、徐々に陸地ができ始めた。陸地は風化侵食作用を強く受けるため、岩石から溶け出した多様なイオンが海に流入し、特にカルシウムイオン Ca^{2+} は CO_2 が水に溶けた炭酸イオンと結びついて、海底に石灰質の堆積物を大量に積もらせた。

　19 億年前、散らばっていた陸地が集まって超大陸ヌーナが誕生した（最初の

超大陸かどうかは諸説ある）。その後、大陸は分裂して移動し、4〜8億年経つと再び超大陸になる、という周期的な動きを繰り返す。大陸が合体して超大陸になる時期は、大陸同士が衝突する場所に巨大山脈ができ、風化侵食作用が高まって膨大な砂泥とイオンを海にもた

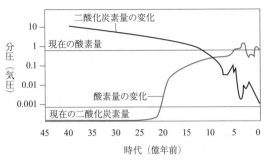

図1-7-5　地球史を通じた酸素と二酸化炭素の濃度変化

らす。すると、特に CO_2 はカルシウム Ca^{2+} と共沈するため、大気中の CO_2 は海に吸収されて減少し、そのため気温が下がって寒冷期となる。このように、大陸の大規模な運動は地球気候にも大きな影響を与える。

7-5. 全球凍結事変（**7.3億〜6.3億年前：原生代**）

　7.3億〜6.3億年前、地球は再び超大陸の時代となった(超大陸ロディニア)。この時は、他にも複数の条件が重なって寒冷化が極端なレベルになり、地球全体が凍りつく全球凍結事変（スノーボールアース）が生じた。地球が一度大規模に寒冷化すると、両極を中心に広範囲が雪氷で覆われ、これは太陽光を強く反射するので地球全体の受熱量が減少してしまう。すると、さらに雪氷面積が増える。こうして地球環境は坂道を転がり落ちるように寒冷化を突き進んでしまい、全球凍結という極端な状態になった。海面は厚い氷で閉ざされ、大気と海水との間でガスのやり取りもできなくなり、海中は酸素が欠乏して多くの生物は死滅した。氷の薄い赤道付近でわずかに光合成生物が活動し、生態系を生き永らえさせていた。

　この状態を解消したのは、地球の活動である。火山活動は CO_2 を大気中に溢れさせ、氷に閉ざされて海水に溶け込めない CO_2 は、大気中に徐々に蓄積されていった。やがて、現在の数十〜数百倍にまで増えた CO_2 の温室効果により、地球は温暖化に転じ、厚い氷が融けて全球凍結は終焉を迎えた。膨大な CO_2 は地球を一度は灼熱の状態にするが、海水がこれを吸収して石灰岩として沈殿さ

せ、さらにはシアノバクテリアが大発生してCO_2を吸収したことで、地球環境は速やかに正常な状態に戻ることができた。この時代の地層には、分厚い氷河堆積物の上に、無機的に沈殿した石灰岩の厚い層と、黒い有機物の多い泥岩層が世界中に共通して存在し、全球凍結の終焉と激動の様子をうかがい知ることができる（なお、24億〜22億年前にも全球凍結事変が報告されている）。

激動の時代が終わると、シアノバクテリアによって放出された大量のO_2が大気中に残された。この高濃度のO_2が、生物の劇的な進化と繁栄の時代の扉を開けることになるのである。

7-6. 生物の爆発的な繁栄（6.3億〜4.4億年前：原生代末〜古生代前期）

全球凍結事変が終了した6.3億年前頃の砂岩層（オーストラリア・エディアカラ丘陵）から、全長数十cm〜1mにもなる大型の生物化石が多数発見された。見つかった生物は軟らかいゼラチン状の肉体だったと考えられ、通常こうした生物は死んでも化石にならないが、ここでは奇跡的に、生物が腐る前に砂泥が押し寄せ、細かい砂で一気に封じ込めたため、軟らかい肉体を砂が型取りしてこれが化石になっている。これらを総称して**エディアカラ生物**という。エディアカラ生物はその後、他の場所からも発見され、この時代に広く繁栄した生物だと判明した。原生代最後のこの時代をエディアカラ紀という。エディアカラ生物のほとんどは次の時代に引き継がれず、この時代の終わり（5.4億年前）に絶滅した、今でも謎の多い生物である。

5.4億年前は、**古生代**が始まる大きな時代境界である。すなわちこの直後より化石の数や種類が急増するため、これより先は詳細な時代区分が可能となる。古生代最初の時代をカンブリア紀というので、この時代の生物の爆発的な増加と多様化を**カンブリア爆発**といい、世界中で特徴的な無脊椎動物の化石が豊富に見つかっている。実際に生物が爆発的に増えたというのもあるが、化石に残りやすい甲殻を持った大型の生物が登場し、急激に繁栄した結果、大量の化石が残された、ということがカンブリア爆発の本質でもある。

なぜこうした甲殻を持つ生物が急に登場したのか、有力な説としてアメリカのパーカーが唱えた「光スイッチ説」が挙げられる。カンブリア紀に登場した生物の中には、他の生物を捕食する大型肉食動物が現われ、これらは総じて大

きな眼を持つ。エディアカラ生物などそれまでの生物は、発達した眼をもっていなかった。感覚神経が眼に発達する過程は非常に複雑だが、初めて眼を持った生物は、周囲の生物に比べて非常に有利な立場に立ったことは間違いない。ここに生物を捕食する生物、肉食動物が登場する。捕食—被食の関係は、体を甲殻や棘で覆うさまざまな生物を生み出し、また硬組織を筋肉とつなぐことでさらに俊敏な動きが可能となった（節足動物）。カンブリア紀の海中では、こうした生物の進化が急激に進み、生物間の激しい生存競争が繰り広げられていたらしい。三葉虫や腕足類や古杯類など、石灰質の殻をもつ生物化石が豊富に見つかっているが、特にカナダの**バージェス**、中国の**澄江**（チェンジャン）などでは、非常に保存状態のよい化石（通常では残らない軟体組織も残る化石）も多数発見され、この時代の生物世界のイメージを大きく書き換えることになった。

　カンブリア紀の次の時代、**オルドビス紀**に入ると、多様で奇抜な節足動物類の多くは絶滅し、オウムガイの祖先や顎のない原始的な魚類など、現在の生物につながる生物たちに交代した。また、低緯度域を中心にサンゴが繁栄し、サンゴ礁を発達させた。オルドビス紀も生物の多様化が大きく進んだが、オルドビス紀の末に大規模な絶滅事変を経験する。この5大絶滅事変の1回目となる

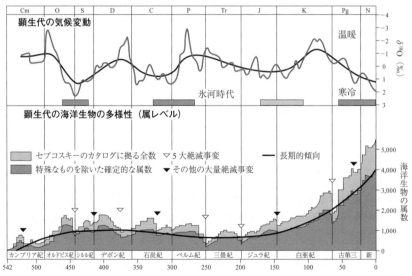

図1-7-6　**顕生代の気候変動と生物の属数の変化、大量絶滅事変**

大量絶滅の原因は、大規模な寒冷化と、海面低下による生息環境の激変だった。当時、南半球には巨大な大陸が南極点を広く覆い被さり、極域を中心に極端な寒冷化が進行したため、海面は大きく下がって大陸棚が露出した。光の届く浅海は生物の楽園だっただけに、この大規模な海面低下が生物の大量絶滅につながったはずである。

7-7. 生物の陸上進出と大量絶滅事変（4.4億〜2.5億年前：古生代中期〜後期）

　大量絶滅事変は多くの生物の生息環境を奪うこととなったが、しぶとく生存の道を模索するものもいた。次の**シルル紀・デボン紀**にかけて、植物や動物の一部が、干潟や浜、川辺を経て、乾いた陸上に進出していった。幸い、すでに大気中に蓄積された酸素 O_2 からオゾン O_3 が生成し、現在並みのオゾン層を形成していたため、生物が紫外線の脅威にさらされることはなかった。しかしそれでも、水中に漂っていれば生きていられた生物が、陸上で生きられるよう身体を変化させるのは、やはり並大抵のことではなかったはずである。

　最初に陸上進出に成功したのは、藻類から進化したコケやシダに近い植物だった。彼らは蝋でできたクチクラ層で全体を覆い、体内の水分の蒸発を防ぐ構造を備えた。やがて、根茎葉を分化させ、維管束を発達させた本格的なシダ植物が、陸上に大森林を形成するようになる。無脊椎動物では、節足動物のグループから昆虫類が登場した。昆虫は繁殖のため羽翅で空を飛ぶという手段を採用し、幼虫と成虫という形態や生活の違う2つの段階をつなぐという、彼らにしか不可能な生活様式を編み出した。脊椎動物は少し遅れて、四肢を持ち、肺で呼吸ができる両生類が進出した。この頃の海の中は、とても獰猛な魚類の仲間が君臨していて、陸上のほうが暮らしやすかったかもしれない。陸上は次第にこうした生物で満ち溢れた環境になっていった。なお、デボン紀後期に2回目の大量絶滅事変が発生しているが、その原因は確定していない。

　古生代前半では、南半球に大きな大陸がある一方、北半球側には小大陸が海洋に散らばっていた。古生代後半になると北半球の小大陸が合体し、さらに南半球側の大陸とも合体して、一つの超大陸パンゲアが誕生した。大陸上ではシダ植物が大森林を形成したが、消費者・分解者の数が十分でないため、膨大な

量の枝や葉が分解されずに埋没し、熟成して**石炭**となった。この時代に現在私たちが利用する石炭の大半が形成されたこともあり、この時代を**石炭紀**という。植物の組織が分解されないため、O_2濃度は35％にもなり、逆にCO_2濃度は極めて低い値にまで減少した。CO_2の減少は地球規模の大規模な寒冷化と乾燥化を引き起こし、それに伴って強い乾燥にも適応したシダ植物や、厚い皮膚で覆われた爬虫類もこの頃に登場した。哺乳類の祖先となるグループもこの時期に登場している。

　石炭紀の後の**ペルム紀**に入ると、超大陸パンゲアの下からプルームが上昇し、超大陸は分裂を開始する。大陸上の多くの場所でマグマが大量にあふれ出し、気温は乱高下（二酸化炭素の放出による温度上昇、火山灰の日傘効果による温度低下）を繰り返した。そして2.5億年前、当時の生物の9割以上が絶滅する史上最大の大量絶滅事変が始まった。古生代の終わりを告げるペルム紀末の大量絶滅事変で、略してP/T境界という。この大量絶滅で、陸の生態系も大きな被害を受けたが、海中はさらに大半が無酸素状態になり致命的な打撃を受けた。近年では、海底下に膨大に存在するメタンハイドレート（p.115）が大規模に融解し、それが海中の酸素を消費し尽くしたという説が有力である。

　岐阜県各務原市の木曽川沿いにはこの時代境界を含む堆積岩が広がっているが、それまでの赤色チャートが急に、酸欠で未分解の有機物を含む黒色チャートに変化し、再び赤色チャートに戻ることが確認できる。気候の急激な悪化が陸にも海にも大量絶滅を引き起こしたことは間違いない。

7-8. 恐竜など爬虫類の繁栄（2.5億〜6600万年前：中生代）

　2.5億年前以降の時代を**中生代**という。地球環境が次第に回復してくると、生き残った生物の中で爬虫類が優位に立ち、陸や海の生物のいないあらゆる空間に進出した。爬虫類のうち、腰骨の形で区分できる「**恐竜**」というグループが特に繁栄を極めることになるので、中生代はおおむね「恐竜の時代」ということができる。この特徴的な腰骨により、恐竜は他の爬虫類と違って脚が下向きに付き、高速で走り回ることができた（図1-7-7）。

　恐竜は普通の肺のほか、骨や内臓の隙間に気嚢という空気を入れる袋を持っていた。同様の袋は鳥類にも存在し、鳥が羽ばたく際に肺単独より広い表面積

で酸素を吸収したり、生じた熱を効率的に逃がすという役割を果たしている。中生代三畳紀は P/T 境界の極端な酸欠が収まったばかりで、地球はまだ酸素が少ない状態だった。恐竜が気嚢を持っていたことは、他の爬虫類に対して優位に立つ大きな要因になったと考えられる。

三畳紀／ジュラ紀境界の大量絶滅事変（隕石衝突が原因とされる）を経て、陸上では恐竜の優位性が圧倒的になっていった。鳥類はジュラ紀頃に恐竜の仲間から枝分かれした、と長らく考えられていたが、鳥と恐竜との身体的な共通性が非

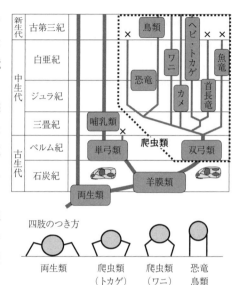

図 1-7-7　恐竜の系統樹（学説の一つ）、および生物の四肢の付き方の違い

常に多いため、現在では別々のグループにはせず、中生代末の絶滅事変を乗り越えた「恐竜の生き残り」と扱う（逆に恐竜は「トリケラトプスとイエスズメの共通祖先から分岐したすべての子孫」と定義される）。一方、哺乳類は恐竜とははるか以前に分岐したグループで、恐竜の勢力に隠れるように夜行性生物としてひっそりと暮らしていたため、現在生息する哺乳類の多くは鳥類より概して視覚が弱く、嗅覚などに頼って生きるものが多い。

植物は古生代から生き延びたシダ植物に加え、裸子植物の樹木が繁茂した。白亜紀頃から被子植物が登場し、花をつくって昆虫に受粉を媒介させるなど、巧みな戦略で勢力を伸ばしたが、寒冷な高緯度地域では、裸子植物の針葉樹林が地表を広く覆っていた。海中では、トカゲの仲間に近いクビナガリュウらが中生代末まで君臨していた。その他、三葉虫や腕足類のいない海には二枚貝やアンモナイトの仲間が入れ替わるように繁栄し、この時代の示準化石としてよく用いられている。

超大陸パンゲアは中生代を通じて分裂を続け、インドや南米は切り離されて

それぞれの向きに移動した。離れるプレート境界ではマグマ活動が盛んで、大気中のCO_2濃度が上昇し、特に白亜紀では温暖な気候が長く続いた。南極点を覆っていた南極大陸も緑で覆われ、生物が多数暮らしていたことが、化石から判明している。さらに、大陸の間に広がった海洋プレートは、できたばかりで密度が小さいため海底は「上げ底」の状態になり、大陸氷床もなく、行き場を失った海水は低地に進入して水浸しにした。そしてその浅海には大陸から土砂が流れ込み、海の生物の死骸を分解する間もなく埋没させていった。これが熟成し、現在社会が大量消費する**石油**になったと考えられている。

7-9. 白亜紀末の大量絶滅事変 （6600万年前：中生代末）

　6600万年前、あれほど隆盛を誇っていた恐竜やクビナガリュウらが一斉に絶滅するという、白亜紀末の大量絶滅事変が発生した。5大絶滅事変の最後となるこの絶滅境界は人々の関心も高く、恐竜らが絶滅した原因についてさまざまな仮説が提唱されてきた。しかし現在は、地球に直径10kmほどの小天体（巨大隕石）が衝突したことが大量絶滅の引き金になった、という考えが主流である。この有名な仮説は、アメリカのアルバレス父子が1980年に初めて提唱し、その後もさまざまな証拠を積み重ねた、多くの科学者による研究成果の集大成と呼べるものである。

　白亜紀とその上の時代の地層境界（K/Pg境界という）は世界各地に存在するが、アルバレスらはヨーロッパや北米のK/Pg境界層の数か所を丁寧に調査し、時代境界には必ず薄い粘土層が挟み込まれ、ここに特殊な元素イリジウムが濃縮していることを発見した。イリジウムは白金などに近い重金属で、地球内部に金属鉄が沈降して核を形成した際、合金として一緒に深部へ移動した元素であり、ゆえに地表の岩石にはほぼ含まれない。にも関わらず、この層に周辺の数十〜数百倍ものイリジウムが濃縮していることは、これが地球外天体の破片として地球に降り積もったから、と彼らは主張した。その後、イリジウムだけでなく、境界粘土層から微小なガラス球粒（マイクロテクタイト）、隕石衝突の衝撃でできる極端な圧力を受けた石英など、隕石衝突を裏付ける証拠が次々と見つかった。そしてついに、隕石衝突時にできたクレーターが発見された。メキシコ湾周辺の重力異常を調べた結果、海岸付近の地下に埋没したクレーター

図 1-7-8　K/Pg 境界の絶滅事変を引き起こした隕石衝突クレーター

が浮かび上がったのである。

　巨大隕石衝突がもたらすシナリオは以下のとおりである。直径10〜15kmの小天体が地球に衝突すると、直径100kmにもなる巨大なクレーターができ、膨大な岩石質の塵を大気中に巻き上げた。粉塵は地球全体を覆ったため、地球全体が暗くなり、太陽光を遮ったため極端に寒冷な年が数年続いた。また、衝突した場所が炭酸塩や硫酸塩の鉱物を多く含む赤道域の浅海だったため、これらが瞬時に蒸発して強い酸性雨をもたらした。こうした環境の激変が、植物の光合成活動を阻害し、生態系を根底から破壊していったと考えられる。ただし、同時期にインドのデカン高原で膨大な溶岩流出があり、これも主要な要因に加えるべき、と主張する人も少なくない。

7-10. 寒冷化する地球と人類（6600万年前〜現在：新生代）

　白亜紀末の激変は数年で収束し、空中に漂っていた塵が地表に降りると空は光を取り戻し、地表には再び温暖で穏やかな環境になる。しかしそこに恐竜の姿はなく、代わって激動の時代を生き延びた哺乳類や鳥類が、地表のあらゆる空間を支配するようになった。

　古第三紀は温暖なまま推移したが、**新第三紀**に入ると地球は徐々に寒冷化し始める。2000万年前頃、インドがユーラシアに衝突してヒマラヤ山脈が隆起すると、モンスーンの湿った風がぶつかって激しい降雨となり、大量の砂泥やイオンを海に流し込んだ。流入した Ca^{2+} と大気から溶け込んだ CO_2 とが結びついて大量に沈殿したため、二酸化炭素濃度は至上最小（0.02〜0.03%）にまで減少し、地球全体が寒冷化して南極に氷床が発達し始めた。さらに300万年前頃から、北半球の大陸にまで氷床が拡大する氷期と、氷床が後退する間氷期が繰り返す、氷期―間氷期変動が本格的に始まった。

　急激な気候変動と環境変動に見舞われる中、樹上生活をしていた霊長類のある種は、地上に降り立って直立二足歩行を始めた。彼らはやがて道具を操り、

火の使い方を覚え、住居や衣服を発明して氷期の厳しい環境も乗り越え、世界中に拡散して最も繁栄する生物になった。

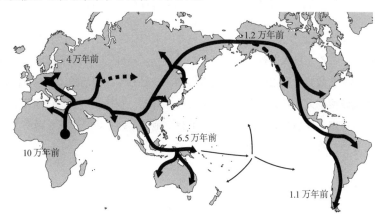

図 1-7-9　人類の拡散

　最終氷期の最盛期は2万年前で、それ以降は急速に温暖化が進み、最近1万年間はこの周期変動の時代においては例外的に、温暖で安定した時代である。ただし、この間も弱い温暖化・寒冷化の周期があり、寒冷化が進むと大陸内部が乾燥化して、草原の砂漠化が進む。すると、草原に散らばって生活していた人類は大河の周辺に集まり、人口が集中し、秩序が必要となり、そして文明が築かれた。そして私たち現代人の生活も、地球気候や環境の変動、大局的には地球の活動とも無関係ではいられないのである。

　地球と生命は互いに影響を及ぼし合い、姿を変えながら、現在に至っている。地球と生命が長い年月をかけて営んできた関係性、地球環境の安定と変化のしくみを理解できるかどうかが、人間が地球と良好な関係を維持しながら繁栄を続けられるかどうかの分岐点になるだろう。最終章では人間社会と地球との関わりと課題について、考えていくことにする。

> **Question！**
> 地球環境はさまざまな変化を繰り返している。気候が温暖化したり寒冷化したりするのは、どんなしくみがあるだろうか。また、地球上の生物はそれにどう関係しているだろうか。

8. 人間社会と地球の関わり

　2020年の地球上の人口は80億人に迫り、すでにさまざまな社会問題が発生している。ここでは人間社会と地球との関わりに注目し、地下資源と人間の関係や、地形や地質を利用する人間社会の知恵、そして人間活動による資源の消費と環境破壊が人間社会にどう影響するか、など、多様な角度から地球と人間社会との接点を探っていく。私たち人間は、地球とどういう関係を構築するのが望ましいだろうか。本章を通して考えていきたい。

8-1. 地下資源の分類

　人間はさまざまなものを利用して生活している。空気や水や食糧など、生物であれば必ず消費するものとは別に、生活を快適にするための道具や装備に多くを費やすのが、人間の生き方でもある。人間は文明を持ち、自然界のさまざまなものを加工して生活に役立ててきた。樹木や植物の繊維、動物の骨や皮なども利用したが、地面に転がる石や土も大事な素材だった。やがて、素材から必要な成分だけを「抽出」して加工する技術を得ると、各種金属などの加工素材がさらに優れた道具や装備を作り出し、人間の生活はさらに高度に発達していった。資源は文明をも育くんできたのである。

　資源とは、人間が必要とする自然物で、空気のように普遍的に平等に存在するものを除くあらゆる素材を指す。水（淡水）は空気ほど普遍的に存在せず、場所や時期によっては、そこに住む人間すべてを満足させる量が存在しないこともある。このため水はしばしば争奪の対象となり、ゆえに資源としての性格を

表1-8-1　資源の分類

資源の分類		種類	
水資源			
生物資源		木材・紙・繊維・皮革など	再生資源
地下資源	金属資源	鉄・銅・アルミ・鉛など	非再生資源
	非金属資源	シリコン・ガラス・石材など	リサイクル可
エネルギー資源		石炭・石油・ガス・ウランなど	リサイクル不可

もつ。このほか、前述した木材や植物繊維などは生物資源とまとめられる。

これに対し、地下資源と総称されるものは、素材そのものを利用するより、抽出した特定の成分を利用することがほとんどである。岩石は鉱物の集まりであり、岩石をつくる鉱物はほぼ複数の元素が組み合わさった化合物であるため、必要な資源を手に入れるには、それが含まれる岩石（**鉱石**）を破砕し、特定の鉱物を選り集め、化学的な過程を経て鉱物から特定の元素だけを取り出す、という作業が必要になる。さらに、私たちの日常生活に必要な物資になるには、さらに加工して製品化するまでの工程も必要になる。つまり、地下資源が人間社会の中で価値をもつためには、図 1-8-1 のような一連の工程において諸経費が上積みされても、なお市場価値のあるものでなければならない。このように、地下資源はすべからく経済的な側面をもち、そこにある、というだけでは価値をもたないことも多い。

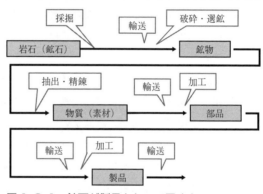

図 1-8-1　鉱石が製品となって届くまで

例えばアルミニウム Al という金属素材は、航空機や車両の部材、建築資材から日常生活用品まで幅広い用途をもつ重要な物質であるが、実は足元の岩石の中にも質量比 8〜9％（大陸地殻平均）の Al が含まれる。しかし、この岩石中から Al を取り出すには、非常に多額のコストがかかる（Al は雲母や長石など多くの鉱物中に含まれるが、Al を分離するには非常に複雑な工程と莫大な費用が必要）。一方、熱帯の土壌中には、雨水が岩石や土壌の風化を促し、多くのイオンを溶脱した結果、Al の酸化物・水酸化物が多く含まれる**ボーキサイト**が形成される。これを精錬してアルミ素材にする費用のほうが圧倒的に小さく、輸送コストなどを考慮しても、こちらを資源として利用するほうが有益であることから、市場はボーキサイトのみに Al 鉱石としての需要を与える。ただし低品位の Al 鉱石や、極端に言えば「足元の岩石」についても、革新的な採鉱・精錬技術の発明によって低コストで Al を取り出せるようになったり、ボーキサイトの枯渇で

Al 価格が暴騰したような場合は、こうした岩石にも Al 鉱石の価値が与えられ、採掘が始まるだろう。このように、岩石が鉱石と呼べるかどうか、地下資源といえるかどうかは、最終的には市場が決定するのである。

8-2. 鉱床の形成

　地下資源が経済的概念であるとはいえ、鉱石として高い商品価値を有するためには、その資源物質が高濃度で含まれているほうが良いのはいうまでもない。ただし自然界においては、元素は拡散して薄まる方向に進むことはあっても、自然に濃縮の方向に進むことはない、という約束、すなわち熱力学第二法則が厳然として存在する。ところが実際には、特定の元素が濃縮した場所が存在し、ここを**鉱床**という（図1-8-2）。

　元素が速やかに移動するには、液体の存在が不可欠である。固体の岩石と液体が共存し、元素が濃縮する方向に動くためには、液体中に固体と同じ成分が溶存し、過飽和の状態をつくればよい。ちょうど、食塩やミョウバンの結晶を飽和水溶液中で作る場面を思い出そう。温度や濃度の条件を変化させて過飽和に向かわせると、結晶が析出してくる。ここで種結晶を水溶液中に用意すると、その結晶の周囲に溶存物質が集まり、結晶を大きく成長させる。自然界における鉱床も、**固液平衡**の場所にできることがほとんどで、固液平衡のそれぞれの要素で分類することができる。

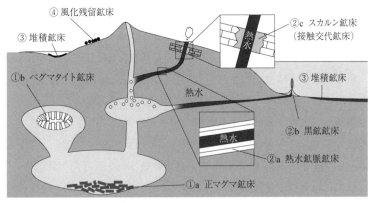

図1-8-2　さまざまな鉱床の形態

① マグマから鉱物が沈殿してできる鉱床

　5章で述べたように、マグマは上昇する過程で鉱物を析出し、重い鉱物を切り離してさらに上昇するため、重い鉱物が地下に取り残される。これは主にかんらん石や輝石などで、地殻の岩石としてはマグネシウムや鉄などの金属イオンをかなり多く含む。これを**正マグマ鉱床**という。ただしマグネシウムや鉄は別の鉱床からもっと安価で大量に入手できるため、この鉱床で主に求められるのは、白金族元素（白金やパラジウムなど）、ニッケル、銅、クロムなど、鉄に似た性質をもち、鉱物中では鉄を置換する元素である。この鉱床は、地下深くでできた重い深成岩が地殻変動で地表付近まで上昇することが必要であるため、世界でも例は少なく、白金の生産量は南アフリカが70％以上、ニッケルやクロムも3～4か国で全世界のシェアをほぼ寡占する状態になっている。

　一方、半径が大きい陽イオンや陰イオンは鉱物に取り込まれにくく、マグマ側に濃縮していく。マグマの最終段階（花こう岩や流紋岩の成分をもつマグマ）では、こうしたイオンの含有率は初期のマグマの何十倍も高まっており、これらが集まって特異な鉱物をつくる。特に、マグマ中の水が濃縮していくと、最終的にはマグマ中に熱水の溜まり場をつくる。熱水には多様なイオンが溶け込み、ここでは鉱物の巨大結晶が成長したり、濃縮した特異な元素を含む鉱物ができたりする。これをペグマタイトといい、特定元素の鉱床として採掘する場合は、これを**ペグマタイト鉱床**という。ここからは美しい巨晶が得られることから、宝石鉱物のアメジストなどもここから得ている。

図1-8-3　花こう岩中のペグマタイト

② 熱水から鉱物が沈殿してできる鉱床

　マグマに溜まり場をつくった熱水は、マグマが冷え固まる際にマグマから脱出し、地表に向かって流れ出す。ところが徐々に温度・圧力が低下し、それまでの熱水に溶解していた成分が溶けきれなくなって析出してくる。これが熱水鉱床である。熱水鉱床は鉱床ができる場所によって、**熱水鉱脈鉱床**、**黒鉱鉱床**、

スカルン鉱床などに分類できる。

　熱水が岩盤の隙間を流れるうちに徐々に冷却していくと、隙間に鉱物が沈着していき、岩盤の中に別の鉱物でできた**鉱脈**ができるようになる。ここに有用な鉱物が濃縮することがある。熱水から沈殿する鉱物としては、金などの元素鉱物や、硫化物イオンと容易に沈殿する重金属の化合物（硫化鉛、硫化銅など）が含まれる。一方、黒鉱鉱床は、熱水が海底から噴出し、熱水中に溶けていた成分が海水に急冷され、噴出孔の周囲に降り積もったものである。見た目には黒光りする重鉱物の塊のように見えるが、銅や鉛など多くの元素を含み、江戸時代から明治大正期を経て大戦後の復興期まで、日本の発展を支えた重要な金属資源である。

　一方、変わった熱水鉱床としてスカルン鉱床がある。熱水が石灰岩の中を通過すると、石灰岩をつくる炭酸イオンやカルシウムイオンと熱水中の成分が出会い、新たな鉱物（カルシウムやマンガンを含むざくろ石や、鉄やマンガンの炭酸塩鉱物など）をつくって鉱床となる。熱水が通過する岩石鉱物と反応し、元素の置き換えから新たな鉱物をつくっているので、単なる熱水鉱床の一つとせずに接触交代鉱床とすることもある。

③　海水・湖水から鉱物が沈殿してできる鉱床

　海水から沈殿してできる鉱物といえば、岩塩がまず思い浮かぶ。海水が孤立して蒸発が進むと、やがて飽和濃度を超えて沈殿が始まる。海水に最も多く含まれる成分は岩塩 $NaCl$ だが、飽和に近いのは方解石 $CaCO_3$ や石膏 $CaSO_4$ で、まずこれらが沈殿をつくる。膨大な量の石灰岩は、生物が海水中の素材から $CaCO_3$ の甲殻をつくり、それが集積したものである。一方、岩塩ができるには、孤立した海水が半分以上蒸発して非常に高濃度の塩水をつくる必要があり、海水が孤立して蒸発が進んだ**塩湖**と呼ばれる湖で大量の岩塩が析出する。岩塩には海水に含まれるさまざまなイオンが微量成分として含まれるが、特にリチウムは、充電池の素材として需要が急激に高まっている。ペグマタイト産リチウムがほぼ枯渇した現在、岩塩に微量に含まれるリチウムでも十分に採算が取れるとして、現在はリチウム資源の大半を岩塩から回収している。このため南米など各地で、岩塩の採掘権を巡る企業間競争が続いている。

海水からの沈殿でできる鉱床としては、縞状鉄鉱層を含む**鉄鉱床**を忘れるわけにはいかない。30億～20億年前の海底では、海水中に溶存していた鉄イオンが、シアノバクテリアが放出した酸素と結びついて、膨大な酸化鉄の堆積層をつくった。これを数十億年後の生物である私たち人間が鉄鉱石として採掘し、精錬を経てできた鉄は、人間社会のあらゆる場面で利用されている。

④　水の作用によって鉱物が分別されてできる鉱床

　岩石が風化してそれぞれの鉱物粒子がバラバラになると、密度の違いや水流に対する動かされやすさの違いによって分別を受ける。重い鉱物粒子はあまり動かされず、砂が揺すられるたびに下降して底のほうに溜まっていく。こうして砂金が濃集したり、ウラン鉱物など比重の大きな鉱物が濃縮して鉱床となる。かつて「たたら製鉄」が盛んだった山陰地方では、花こう岩が風化した「真砂」を大量に川に流し、沈んで残った磁鉄鉱などを製鉄に利用していた。このとき川を通じて流れ出した膨大なケイ酸塩鉱物が、日本海からの波に押し戻されて、鳥取砂丘など広い砂丘列の形成につながった。また、砂が運搬される過程で、硬度の違いや結晶の壊れやすさ（劈開面（へきかい）の有無）の違いにより、長石や雲母といった鉱物はすり減って消失してしまい、硬い石英の割合が多くなる。これが進行すると石英ばかりの砂（珪砂）ができ、ガラスの材料となる。

　熱帯地域では、多量の降水と強い蒸散作用により、土壌が常に洗い出された状態になる。風化が進んだ鉱物からは多くのイオンが溶脱し、ケイ素とアルミニウムの酸化物・水酸化物が残留してボーキサイトができる。また、風化の進んだ粘土は窯業に利用され、陶磁器やタイル、絶縁体など、さまざまな用途に用いられている。

8-3.　レアメタルの特性

　鉄、銅、鉛、アルミニウムなどのように、人間社会に大量消費される金属をベースメタルまたはコモンメタルと呼ぶのに対し、需要は小さいものの現在の産業界には不可欠な金属元素を総称して**レアメタル**という。レアメタルは和製英語で、英語では minor metal と呼ぶことが普通である。

　レアメタルは、必要量は小さいものの、金属に少量添加することでその強度

表 1-8-2　レアメタルの種類と対応する鉱床

Ti, Cr, Mn, Co, Ni 白金族元素	正マグマ鉱床
Li, Be レアアース（REE）	ペグマタイト鉱床
Se, In, Sb, Bi, Ba	熱水鉱脈鉱床・黒鉱鉱床
U, Pu など核燃料元素	ペグマタイト＋堆積鉱床

が飛躍的に増したり、非常に強い磁力を持つようになったりするほか、液晶や半導体製品、特殊ガラス、触媒など、現代社会を支える製品の素材に用いられている。レアメタルは 40 種類以上存在し、鉱床の種類としてはさまざまだが、たいてい主要鉱物を置換する微量元素として含まれるため、一つの鉱山からの回収量は少ないことが多く、採算性が難しい。そのため、条件の良い数カ所の鉱山で世界の需要を寡占するようなことも珍しくない。これは、当該の鉱山が事情により生産の縮小や停止を実施すれば、全世界に多大な影響を与えるということでもあり、国際情勢などに左右されやすい一面を持つ。

　レアメタルに属する元素のうち**レアアース**（希土類元素：REE）と総称される元素群は、ハイテク工業製品の部品の素材としてスマートフォンから自動車、航空機まで数多くの用途がある。しかし、化学的には非常に共通性の高い元素群であるため個々の単離が難しく、多くの元素が混じったままの鉱石自体の価格は低く抑えられていた。かつて稼働していた世界中の鉱山の大半は閉山し、2010 年頃には中国産レアアースが世界の約 9 割を寡占していた。

　こうした状況は、鉱物資源を持つ国と持たざる国との間でいびつな関係を生み出す。実際、政治的な事情で中国がレアアース鉱石の輸出を禁止すると、国際市場におけるレアアース価格が数十倍にまで暴騰した。だがその結果、市場で安価な中国産に駆逐されていた他地域の鉱山が競争力を取り戻したり、輸入に頼る日本ではレアアースを必要としない代替素材の開発に乗り出した。その結果、レアアース価格が今度は暴落する結果となり、中国の鉱山のいくつかが閉鎖されるようなことも起きている。このように、レアアースを含むレアメタルの鉱山開発にはさまざまな不安定要素があるが、今後も現代社会を支える重要な戦略物質として注目され続けることは間違いないだろう。

8-4. リサイクルと都市鉱山

　水資源・生物資源と地下資源が大きく異なるのは、前者は再生する資源であるのに対し、後者は自然に再生することはない（実際にはゆっくり形成されるが、

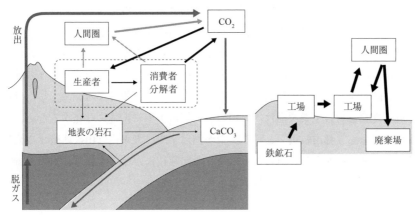

図 1-8-4　循環する物質の流れ（炭素）と循環しない物質の流れ（鉄）

人間の時間感覚ではまず変化しない）ことである。つまり地下資源は、地中の鉱物を人間が採掘し、精錬から製品化まで人間が加工し、人間が利用し、最後は廃棄されるという、一方通行の流れに従う。

　これでは、地下資源はいずれ枯渇する一方、廃棄物は地表空間の中に次第に増え続けることになる。実際、人類がこれまでに起こした戦争や紛争の大半は、域内で枯渇した地下資源を外に求めた結果起きた衝突である。世界の地下資源の消費は加速的に増加しており、今後十数年の間に多くの地下資源が枯渇するという予測もある。一方、地下資源を加工した工業製品の廃棄量は年々増加し、我々の生活空間も圧迫する状況になっている。物質が一方通行に流れるという観点からは、こうした状況がいずれは破綻することは不可避である。

　リサイクルという発想は、使い終わった物品を廃棄せず、素材ごとに分解して再利用に回すというもので、完全な「持続可能」なしくみではないものの、少しでも破綻までの時間を稼ぐ方法といえるだろう。特に、精錬の過程で大量のエネルギーを消費するアルミニウムについては、我が国のリサイクル率（全消費量に対するリサイクル製品の割合）が90％を超え、一部はアルミ資源として輸出もされている。また貴金属についても、付加価値が高く再加工しやすい金や白金は、リサイクルに適した金属である。一方、工業製品に含まれるレアメタルについては、主要金属に添加された合金として存在するため、同じ成分の合

金として再利用する（同型製品として生まれ変わる）以外のリサイクルは容易ではない。しかし、レアメタル市場の将来が不透明である以上、廃家電などの形で相当な量の資源を保有することは戦略的に重要である。何より技術革新が進めば、これが新たな「鉱山」として大きな価値を持つだけでなく、既存の鉱山経営が直面する深刻な環境問題に対しても大きな解決策となる。こうした貴重な地下資源を含む工業製品は、人口の多い都市中枢に大量に存在するため、こうした概念を「**都市鉱山**」と呼ぶ。我が国はすでに大規模鉱山に匹敵する大量のレアメタルを保有していることになり、回収技術が確立すれば、未来の持続可能な社会の実現に大きく貢献すると考えられる。

8-5. エネルギー資源の形成

エネルギー資源とは、人間が動力やエネルギーを得るために消費する資源のことである。人間は、古くは薪や炭を燃やして暖や灯りを得たり、食物を調理したり、金属の精錬に利用するなどしていた。やがて、人間は地下に燃料資源が埋まっていることに気づき、これを採掘して大量に消費し始めた。これが石炭や石油、天然ガスといった**化石燃料**である。エネルギー資源は、燃焼してエネルギーを得た後は、もはやエネルギーを出さない「燃えカス」しか残らない（CO_2などの気体もこれに含む）。この点で、金属などの鉱物資源、すなわち廃棄後もリサイクルすれば再利用できる物質資源とは明確に区別できる。

エネルギー資源の中でも、燃やすことで少量の物質から大きなエネルギーを取り出せる「燃料」は、私たちの生活に欠かせない。燃料資源には、化石燃料（石炭・石油・ガス）、薪炭やバイオ燃料、および核燃料（ウラン・プルトニウム）などがある。核燃料だけは異質で、放射性同位体というエネルギーを放射する能力を持つ元素（放射能ともいう）を地中から集め、濃縮して出力を高めたものである。それ以外はすべて炭素を含む燃料で、光合成生物が太陽エネルギーを用いて作り出した有機物（炭水化物や油脂）がその起源となる。藁や薪のようにそのまま燃やすと、水分が多く高温が得られにくいことに加え、不純物の灰が多量に出る欠点があるが、一度蒸し焼きにして不純物を除去した「炭」にするとより高温を得ることができる。

この過程を自然が長い時間をかけて行ったのが石炭である。植物の幹や葉は

主にセルロース（グルコース $C_6H_{12}O_6$が多数つながったもの）でできていて、土中に埋没して圧力と熱を受けると、水分子が脱離して最終的にはほぼ炭素の塊である石炭ができる（実際には炭素と水素が1：1で化合する芳香族炭化水素が主体の物質に変化していく）。

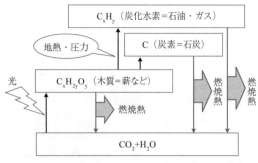

図1-8-5　炭素燃料のエネルギー準位と燃焼熱の大きさ
木質のままより化石燃料のほうが発熱量は大きい。

　世界で消費される石炭の大半は、古生代石炭紀の植物が埋没して石炭化したものである。3億年もの時間をかけて熟成され、ほぼ瀝青炭（れきせい）や無煙炭という良質の石炭になっているものが多く、パンゲア以前に隆起した古期造山帯では当時の地層が露出し、石炭の大産地となっている。一方、日本列島でもかつて、北海道や北部九州などで石炭を採掘していたが、その炭層は主に新生代古第三紀の新しいもので、海外から輸入する石炭に比べ質の悪い褐炭が主であった。現在は一部の炭鉱を除き、ほぼすべてが閉山している。

　石油も地層中に埋蔵されるエネルギー資源だが、その起源や地中での姿は石炭とは大きく異なる。石油は、海の藻類やプランクトンなどの遺骸が海底に堆積し、バクテリアによる分解や、上に積もった地層からの圧力や地熱による熟成を受けて、さまざまな炭化水素（油分）を多く含む層に変化する。この層は黒色の泥岩（頁岩）であることが多く、これを**根源岩**という。

　根源岩はやがて、褶曲や断層などさまざまな地殻変動を受ける。根源岩に含まれていた石油成分は地下水より密度が軽いので、水に押し出されるように上方に流れ出していく。このとき、根源岩より隙間の多い砂岩や石灰岩があると、石油成分も移動しやすいが、緻密な頁岩などがあると通過できず、その岩盤（帽岩（ぼうがん））の下に蓄えられる。石油が溜まる構造を**トラップ**といい、褶曲によるものや断層によるものなど多数が知られている（図1-8-6）。石油探査は、こうした石油が溜まっていそうなトラップを地震探査などで見つけ出し、ボーリングし

て確認するという
方法が取られる。
なお、石油成分の
中で分子が非常に
小さく、常温常圧
にすると気体にな
るものが天然ガス
である。トラップ

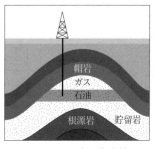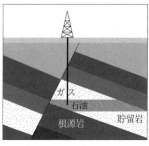

図1-8-6　石油の代表的なトラップ

の最上位に溜まっていることが多く、ガスを主に回収する場所をガス田、石油
を主に回収すれば油田と呼ぶ。

　石油ができるには、海底に積もった生物遺骸が分解されずに次の砂泥に覆わ
れなければいけない。現在は海中に酸素が多く有機物は速やかに分解されるが、
白亜紀のように高温で海洋の深層循環が停止し、海中の大部分が酸欠状態に
陥った時期には、有機物を豊富に含む堆積物ができ、これが根源岩となる。世
界の石油供給域となっているペルシャ湾（アラビア湾）は、この時代は大陸に挟
まれた広い浅海で、陸から砂泥が流れ込んで浅海底を速やかに埋め立て、こう
して根源岩と貯留岩が何層も繰り返す構造ができた。その後、アラビアプレー
トがユーラシアに接近し、岩盤に多数の褶曲をもたらしたため、多数のトラッ
プが生じて大規模な油田が形成された。

　石油の消費量は第二次大戦後に急増し、石炭を抜いて最も多く消費されるエ
ネルギー資源となった。それとともに、近い将来石油が枯渇するという推測が
年々高まっている。埋蔵量を毎年の消費量で割った可採年数は、1960年頃から
ずっと30～40年のあたりを推移していて、当初の見込みは外れたように見える。
しかしこれは、これは石油の回収方法を工夫してより厳密に絞り出せるように
なったり、新たな油田を発見したりしたことが大きい。

　特に最近は、**シェールオイル**と呼ばれる石油やガスの生産量が急増し、未来
予測に大きな変更を与えている。これは貯留岩ではなく根源岩そのものを掘り
進み、地下深くの根源岩を圧砕して油分を分離して回収する、というもので、
アメリカなどでは低コスト化を実現して大規模に生産し始めている。ただし、
シェールオイル自体も有限であることは変わりなく、また岩盤を圧砕して石油

やガスを遊離する手法が、周囲の地下水を汚染したり、地盤を弱体化させて地震を誘発するとして、新たな環境問題を生み出しているとの報告もある。

　翻って我が国は、これまで石油や天然ガスはごくわずかしか生産できず、ほぼすべてを輸入に依存している。ところが近年、日本列島の周辺海域に莫大な量の天然ガスが、海底下の堆積物とともに凍結した状態で存在することがわかってきた。複数の水分子がつくるかご状の結晶構造の中にメタン分子が入るこの物質を、**メタンハイドレート**という。ハイドレートとは「水和物」の意味で、水分子がつくるかご状構造はメタンが入ることで安定する。暖めると融解してメタンを放出し、点火すると氷のような固体からメタンが遊離して燃え続けるので、「燃える氷」とも呼ばれる。

　メタンハイドレートは低温・高圧の条件で固体として安定し、逆に温度が上がったり圧力が低下すると融解してメタンを放出する。ゆえに、メタンハイドレートが存在できるのは、水深がある程度深い海底で、かつ海底下からある程度の深さまでとなる。浅い海底では水温が高く、メタンハイドレートが安定に存在できない。また、深海底からさらに地下深くに進むと地温が上昇し、ある深さより下ではメタンハイドレートが融解してしまう（図1-8-7右）。

　海底面より下の地層の構造は音波探査で読み取れるが（1章）、海底の数百m下を海底面と並行し、地層の縞模様とは斜交する不思議な音波の反射面が発見

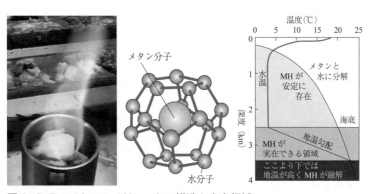

図1-8-7　メタンハイドレートの構造と安定領域
燃焼するメタンハイドレート（提供：松本良）、メタンハイドレートの結晶構造と安定領域。

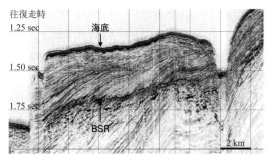

図 1-8-8　南海トラフ海底 BSR の音波探査画像
提供：松本良

された。この反射面を「海底疑似反射面（BSR）」と呼ぶ。これは堆積物がメタンハイドレートによって凍結固定された領域の下限であると判明した。

　BSR の正体がメタンハイドレートと判明すると、海上から BSR の有無を調べればメタンハイドレートの存在を明らかにできる。こうして、ほぼ全世界の海底下で、ハイドレートで固められた海底の存在が明らかになった。日本列島周辺の海底にも大量のハイドレートが存在し、結晶中すべてのかご状空間の中にメタンが入っているわけではないが、計算すると日本の天然ガス年間消費量の100倍以上が存在することになる。メタンは天然ガスの成分そのもので、石油より環境負荷が小さい（発熱量に対する CO_2 排出量が少ないなど）こともあり、枯渇が叫ばれる石油を代替するエネルギー資源の一つとされている。現在はまだメタンハイドレートの回収技術が確立していないが、近い将来それを実現するための研究が進められ、日本はその中心的立場を担っている。

8-6. 地球上で人間が暮らすということ

　地下資源やエネルギー資源を手にしたことで、人間は高度な文明社会を築くことができた。最初の道具は石を加工しただけの単純なものだったが、次第に岩石から金属を取り出すことを覚え、青銅器や鉄器、金銀の装飾品や貨幣などを製造するようになった。ただし、金属の鋳造には難しい工程が多く、特に金属の精錬には大量のエネルギー資源の投入を要したため、中世までは日用品の素材といえば生物資源が主で、地下資源由来のものは決して多くはなかった。

むしろ金属を得るための燃料資源として森林伐採を続けた結果、土地が荒廃し文明自体が滅んでしまったという事例も少なくない。

　新たな燃料資源の発見、すなわち石炭や石油の本格的な利用開始によって、人間社会に流入する地下資源の量は急激に増大した。日常生活に必要な物品は膨大な物資とエネルギーを投入することで急激に多様化し、私たちの生活空間は物とエネルギーで満ち溢れ、エネルギーを投入して動く乗り物や物流などによって、私たちの行動も大きく様変わりした。一たび膨大な物質エネルギーの消費を覚えた人間文明が、かつての慎ましい生活に戻ることはまずありえない。しかし、地下資源に依存する文明社会にとって、資源の枯渇は逃れることのできない運命であり、その流入が途絶えた時が文明の終焉となる。また、人間圏から排出される廃棄物の量は急速に増加し、人間の生活空間を圧迫するばかりか、時には有害物質の流出によって環境が汚染され、人間社会に大きな被害を及ぼしたことも少なくない。日本ではおよそ半世紀前に公害問題として大きく取り扱われたことが、現在も世界各地で相変わらず発生している。また、大気中に流れ出した「人間文明の廃棄物」ともいえるCO_2の増加は、地球の気候に影響を及ぼすところまで到達してしまっている（第2部参照）。

　地下資源の問題や地球環境問題がクローズアップされるにつれて、**持続可能性**（sustainability）という言葉が注目を集めている。現状の人間生活を続けていては将来必ず破綻するということを認識し、それを回避あるいはできるだけ先延ばしするための方策を考えよう、というスローガンとして用いられている。2015年、国連は2030年までの人類の行動目標としてSDGs「持続可能な開発目標（Sustainable Development Goals）」を採択した。この中には地下資源の問題や地球環境問題も、17の目標の一つとして取り上げられている。

　物質資源の枯渇問題については、人間の消費活動を抑え込むわけにはいかないので、耐久性のある消費財の普及やリサイクルの推進などの方策が考えられる。最近では複雑な工業製品についても、最初からリサイクルがしやすいように設計された（できるだけ同一素材の部品をまとめ、分解と分別を容易にした）製品も登場している。ただし、リサイクルで素材すべてが再利用可能になるわけではなく、またリサイクルのためエネルギー資源を投入するという別の資源問題を避けて通れない。一方、環境汚染問題については、廃棄物が地球環境に及

ぼす影響をできるだけ小さくする努力が求められる。例えば、廃棄物として半永久的に残る石油製プラスチックに代わり、物質循環に復帰しやすい生分解性プラスチックや、石油に依存しない生物由来のバイオ樹脂やバイオ燃料などに置き換える試みなども、一定の意義はあるだろう。

しかし最大の課題である、エネルギー資源の枯渇に対する解決策は容易ではない。従来の化石燃料や核燃料は間違いなく枯渇が迫っており、排出 CO2 や核廃棄物も蓄積され続ける。メタンハイドレート等の新たな燃料資源は、枯渇による人間文明の破綻を少しは先延ばししてくれるが、地下資源である以上は本質的な解決策にはならない。

エネルギー資源を代替する候補としては、太陽光や水力風力、地熱などの自然エネルギーも挙げられる。一部は実用化が始まっているが、現在の人間社会が必要とするエネルギー量のすべてを供給するには、出力や安定性など未解決の課題が多く残るのが現状である。それでも、この地球上で人間社会を持続的に繁栄させていくためには、太陽から無限に降り注ぐ光や熱を源とするこれらの自然エネルギーに、徐々に切り替えていくほかないだろう。私たちはこれからも「母なる地球」を離れることなく、けれども未来のため、少しずつ依存度を減らしていくという「親離れ」を考える時期に来ているのかもしれない。

> **Question！**
> 金属資源について、元素濃縮の仕方で分類しなさい。また、エネルギー資源と物質資源の違いを説明しなさい。

第 **2** 部

地球をめぐる大気と海洋

　地球は水の惑星と呼ばれる。地球に液体の水、海が存在することで、生命が誕生した。生命は大気の組成を変えることで、陸上へ進出するきっかけを作った。生命の進化と大気の進化は密接につながっている。また、地球に液体の水が存在するためには、大気による地球の温度調節の役割が必須である。太陽からの熱放射のエネルギーは、地球の気温を維持しているだけでなく、大気や海洋の運動を駆動し、海洋から水を蒸発させ、地球の気候を形成する。また、植物の光合成のエネルギーとして、化石燃料や食料の起源にもなっている。第 2 部では、地球をめぐる大気と海洋について学ぶ。

1. 大気の構造

　地球には大気がある。一方で、宇宙には大気がない。地球と宇宙の間に、大気はどのように存在しているのだろうか。地球に大気が存在できるのは、地球が重力をもつためである。私たちが地面に立つことができるのと同様に、大気にも重力が働いている。しかし、地球の重力の及ぶ範囲内であっても、大気は宇宙に向けて、高度とともに徐々に希薄になっていく。

　また、青空や夕焼けを見ることができるのも、地球に大気が存在するためである。大気は地球の温度を適温に保つのみならず、太陽からの有害な紫外線を防ぐ役割も果たしている。この章では、気体の性質、地球の大気の組成とその層構造について学ぶ。

1-1. 気体の性質

　私たちは地球上で空気すなわち大気に囲まれて生活している。地球に大気が存在することにより、呼吸し、生きていくことができる。身の周りに空気があることは、当たり前に感じるかもしれない。しかし、大気を構成する空気の実態について理解されるようになったのは、長い人類の歴史の中で、たった250年ほど前からにすぎない。

　紀元前4世紀には、アリストテレスが水の中に空気を出し入れする実験によって、空気が体積をもつことを示している。しかし、正確な重さの測定技術がなかったため、空気に重さはないとしてしまった。空気に重さがあることは、それから2000年ほども後に初めて示された。1638年、ガリレオは空気を圧縮してフラスコに閉じ込め、その重さを精密に測定した。空気のあるなしでフラスコの重さが変化することから、空気に重さがあることを実証したのである。さらに1643年には、ガリレオの弟子である**トリチェリ**が有名な水銀の実験を行い、地表での空気の圧力、**大気圧**を測定することに成功した（図2-1-1左）。我々は水銀760 mmの高さに相当する大気の圧力を感じながら、大気の海の底で生きているのである。その圧力は1 m²あたり10トンに相当する。

　ボイルは16歳の時にガリレオに出会い、大きく影響を受けたという。トリ

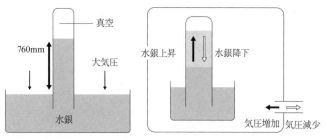

図2-1-1　トリチェリの実験（左）とボイルの確認実験（右）

チェリの実験を応用して、容器内の圧力を増減させることで、水銀の高さが上下することを確認した（図2-1-1右）。また1661年には、気体の体積と圧力に関するボイルの法則を発見した。さらにシャルルは1787年に、気体の体積と温度に関するシャルルの法則を発見した。気体の性質を決める要素には、温度T（K）、圧力P（Pa）、体積V（m³）がある。2つの法則をまとめたボイル・シャルルの法則によって、$PV = mRT$ と表すことができる。ここで m（kg）は気体の質量、R は気体定数で、乾燥大気では $R = 287$（m²/s²K）である。圧力が等しい状況（P が一定）下では、温度が高くなると体積が増加する。また、温度が等しい状況（T が一定）下では、圧力が高くなると体積が減少する。地球上の大気は、静止状態を保っている時でも、運動を起こしている時でも、理想化した状況では、この法則に従うことになる。

> **Question！**
> トリチェリの実験で、水銀を水にすると、どのくらいの高さになるだろうか？

1-2. 大気の組成

18世紀の終わりまで、大気の本質はわかっていなかった。1753年のブラックの二酸化炭素の生成、1766年のキャベンディッシュの水素の生成、1770年のラザフォードの窒素の生成、1774年のプリーストリーの酸素の生成など、さまざまな化学実験によって、しだいに大気の組成は明らかになっていった。

また、地球の大気組成は長い年月をかけて変化し、二酸化炭素を主成分とする火星や金星（地球型惑星）の大気とはまったく異なる状態になっている（表2-

表2-1-1　金星、火星、木星の大気組成

金星	火星	木星
CO_2（96%）	CO_2（95%）	H_2（93%）
N_2（3.5%）	N_2（2.7%）	He（7%）
SO_2（0.015%）	Ar（1.6%）	CH_4（0.3%）

表2-1-2　地球の大気組成

成分	分子式	分子量	存在比率（%）	総質量（kg）
窒素分子	N_2	28.01	78.088	3.87×10^{18} kg
酸素分子	O_2	32.00	20.949	1.19×10^{18} kg
アルゴン	Ar	39.94	0.930	6.6×10^{16} kg
二酸化炭素	CO_2	44.01	0.030	3.05×10^{15} kg
メタン	CH_4	16.05	1.40×10^{-4}	5.16×10^{12} kg
オゾン	O_3	48.00	2.00×10^{-6}	3.3×10^{12} kg
水蒸気	H_2O	18.02	不定	1.7×10^{16} kg

1-1)。これは海による二酸化炭素の吸収と、生物の光合成による酸素の生成が大きく寄与している。初期にあった水素やヘリウムなどの軽い気体は宇宙空間に脱出してしまった。生成された酸素は上空でオゾンとなり、紫外線を吸収することで生き物の陸上進出を可能にした。地球の大気と生物は共に進化してきたのである。

　現在の大気の主成分は窒素と酸素である（表2-1-2）。高度80kmまではよく混合され、組成比はほとんど均一であるが、さらに上空では重力で分離し、水素やヘリウムなどの軽い気体が多くなる。水蒸気に関しては、時間・空間的に大きく変動する。水蒸気の大部分は地表付近に存在し、熱帯の海上で特に質量比が大きい。これは、海水の蒸発によって、水蒸気が供給され、気温が高いと飽和水蒸気量も大きくなるためである。水の相変化に伴う熱のやり取りを潜熱と呼び、大気の大循環に重要な役割を担う（2-2節）。

　大気の総重量は 5×10^{15}（5,000兆）トン以上ある。このうち水蒸気は13兆トンに満たないが、水循環や地球の温度を維持するのに大事な働きを担う。また、微量気体である二酸化炭素、メタン、オゾン、窒素酸化物、代替フロンなどは**温室効果気体**であり、地球温暖化の原因となっている。

1-3. 気圧と層構造

大気の高さは、アラビアのアルハーゼンによって 1025 年に初めて推定された（図 2-1-2）。日の出前に、図の C で大気が太陽の光を受けて明るくなる薄明を A に見る。その後、実際の日の出までの時間は約 72 分である。その間に地球は約 18 度回転し、太陽は E にきて日の出となる。三角形 AOC において、地球の半径と角 AOC ＝ 9 度で三角関数を用いて計算すると、大気の高さが

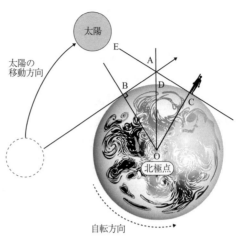

図 2-1-2　大気の高さの推定

（AD ＝ AO － DO より）74.3 km と求まる。大気の高さは現在でも明確には定義できないが、例えば 70 km での大気の量は 10,000 分の 1 である。成層圏も知られていない時代に、おおよその値を得ていたといえよう。

トリチェリの実験が広く知られた後、1648 年に**パスカル**は気圧計を用いて、地上と山での気圧を測定することを依頼し、気圧が高さとともに減少することを確認した。後に、容器内部の圧力が等しくなる**パスカルの原理**（**静水圧の法則**）も公式化している。これらの業績により、気圧の単位には Pa（パスカル）が用いられる。

大気は地球の重力を受けて、地球の中心に引っ張られている。その一方で、物体のようにすべてが地面に落下するわけではない。これは、大気が密になると、大きな圧力をもち、ある高度以下にすべての大気を集めることができないからである。大気は自らのもつ圧力によって、それより上にある大気の重さと釣り合うことで、層構造をなしている。上部にたくさんの大気があれば、気圧は高くなる。パスカルが調べたように、気圧は高さとともに減少する。これは、上方に行くと、その高度より上にある大気の量が減るためである。

さらに上空に行くとどうなっているかを調べたのが、テスラン・ド・ボールである。彼は、1899 年から 3 年間にわたり無人の水素気球を使って大気の観測

を行い、上空で温度が高くなる層の存在（成層状態）を発見した。対流圏と成層圏の名前の起源である。

　地球全体で平均した海面気圧は 1,013 hPa（ヘクトパスカル：1hPa＝100Pa）である。ボイル・シャルルの法則より、温度は大気の状態を変化させる。温度の構造で分けた 4 つの層を対流圏、成層圏、中間圏、熱圏と呼ぶ（図2-1-3）。対流圏界面で 200〜300 hPa、成層圏の上端で 1 hPa くらいになる。すなわち、大気の 7〜8 割は対流圏、残りの大部分が成層圏に存在している。

　対流圏では、高度とともに気温が下がり、対流圏界面（約 10 km）で最低になる。地面付近では太陽の光による加熱が生じるため、温度が高くなった大気は膨張して、軽くなる（ボイル・シャルルの法則）。軽くなった大気は上昇し、上下や水平方向の運動（対流）が生じることになる。日々の天気の現象（気象）のほとんどがこの層内で起こる。水の大部分は対流圏に存在する。

　成層圏では、上空ほど気温が上がり、成層圏界面（約 50 km）で最高になる。これはオゾンによる紫外線の吸収で、大気が加熱されるためである。高度 20〜30 km にある、オゾンがたくさんある層をオゾン層と呼ぶ。上空で温度が高く

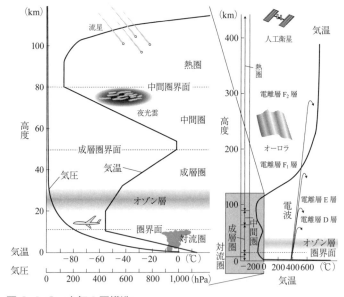

図2-1-3　大気の層構造

軽い大気が存在するため、対流圏とは逆に対流が抑制され、安定な成層をなしている。

　中間圏では、上空ほど気温が下がり、中間圏界面（約 80 km）で最低になる。特に高緯度の夏季に、上昇気流で冷やされて、大気中で最も冷たくなる。ここでは、地球上で最も高い高度に発生する雲、夜光雲が存在する。成層圏と中間圏は、温度構造は異なるが、大気の運動としてはつながっているため、合わせて中層大気と呼ぶ。

　熱圏では、高さとともに気温が上がる。酸素や窒素分子の一部は、X 線や紫外線で原子に分離し、電離してイオンと電子に分かれている。電子密度の高いいくつかの層を電離層と呼ぶ。流星やオーロラは熱圏で起こる。熱圏では、空気の分子数が少なく、通常の温度計で温度を測ることは不可能である。100 kmを**カーマンライン**と呼び、これより上空は宇宙とされている。

> **Question !**
> 地球以外の惑星には、対流圏や成層圏は存在するだろうか。水星、金星、火星、木星のそれぞれについて考えてみよう。

コラム　オーロラの発生のしくみ

　夜空を彩る**オーロラ**は、大気の現象で最も人気のあるものの一つであろう。けれども、日々の天気とは異なり、太陽風と地球の磁場の相互作用で起きている。オーロラの名前の由来はローマ神話の女神アウロラとされる。

　太陽風とは、太陽の表面でときどき起こる大きな爆発（フレア）によって、高温の荷電粒子（陽子や電子などが電離したプラズマ）が、宇宙空間へ高速に放出された爆風のことである。太陽風が地球まで到達すると、地球の磁場と相互作用し、極域の上空に入ってくる。その際に、窒素や酸素といった大気と衝突して、発光する現象がオーロラである。

　オーロラは見る場所で形が異なる。また高さによって、衝突、発光する気体分子が変化し、さまざまな色を作り出す。原子の発光は、太陽の光（連続スペクトル）とは異なっていて、特定の光（線スペクトル）を出している。太陽の活動が活発な時にオーロラはよく発生するが、日本で見られるのは稀である。

　地球に磁場が存在するのは、地球の内部で液体鉄が対流する、ダイナモ理論で説明される（第1部1-9）。このため、地球の磁気極は自転の極とは一般に異なっている。現在、磁気極は日本から遠い方向にずれているため、残念ながら日本でオーロラを見ることは難しいのである。

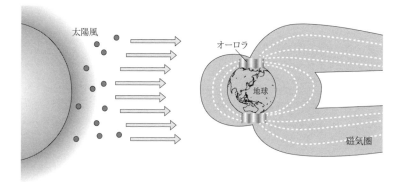

図2-1-4　オーロラの発生のしくみ

2. 雲と降水

　前節では、大気が、おおまかな構造として上下方向に力の釣り合った層構造をなしていることを学んだ。しかし、地上付近は太陽の加熱によって、常に温められている。このため、力の釣り合いを維持することができない。この章では、大気の安定度について考える。大気が不安定な状態になると、雲が発達して降水を生じやすい。また、水蒸気の凝結による効果も考えなくてはならない。

2-1. 安定、不安定、中立の概念

　日々の天気予報で、「今日は大気の状態が不安定なため、天気が崩れる可能性があります」といった表現をしばしば聞くだろう。この不安定とは、どういう状態のことであろうか。

　安定とは、ずれ（擾乱）が減衰して元に戻ることである。反対に**不安定**とは、ずれが増幅して元に戻らないことである。ちょうど谷底にあるボールが元の位置に戻る状態が安定（図 2-2-1①）で、山頂にあるボールが坂を落ちる状態が不安定に相当する（図 2-2-1②）。また、**中立**の状態ではずれは増幅も減衰もしない（図 2-2-1③）。大気の状態にも安定、不安定、中立な状態が存在し、不安定な状態ではずれが増幅することになる。

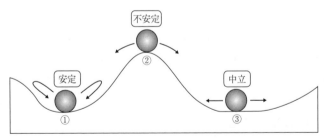

図 2-2-1　安定、不安定、中立の概念

　ここで、**温度**とは何かを考えてみよう。1800 年代にドルトンが提唱した原子論は、実証科学の立場からは、なかなか受け入れられなかった。1870 年代に、ボルツマンが統計力学を切り開き、気体分子の運動論にまで発展させた。その

後、1905年にアインシュタインがブラウン運動の理論を提唱し、1909年にペランがこれを実験的に検証したことで、ようやく原子の実在と熱による分子の運動が認められるようになった。

　大気は気体分子の集まりである。気体分子はそれぞれ自由に動き回っている。この自由に動き回る分子の平均的な運動の状態（運動エネルギー）が温度である。すなわち、温度とは、個々の気体分子の運動の活発さの度合いである。温度が高いと活発に動き、温度が低いと動きが鈍いことになる。私たちが暑い、寒いと感じるのは、気体分子が肌に当たる時の運動を感じ取っていて、暑い時には気体分子から熱を受け取り（あるいは、熱をほとんど奪われず）、寒い時には気体分子に熱を奪われているのである。

　一般に、対流圏では上空に行くほど気温が下がる。これは地表で加熱された空気が、上空に行くと膨張し、膨張する仕事の分だけ運動エネルギーを失うためである。周りの空気と熱のやり取りをせず（断熱過程）、水蒸気の相変化がない状態では、空気が膨張（**断熱膨張**）によって温度を減少させる割合は、1 kmあたり約9.8℃である。この割合を**乾燥断熱減率**という。

　通常、大気の温度は乾燥断熱減率に沿った状態にあるわけではない。**大気の安定度**を知るには、上昇した空気の温度を周りと比較するとよい。実際の大気の温度が、上空にいくに従って下がる割合を**気温減率**と呼ぶ。簡単のため、まずは水蒸気の凝結のない場合を考えよう。図2-2-2は横軸が気温、縦軸が高度で、温度が高度とともにどのように変化するかを示した図である。図2-2-2①は、気温減率が乾燥断熱減率よりも大きい場合である。この時、上昇した空気塊は乾燥断熱減率に沿って温度が下がるが、周りの空気はもっと気温が低い。このため、上昇した空気は周りよりも温かく軽いため、浮力を得ることになる。こうして、対流が発生し、上昇する。すなわち、ずれが増幅する不安定な状態である。これを**絶対不安定**という。

　図2-2-2②は、気温減率と乾燥断熱減率が同じ場合である。このとき、上昇、下降した空気塊は、周りと同じ温度のため、その場にとどまることになる。このように、ずれが増幅も減衰もしない状態を中立（安定）と呼ぶ。

　図2-2-2③は、気温減率が乾燥断熱減率よりも小さい場合である。この時、上昇した空気は、周りよりも冷たく重たいため、重力によって元の位置に引き戻

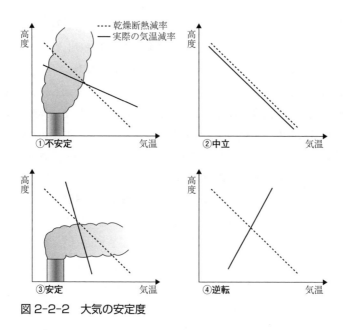

図 2-2-2　大気の安定度

される。ずれが引き戻される安定な状態である。図 2-2-2④は、上空でより温度が高い状態である。この状態では、さらに安定となり、空気の上下運動は起こりにくい。このように上空の温度が高い状態が、成層圏では一般的である。また、対流圏でも夜間や早朝に、放射冷却で地表付近が冷やされた時に、上空の温度が高くなる状態、(接地) **逆転層**が形成されることがある。お風呂を温めると、上部に熱いお湯の層ができる。これも逆転層で安定な状態である。

　このように大気の状態が不安定とは、上下運動が生じやすい状態を指していて、その指標に使われている用語なのである。それでは、不安定な大気中で、なぜ天気が崩れるのであろうか。

2-2.　潜熱と湿潤断熱減率

　対流圏の気温減率はおおよそ 1 km あたり 6.5℃で、乾燥断熱減率 (9.8℃/km) より小さい。どうしてであろうか。ここでは水の大事な働きを考えよう。

　1751 年、フランスのルーロアはガラス容器の水に氷を入れて温度を下げると、ある温度以下でガラスの外側に露ができることを見出し、この温度を露点と呼

んだ。温めると露は消えた。また、ルーロアは温度の異なる日で同様の実験を繰り返し、水蒸気が寒い日より暖かい日に多いことを発見した。これにより、湿度が相対的であるという、相対湿度の概念が導入された。

　大気と同様、水も水分子の集まりである。温度の上昇とともに、固体、液体、気体と相変化する。温度が高くなると、個々の水分子も活発に運動する。自由に動き回れる状態が、気体の水、すなわち水蒸気である。温度が高いと、大気中に水蒸気をたくさん含むことができるのは、個々の水分子のエネルギーが高くなり、活発に運動できるためである。

　1 m³の空気に含むことのできる水蒸気の量を**飽和水蒸気量**という。これは水蒸気の圧力に対応する。水分子の熱運動を考えると分かるように、温度とともに増加し、気温が下がると急激に減少する（図2-2-3①→②）。このため、水蒸気を含んだ空気の温度を下げると、水蒸気が飽和し、凝結を始める（図2-2-3②→③）。この時の温度が**露点**である。結露、メガネや車のフロントガラスが曇る現象、ドライアイスの周りの煙は、すべて温度が下がって水蒸気が凝結した結果で、液体の水が生じている（図2-2-3③→④）。また、飽和水蒸気量に対する、実際の水蒸気量の比を**相対湿度**という。飽和すると湿度は100％になる。

　液体の水は気体の水蒸気になる際、周りからのエネルギーをたくさん奪う。

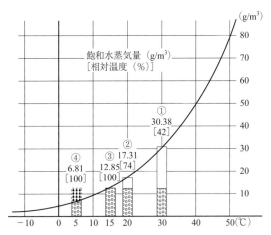

図2-2-3　飽和水蒸気量

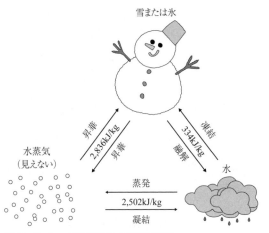

図 2-2-4　水の相変化に伴う潜熱

一方で、気体の水蒸気が液体になる際、周りにたくさんのエネルギーを与える。この水の相変化に伴うエネルギーを**潜熱**（せんねつ）と呼ぶ（図 2-2-4）。夏場の打ち水やドライミスト、暑いと汗をかく、などは、水の蒸発によって熱を大きく奪う作用を利用したものである。水分子は電気的な偏り（極性）をもち、水素結合するため、同じ二原子分子の気体である二酸化炭素（沸点 − 78.5℃、融点 − 56.6℃）に比べて、けた違いに高い沸点、融点をもつことに注意しておきたい。固体の水（氷）が液体の水に浮くのも、水素結合のためである。この性質によって、海や湖はすべて凍結することがない。生き物のみならず大気・海洋にとって、とても大事な性質である。

　水が蒸発する際に熱を奪うのと反対に、水蒸気は凝結する際に同量の熱を周りに与える。空気塊の上昇による温度低下の割合に、この水蒸気の凝結による潜熱の供給を加味したものを**湿潤断熱減率**という。水蒸気の凝結によって加熱されるため、乾燥断熱減率より高度あたりの温度低下の割合は小さくなり、おおよそ 1 km あたり 5℃である。温度が高いと水蒸気が豊富に含まれるため、より湿潤断熱減率は小さくなる。

　それでは、この湿潤大気の安定性を考えてみよう。図 2-2-5①では湿潤断熱減率より、周囲の空気の気温減率（上昇に伴う温度低下）が緩やかな場合で、絶対安定という。この時、水蒸気が凝結しても対流は発生しない。一方、図 2-2-

5②では乾燥断熱減率
より、周囲の空気の気
温減率が急な場合で、
絶対不安定という。こ
の時、大気が乾燥して
いて、凝結がまったく
起こらなくても対流
が発生する。図 2-2-5
③では、周囲の空気の
気温減率が、乾燥断熱
減率より緩やかで湿
潤断熱減率より急な

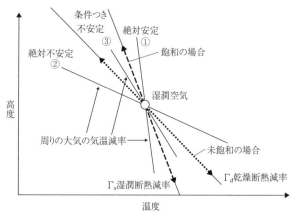

図 2-2-5　湿潤大気の安定度（絶対安定、絶対不安定、条件つき不安定の概念）

場合である。すなわち、乾燥大気
では安定で、湿潤大気では不安定
になるため、条件によって不安定
となる。これを**条件つき不安定**と
いう。

　夏季の地面付近では、強い日射
によって、条件つき不安定が生じ
る。また、冬季の大陸からの強い
寒気が、暖かい海上に吹き出して
温められた場合にも、条件つき不
安定が生じることになる。発達す
る対流は、このような条件つき不
安定の状態で生じる。地表にある
湿った大気（未飽和）は、ある高度

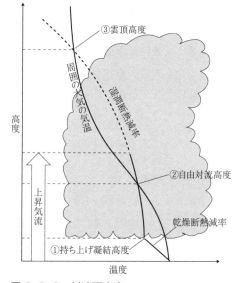

図 2-2-6　対流不安定

までは上昇しても凝結を生じない。
このため、上昇する空気塊は、はじめは乾燥断熱減率に沿って高度とともに温
度が低下する。ある高度で露点に達し（飽和）、凝結が開始される。この高度を
持上げ凝結高度と呼ぶ（図 2-2-6①）。そこからは湿潤断熱減率に沿って、高度

の上昇とともに温度が低下する。このまま上昇を続けると、周囲の気温減率とある高度で交差する。この高度を**自由対流高度**と呼ぶ（図2-2-6②）。それより上昇したところでは、周りの気温より温かいことになる。そうすると自ら浮力を得て、自然と上昇すること（対流）が可能になる。凝結が続くかぎり、空気塊の温度は湿潤断熱減率に沿って、高度の上昇とともに緩やかに低下し続け、ある高度で周囲の気温減率と再び交差する。この高度を**雲頂高度**と呼ぶ（図2-2-6③）。これより上空では、浮力を得られず安定なため、上昇気流を維持できない。このように凝結の効果を加味することによって生じる不安定を**対流不安定**と呼ぶ。積雲や積乱雲は、まさに条件つき不安定な大気で、雲頂高度まで対流が発達したものである。発達した積乱雲では、対流圏界面付近にまで達し、かなとこ雲として水平に広がるものもある。

　上空に気体が運ばれると、気圧が下がって、断熱膨張により温度が下がる。反対に下降する気体は、気圧が上がって温度が上がる。これを**断熱圧縮**という。湿った大気が山を越える際には、上昇時に水蒸気の凝結が起こり、潜熱が放出されることがある。一方、下降時には断熱圧縮によって、温度が上昇するため、水蒸気の凝結は起こらない。このため、山を越える前より山を越えた後のほうが、大気の温度が高くなる。これを（湿った）**フェーン**という。日本海を低気圧や台風が通過する際に南風が強くなると、北アルプスなどを山越えした気流によってフェーン現象が起こる。この時、太平洋（風上）側より、北陸地方などの日本海（風下）側で、気温が高くなる（図2-2-7）。このような風の例として、カナダのチヌーク、カリフォルニアのサンタアナ、フランスのミストラルなどが有名である。

☞**やってみよう！**
自分の住んでいる地域に特有の風とその仕組みについて調べてみよう。

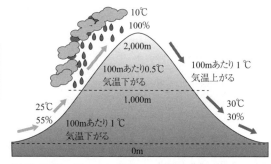

図2-2-7　フェーン現象

2-3. 雲の形成

1802年にフランスのラマルクは高度による雲の分類を提案した。その後、1803年にイギリスのハワードは、形態による雲の分類を提案し、これが基礎となり、今日よく使われている **10種雲形**の分類へとつながっていった（図2-2-8）。

層状性の雲（層状雲）については、高度によって上層雲（5〜13 km；−25℃以下）、中層雲（2〜7 km；0〜−25℃）、下層雲（2 km以下；−5℃以上）に分類される。その中で形態により、例えば、積雲（積み重なる）、層雲（層状になる）、その複合形である層積雲などに分類される。上層の雲には「巻」（髪の毛状）、中層の雲は「高」（中くらいの高さ）が付け加えられている。また、対流性の雲はその発達度合いで積雲と積乱雲がある。降水を伴う雲には乱層雲や積乱雲など「乱」が使われる。

それでは雲の高さや形が異なる理由は何であろうか。前節では、雲が上昇気流による水蒸気の凝結で生じることを説明した。この上昇気流の種類によって、雲の形態が変わる。また、雲の粒を作っているのは水滴である。水蒸気が豊富にあり、強い上昇気流があると、大きな雲粒、さらには雨粒になって降水が生じる。一方、水蒸気の供給源は地表付近のため、上空では水蒸気の量が徐々に少なくなっていく。上空の層状の雲は、低温な環境下で、弱い上昇気流によっ

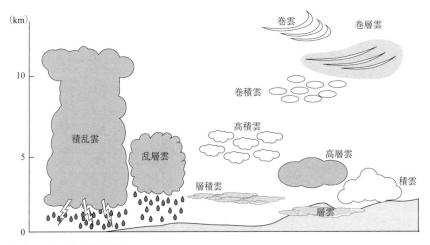

図2-2-8　10種雲形

て少ない水蒸気が
凍ることで、氷の
雲粒が生成されて
生じている。この
ように雲を生成す
る上昇気流の強さ
と水蒸気量によっ
て、さまざまな形
態の雲が発生する
ことになる。
　上昇気流によっ
て雲が生じる典型

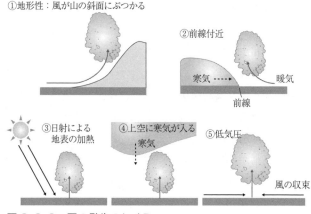

図2-2-9　雲の発生のしくみ

的な例を図2-2-9に示す。山岳などの障害物にあたって、強制的に上昇する地
形性のもの（図2-2-9①）、寒冷前線、温暖前線など前線性のもの（図2-2-9②）、
日射による地表の加熱（図2-2-9③）や上空の寒気（図2-2-9④）による対流性の
もの、低気圧による収束性のもの（図2-2-9⑤）などがある。

　これらの雲の内部ではどのような現象が起こっているのだろうか。雲粒と呼
ばれる雲の中の水滴の大きさは直径0.01 mm程度である。上空の雲では、低温
なため、凍った粒になる。この直径の雲粒であっても、水分子にすると、約10
兆個にもなる。

　このような膨大な数の水分子が集まるためには、**凝結核**と呼ばれる集合場所
が必要になる。微小なチリ、ばい煙、海塩粒子などで、このような微粒子を総
称してエアロゾルと呼ぶ。これらの凝結核がないと、水蒸気が飽和していても
水滴になれない（**過飽和**）。飛行機雲の成因の一つは、まさにこの過飽和の状態
にある大気中に凝結核（エンジンからのスス）が巻かれることである。

　一方、液体の（純）水を静かに冷やすと、温度が0℃以下になっても凍結しな
い（**過冷却**）。このような状態の水を過冷却水と呼ぶ。0°以下では、水面に対す
る飽和水蒸気圧のほうが、氷面に対する飽和水蒸気圧より大きい。このため、
過冷却水に対して飽和状態にある水蒸気が、同じ温度の氷に接すると過飽和な
状態になるため、氷に昇華することになる（図2-2-10）。

物質はより安定な状態を取ろうとするが、過冷却水の飽和水蒸気圧が氷より高いのは、氷のほうが過冷却水より安定な状態だからである。すなわち、過冷却水のほうが水分子の運動が活発なため、飽和状態でよりたくさんの水蒸気が存在できることになる。

氷は安定であるが、水から氷になる際には、界面を変化させることでエネルギーが余分に発生する。このため、この界面を変化させるエネルギーの障壁を越えられない範囲では、過冷却水が準安定な状態として存在できる。

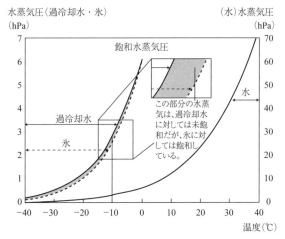

図2-2-10　水、過冷却水、氷の飽和水蒸気圧

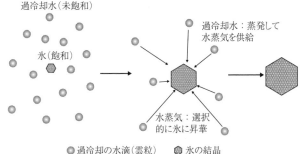

図2-2-11　氷晶の成長

同様のことは水を沸騰させる時にも起こる。過熱という状態である。

こうして過冷却水と氷の共存する状況では、氷に対して過飽和な水蒸気が選択的に氷晶の表面に昇華して、氷晶が成長する。水蒸気が消費されると、その分だけ過冷却水滴から水が蒸発する。このため、持続的な氷晶の成長が可能になる（図2-2-11）。このような成長過程を**昇華成長**（ヴェーゲナー・ベルシュロン・フィンデセン過程）と呼ぶ。

2-4. 降水のしくみ

　1年間に地球上で降る水の量は50万km^3（500兆トン）にもなる。そのほとんどが**雨粒**である。雨粒の数にして、10^{21}粒である。平均すると、1m^{2}に1sあたり1粒の計算になる。

　雲粒は上昇気流による水蒸気の凝結で生成され、その落下を妨げられている。それでは、雨はどのようにして起こるのであろうか。雨粒の大きさは雲粒の100万倍にもなる。水蒸気の凝結のみでは、雨粒を生成することはできない。

　ある程度まで凝結で大きくなった雲粒は、上昇気流で支えきれずに落下し始める。一方、空気抵抗の効果により、雲粒の大きさ（質量）に応じて、落下速度が変わる。大きな雲粒は高速で落下し、小さな雲粒はゆっくり落下する。次章で説明するガリレオの「落体の法則」は、空気抵抗の大きい水滴に関しては成立しないのである。

　こうして、小さな雲粒をたくさん併合して大きくなったのが、**雨滴**である。このような成長過程を**併合成長**と呼ぶ。強い上昇気流が存在すると、それだけ大きな雲粒や雨滴の成長につながる。熱帯・亜熱帯の降水は、このように氷晶過程を経ないで起こるため、**暖かい雨**と呼ぶ（図2-2-12①）。

　一方、中高緯度の形成されるほとんどの雲や、熱帯でも背の高い雲では、前節で説明した過冷却水からの水を奪って、氷晶が急速に発達する（昇華成長）。氷晶は落下しつつ、水滴や氷晶との衝突や併合を繰り返しながら、成長を続けて（凝集成長と着氷成長）、雪の結晶になる。上昇気流が強いと、雪から霰、雹

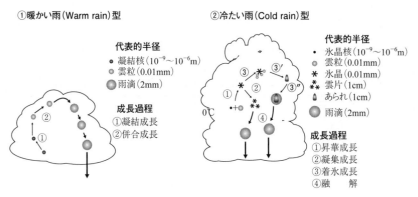

図2-2-12　暖かい雨と冷たい雨

にまで成長し、上昇気流で支えきれなくなると落下するが、これらが溶けたものが雨となる。このように氷晶過程を経る雨を、**冷たい雨**と呼ぶ（図2-2-12②）。

　北海道大学の教授を務めた中谷宇吉郎は、1936年に世界で初めて実験室で人工雪の制作に成功した。そして、結晶の形は気温と水蒸気量で決まることを示す、**中谷ダイアグラム**を発表した。「雪は天から送られた手紙である」という有名な言葉は、降ってきた雪を見ることで、上空の大気の状態が読み解けるという意味である（図2-2-13）。雪結晶の形が六角形になるのは、水分子の構造によっている。

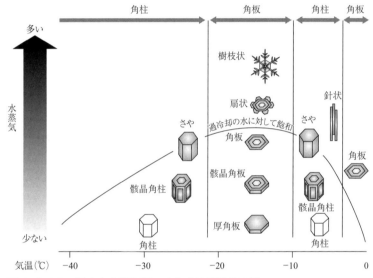

図2-2-13　温度と水蒸気量で変化する雪結晶の形

> **Question !**
> 雲粒や雨粒の大きさや量は、近代化によってどのように変わっただろうか？

3. 地球の熱収支

　生命の誕生には、液体の水の存在が不可欠である。地球の温度は長い年月、水の融点と沸点の間の適度な状態に保たれてきた。地球から熱が抜ければ温度が下がる。地球に熱が入れば温度が上がる。地球に熱的な平衡状態（放射平衡）が保たれて、はじめて温度が維持されることになる。ここでは地球の温度が決まるしくみを考えよう。

3-1. 熱放射

　地球には、太陽の光の熱（エネルギー）が常に入ってくる。では、その熱（エネルギー）はどこにいくのであろうか。ここでは、地球全体の熱のやり取りを、お風呂の水の出入りを例に考えてみよう。例えば、お風呂の水に出入りがない場合、水位は増えも減りもしない（図 2-3-1①）。この状態を**静的平衡**と呼ぶ。一方、入りだけがある場合には、水位は上昇する（図 2-3-1②）。それでは、静的平衡以外に、水位が変わらない状態は可能であろうか。入りと出がちょうど釣り合う状況であれば、水位は変化しないはずである（図 2-3-1③）。このように同量の水が入って出るような、静止状態にない平衡状態を**動的平衡**と呼ぶ。動的平衡は自然現象だけでなく、経済、人口、生態学などでも非常に大事な考え方である。

　地球に太陽の熱（エネルギー）が入ってくるだけで、出ていかないのであれば、図 2-3-1②のように地球の温度は上昇し続けることになる。それでは、地球の熱エネルギーはどのように出ていって、地球の温度はどのようにして維持されているのであろうか。

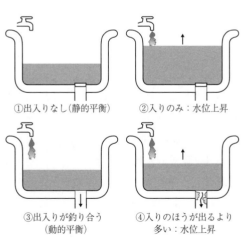

①出入りなし(静的平衡)　②入りのみ：水位上昇

③出入りが釣り合う　④入りのほうが出るより
　（動的平衡）　　　　多い：水位上昇

図 2-3-1　お風呂の水位の例

熱は伝導、対流、放射の3つの方法で伝わることができる。**伝導**とは、物質が移動せずに熱が伝わることである。**対流**とは、物質自身が移動する流れによって熱を伝えることである。宇宙空間では、伝導も対流もできない。このため、熱を伝える方法は**放射**、すなわち光（電磁波）によるものに限られている。ただし、この光は目に見えるものでなくてもよい。地球からは目に見えない光が出ていくことで、地球の温度は図2-3-1③の動的平衡によって保たれているのである。

　熱放射の理論では、温度をもつ、すべての物体は光を出す。一方、温度の下限として定義される**絶対零度**になると、原子の振動は止まり、熱放射も起きない。ある温度で、理論上最大の熱エネルギーを光の形で放射する物体を黒体という。1879年、シュテファンは「黒体の総放射エネルギーが絶対温度Tの4乗に比例する」ことを実験的に見出し、1884年に弟子のボルツマンが熱力学の理論から法則（**シュテファン・ボルツマンの法則**）を導いた。また、1893年にはウィーンが、光の一番強くなる波長は温度で異なり、温度が高いと波長が短く、温度が低いと波長が長くなること（**ウィーンの変位則**）を発見した。1900年には、プランクがこれらを組み合わせた形で、光のスペクトルを記述する式（**プランクの法則**）を導出した（図2-3-2）。温度が上昇すると波長が短く、強い光が出るのである。

　光は、電場と磁場の相互作用で伝わる電磁波の一種である。光の速さは一定で、秒速30万kmである。このため、波長と振動数は反比例し、光の性質は波長のみ（もしくは振動数のみ）で決まる。目に見える光は可視光と呼ばれ、波長が0.38 μmから0.77 μmの間にある（図2-3-3）。赤より波長が長いと赤外線、紫より波長が短

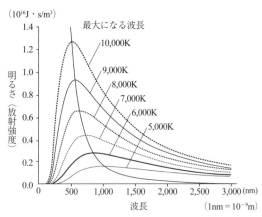

図2-3-2　プランクの法則の例：光の強度の波長や温度による変化

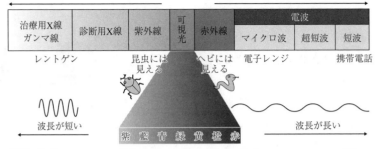

図 2-3-3　光（電磁波）の波長と呼び方

いと紫外線である。光の強さは温度の 4 乗に比例し、波長は温度に反比例するため、温度の高い太陽からは強くて波長の短い光が、温度の低い地球からは弱く波長の長い光が放射されることになる。

　太陽の光は可視光を中心に波長が広がっている。私たちは、赤（Red）、緑（Green）、青（Blue）の 3 色（**RGB**）を識別する目を持っている。それぞれ、火、植物、空や水の色で、人類にとって大事な色である。これらが重なったものが白色である。空の色が青いのは、波長の短い青色が大気中で散乱されやすいためである。昆虫は紫外線が見え、蛇には赤外線が見える。

3-2. 短波放射

　さて、地球の温度が決まるしくみを考えてみよう。地球に入ってくる熱は太陽からの光である。可視光を中心とする短波放射（太陽放射）の量 S は、1 秒、1 m^2 あたり 1,370 W/m^2 で、**太陽定数**と呼ばれる。このエネルギーを地球の断面積で受けるため、影の部分の面積を考えると、地球の半径 R の円になる（図 2-3-4①）。

　太陽定数は地球と太陽の位置関係で決まる。太陽からの光は宇宙空間を 3 次元的に球面上に広がるため、太陽からの距離（r）とともに明るさが減少する。この減少の割合は、球の表面積（$4\pi r^2$）に反比例する。絵を描いた風船を膨らませると、絵が薄くなるのと同様である。このように自然界には、3 次元的に空間を広がる現象において、距離とともに減少するものがたくさんある。万有引

力や電磁気の力、音や光などである。それらはすべて距離の2乗に反比例（$1/r^2$）して減少するため、一般に逆2乗則と呼ばれる。

　地球は太陽からちょうど適当な距離であったため、暑くなりすぎず、寒くなりすぎずに液体の水が存在できた。金星は近すぎて、火星は遠すぎたのである。

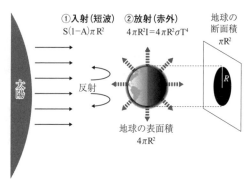

① 入射（短波） ② 放射（赤外）
$S(1-A)\pi R^2$　$4\pi R^2 I = 4\pi R^2 \sigma T^4$

反射

太陽

地球の断面積
πR^2

地球の表面積
$4\pi R^2$

図2-3-4　放射平衡

このように、液体の水が存在可能な、恒星からの距離の領域をハビタブルゾーンと呼ぶ。宇宙空間には太陽系以外にも、たくさんの系外惑星が観測（発見）されていて、その中にはハビタブルゾーンに入る惑星が、確認されているものだけでもかなりの数（50個以上）ある。このため、液体の水や地球外生命の発見が期待されている（第3部3-5）。

　地球の大気は太陽の光に対して、ほとんど透明で、約半分が地表まで到達する。大気が吸収する熱量は20%にすぎない。一方、光の吸収は地表面の状態によって異なる。白い服は涼しく、黒い服は暑いように、着ている服の色で吸収量が異なるのと同様である。入射光に対する反射光の割合をアルベドという。海はアルベドが低く、上から入る太陽の光をよく吸収する。この太陽のエネルギーが海の生態系を支える基本的なエネルギー源である。ただし、夕日が海に反射してまぶしいように、斜めからの光は反射されやすい。一方、雪はアルベドが高い。スキーでサングラスをするのはこのためである。地球全体のアルベドAは平均すると0.3である。すなわち、入射した太陽光の約30%は雲や地表で反射される。

> **Question !**
> 砂漠、海、森林のアルベドの大きさはどのような順番になるだろうか？

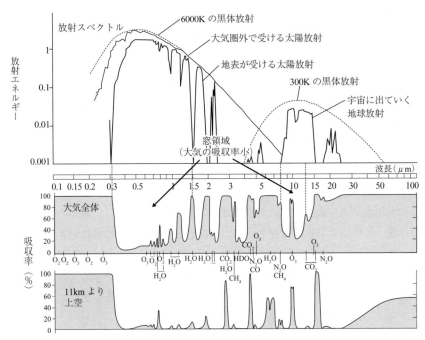

図2-3-5　短波放射（太陽放射）と赤外放射（地球放射）の波長による変化

3-3.　赤外放射

　一方、地球に入る熱の量と同じだけの量が、地球から出ていかなければ、地球の温度は保たれない。地球から出る熱は赤外線の形で放射されるため、**赤外放射**（地球放射）と呼ばれる（図2-3-5）。赤外線は目に見えないが、サーモグラフィーなどで可視化することができる。空港の検疫では、病気になっている人がいないかを赤外線によって監視している。また、赤外線を使った暖房器具によって、体が中から温まることからも、熱が赤外線で伝わることをイメージできるであろう。

　地球に入る短波放射と、地球から出る赤外放射の釣り合いを**放射平衡**と呼ぶ。この平衡状態から、地球の温度を簡単な計算で決めてみよう。ここでは、大きな近似として、地球全体を一様として考える。

　地球に入る熱は、太陽定数 $S = 1370$（W/m²）に地球の影の面積（πR^2）をかけ、アルベド $A = 0.3$ を考慮することで、$S\pi R^2 (1 - A)$ となる。一方、地球から出

る熱は、赤外線の形で昼夜を問わずに地球全体から放出される。すなわち、地球の温度を T として、**シュテファン・ボルツマンの法則** $I = \sigma T^4$ に地球の表面積 $4\pi R^2$ をかければ、$4\pi R^2 \sigma T^4$ となる（図 2-3-4②）。ここで $\sigma = 5.67 \times 10^{-8}\,(\mathrm{W/m^2K^4})$ はシュテファン・ボルツマン定数である。すなわち、放射平衡（入射と放射の釣り合い）を表す式は、$S\pi R^2 (1-A) = 4\pi R^2 \sigma T^4$ となる。ここで T 以外の値は既知である。この式を T について解くことで、地球の温度が $T = 255\,\mathrm{K}$（$-18℃$）と求まる。

3-4. 温室効果

前節で求めた、放射平衡による地球の気温は $-18℃$ であり、現在の地球の温度（15℃）と 33℃ もかけ離れている。これでは、液体の水も維持できない。地球全体を一様とする、大きな近似を仮定しているとしても、地球全体を平均すれば、放射平衡が成り立つはずである。何が問題だったのであろうか。

地球には、前節の計算では省いていた、大事なものが存在する。それが大気である。大気の**温室効果**を加えないと、地球の温度は適切に計算できない（図 2-3-6①）。地球の大気は、可視光に関してはほぼ透明である。このように光に対して透明で大気の影響をほとんど受けない（吸収されない）領域を**窓領域**という（図 2-3-5）。このため、太陽の光は地上に達して、地面を温める。しかし、地球から出ていく赤外放射のすべてが大気を抜けていくわけではない。そのかなりの部分は水蒸気、二酸化炭素、メタン、オゾンなどの温室効果気体や雲によって吸収される（図 2-3-5）。宇宙に抜けるエネルギーのほとんどは、これら

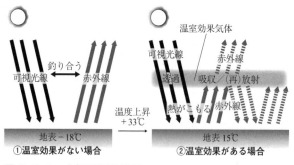

図 2-3-6　大気の温室効果

温室効果気体や雲からの赤外放射である。温室効果気体は地表の赤外放射とほぼ同量のエネルギーを下向きに赤外放射し、再び地表を加熱する。これが温室効果である。

図 2-3-6②は、簡単のため赤外線を大気がすべて吸収した場合である。この時、先の放射平衡で求めた温度は大気の温度になる。一方、地表の放射平衡温度は、太陽光の入射と大気が放射する赤外線の和と釣り合わなければならない。すなわち、2 倍の赤外線の射出量が必要となる。地表面温度は 255 K の $2^{1/4}$ 倍（〜1.2 倍）から約 303 K（30℃）と計算できる。実際の地球大気では、赤外線の一部が大気に吸収されるため、平均気温は約 288 K（15℃）程度である。

冬場の朝などは晴れた日のほうが特に冷え込みが厳しい。これは夜の間に赤外放射で冷えたためであり、**放射冷却**と呼ぶ。一方、曇りの日の朝はそこまで冷え込まない。これは雲（水蒸気）の温室効果により、赤外線が吸収されるためである。

地球全体での熱収支を図 2-3-7 に示す。地球全体で平均すると、熱放射の形で入る熱と出る熱が釣り合っていて、放射平衡が成り立っていることがわかる。地球の温度は長い年月、エネルギーの出入りが釣り合った動的平衡の状態を近似的に満たすことで、維持されてきたのである。

二酸化炭素が赤外線を吸収して、酸素や窒素が吸収しない理由は何であろうか。これは気体分子の構造に要因がある。二酸化炭素は異なる分子が結合した直線上の構造である。基底状態では分子内に電気的な偏り（極性）は生じてい

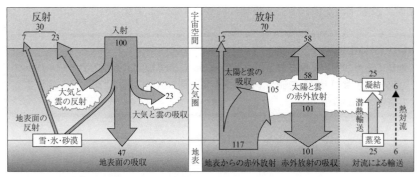

図 2-3-7　地球の熱収支（入射を 100 とする）

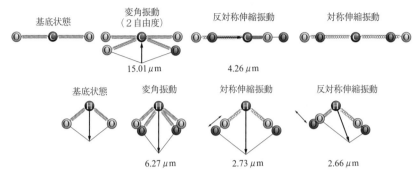

図 2-3-8　二酸化炭素（上）と水蒸気（下）の赤外線吸収

ない。しかし、特定の波長の電磁波（赤外線）が二酸化炭素に当たると、電磁波の振動によって炭素と酸素の結合に電気的な偏りが生じ、反対称な伸縮運動や変角運動が励起される。この赤外線のエネルギーから分子内の運動エネルギーへの変換が、赤外線の吸収である（図 2-3-8 上）。同じ原子が結合して分子を構成する酸素や窒素の気体分子は、このような電気的な偏りを作れないので、赤外線を吸収しない。水蒸気も二原子分子であり、二酸化炭素と同様に赤外線を吸収する（図 2-3-8 下）。

　地球の大気の温室効果の大部分は水蒸気が担っているが、この量は長い歴史で大きく変化していない。水蒸気は海から供給されるため、海の水が干上がることや、凍ってしまうことがないかぎり、水の量も大まかには動的平衡を保ってきたためである。一方、産業革命以降、二酸化炭素は増加している。これにより、放射平衡が破れると、地球は温暖化することになる（図 2-3-1④）。

> ## Question！
> 地球の温度が安定に保たれるしくみの一つに、赤外線による負のフィードバックがある。温度が上昇した時や下降した時に、赤外放射の量がどのように変化するかを考えてみよう。

コラム　惑星などの放射平衡温度

　地球以外の惑星などの温度はどのようになっているだろうか。図2-3-9に各星の地表温度（灰色●）と放射平衡温度（黒色●）を示す。黒線はアルベドを0としたときの放射平衡温度で、すべての太陽光が吸収された場合である。太陽からの距離が近すぎると暑すぎ、遠すぎると寒すぎて液体の水が存在できない。黒線上で考えると、金星は液体の水が存在可能なハビタブルゾーンに入っている。

　しかし、実際の金星の放射平衡温度は、厚い雲に覆われていて、アルベドが高くなるため、黒線よりかなり低くなっている。その一方で、金星の地表温度はけた違いに高い。これは、約90気圧（地球の90倍）もある大量の大気のほとんどが二酸化炭素であることが理由で、猛烈な温室効果が起こるためである。

　他の地球型惑星である水星や火星はどうであろうか。大気の無い水星、少ない火星は地表温度と放射平衡温度がほぼ等しい。温室効果がほとんど働かないためである。巨大ガス惑星である木星や土星、巨大氷惑星である天王星や海王星は、すべて太陽から遠く、非常に寒い環境になっている。

　地球はたまたま太陽からの距離が適切で、大気の温室効果も適度であったことがわかる。将来、火星や金星を生存可能にするテラフォーミング（地球化）が実現する日は来るだろうか。

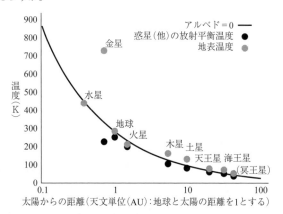

図2-3-9　惑星の放射平衡温度

4. 大気の運動

　地球の温度が、地球全体の熱のバランス、放射平衡で決まることをみた。しかし、地球に出入りする熱の量はどこでも同じではない。もし場所ごとに熱の釣り合いが破れていれば、その場所はどんどん温かくなるか、冷たくなってしまうだろう。大気や海洋は、この熱のアンバランスを解消する働きを担っている。地球に降り注ぐ太陽のエネルギーによる、熱のアンバランスこそが、大気と海洋の運動の源であり、運動が起こる理由に他ならない。また、地球が自転しているために、運動の形態も変化する。ここでは、地球の大気の運動を考えよう。

4-1. ニュートン力学

　古代ギリシャでは、風は神アイオロスの洞穴から吹き出すものと考えられていた。風自身もアネモイ（風）の神々として、それぞれの方位をつかさどる。北風のボレアースは冬の寒気を運び、南風のノトスは晩夏と秋の嵐を運ぶ。西風のゼピュロスは春と初夏のそよ風を運び、東風のエウロスは不吉な暖気と雨を運ぶ。ローマ神話においても、アネモイにあたる神はウェンティと呼ばれ、よく似た性質が与えられていた。中世になっても、風は天使の羽ばたきで生じていると、多くの人々は信じていたのである。

　アリストテレスが提唱した「重いものは軽いものより早く落ちる」という考えは、1000 年以上もの間ずっと信じられていた。ガリレオがピサの斜塔で行ったという、有名な**落体の法則**の実験「重い鉄の砲弾とボールが同時に落ちて、一つの音しかしなかった」が、本当に行われたかどうかは知る由もない。しかし、ガリレオが落体の研究をしていたことは事実である。その結果、重さに関係なく、落下する物体の速度は時間に比例して増加し、距離は時間の 2 乗に比例することが発見された。重力加速度の実験による導出である。また、ガリレオは「外から力がかからないと物体の速度は変化しない」ことも観測した。その後 1687 年、ニュートンによって、物体の 3 つの運動の法則が『プリンキピア（自然哲学の数学的原理）』でまとめられた。これが、ニュートン力学である。

大気は気体分子の集合である。個々の気体分子がニュートンの運動の法則に従うため、その集合である流体（気体と液体）もニュートン力学に従うことになる。ここでは、風を考えるうえで基本となる**ニュートン力学**について、簡単に説明しておく。ニュートン力学は3つの基本法則からなる。①力が働かなければ、物体は静止もしくは運動を続ける（図2-4-1①**慣性の法則**）。だるま落としで、だるまが静止し続けることや、電車が急停車する時に前に進むのはこのためである。②力が働くと物体は加速する。加速の大きさaは力の大きさFに比例し、質量mに反比例する（図2-4-1②**運動の法則；運動方程式** $F = ma$）。③物体が互いに及ぼし合う力は常に等しく反対に働く（**作用反作用の法則**）。

宇宙空間では、①の力が働かない状況（無重力状態）が簡単に実現されるため、運動を続けることは理解しやすい。しかし地上では、地球の重力や空気抵抗のため、力が働かない状況をイメージしにくくなる。このため、慣性の法則で物体が運動を続けることを理解するのは難しい。

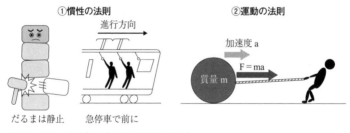

①慣性の法則　　　②運動の法則

進行方向

加速度a

$F = ma$

質量m

だるまは静止　急停車で前に

図2-4-1　慣性の法則と運動の法則

風は大気の運動である。②の運動方程式より、力が働くと風が生じることがわかる。一方で、風が吹き続ける時には、力が働く必要はない。①の慣性の法則より、風を維持するためには、力が釣り合う必要がある。

4-2. 風の成因

まずは風が吹き始める状況から考えよう。風や流れを生じさせる力（原因）は何であろうか。ボールに力が働いて加速するのと同様に、風や流れが生じるためには、力が働く必要がある（運動方程式）。例えば、高低差のある水を仕切り

で区切り、仕切りを取ると水は低いほうに移動する。これは高い水の側から低い水の側に、水圧の差による力が働くためである。同様にして、大気の圧力の差による力で風が吹くことになる。この圧力差による力を**気圧傾度力**という。

　それでは、なぜ気圧傾度力は発生するのであろうか。地上では、太陽の加熱によって、地表面が温められる。このため、ボイル・シャルルの法則に従って、大気が熱膨張すると、気圧の不均衡が生じることになる（図2-4-2①）。すなわち、気圧傾度力の起源は太陽の加熱であり、それによって生じた温度差である。このように温度差が気圧差を生み、気圧傾度力によって風が吹く（図2-4-2②）。そのような例に、海陸風や山谷風がある。

　海陸風では、海と陸の温まりやすさ（熱容量）の違いが、風の原因となる。日中、太陽の光によって、陸は温まりやすい。一方、海は熱容量が大きく、なかなか温まらない。陸の上の大気は膨張し、海の上の大気は陸に比べて収縮する。このため、上空では陸から海へ、下層では海から陸へ気圧傾度力が生じる（図2-4-3①）。これが**海風**（海からの風）である。反対に、夜になると放射冷却によって陸は冷えやすい。一方、海は保温性が高いため冷えにくい。このため、日中と反対の気圧傾度力が生じることになる（図2-4-3②）。これが**陸風**（陸からの風）である。これらは上空で生じる反対方向の風と合わせて循環するため、水平対流と呼ばれる。朝夕の循環が止まる時間帯を凪という。

　同様の風は山と谷の間でも生じる。斜面は温まりやすく、冷えやすい一方で、谷は温まりにくく、冷えにくい。このため、日中は**谷風**（谷からの風）が吹き、夜は**山風**（山からの風）になる（図2-4-3④⑤）。晴れた日の日中は、谷風を利用して、パラグライダーやハンググライダーでの飛行が可能である。また、上昇気流によって、天気が崩れやすくもなる。一方、夜は下降気流によって、晴れ

①加熱差による温度差が気圧差を生む

密度の大きな　冷たい空気
日陰

密度の小さな　温かい空気
日向

②気圧差により風が吹く

上層の気圧　　小＜大

冷　　　　温

下層の気圧　　大＞小

図2-4-2　風の原理

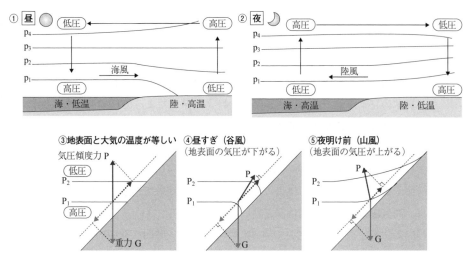

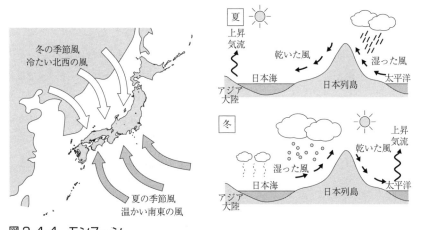

図 2-4-3　海陸風（上）と山谷風（下）

図 2-4-4　モンスーン

やすい。山の夜は星空が綺麗である。

　一日の昼と夜で風向きが反転する海陸風や**山谷風**の原理を、一年の夏と冬に適用したものが**季節風**（モンスーン）である（図 2-4-4）。夏の間は、大陸は温まりやすく、海洋は温まりにくい。このため、海洋から大陸に向けて、南からの

風が吹く。一方、冬の間は、大陸は冷えやすく、海洋は冷えにくい。このため、大陸から海洋に向けて、北からの風が吹く。このように気節で風が反転するため、季節風と呼ぶ。東南アジアでコメが作れるのは、季節風によって大量の水蒸気が南の海上から運ばれ、これらの地域で降水量が多くなるためである。また、日本の日本海側で冬季に雪が降るのは、季節風によって日本海の水蒸気が北から運ばれてくるためである。

4-3. コリオリ力

前節では、風が気圧の力によって生じた大気の運動であることを学んだ。しかし、高気圧や低気圧の風は渦を巻いており、気圧の高いところから低いところに向かって、真っ直ぐ吹いているわけではない。時間や空間の規模（スケール）が大きな現象では、地球の自転の影響を受けるためである。ここでは、地球の自転がもたらす見かけの力について考える。

1835年、コリオリは地球の自転によって生じる見かけの力を数学的に説明した。1851年には、フーコーがパンテオンに巨大な振り子を設置し、自転によって振り子の振動面が回転していく様子を公開実験で実証した。

ここでは、北半球で自転によって右にずれることを、回転台に乗っている人がキャッチボールする図2-4-5で考えてみよう。回転台の中心（地球上では極点）に乗っているAさんから回転台の端（地球上では低緯度）のBさんにボールを投げる（図2-4-5①）。この時、宇宙から見た場合には、ボールはただ真っ直ぐ飛んでいるのみである（図2-4-5②）。一方、地球にいるAさんやBさんから見た場合、ボールは右に逸れたように見える（図2-4-5③）。宇宙から見ると力が働かないのに、地球上では、右向きに力がかかったように運動するのである。これがまさに見かけの力と呼ばれる理由である。自転する地球上にいる我々には、常にこの見かけの力が働いた状態で物体が運動するの

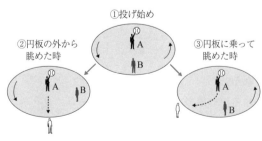

図2-4-5　コリオリ力の図

を観測する。このため、この力を実際に加えて現象を考えたほうが、地球上での運動を理解しやすい。

コリオリ力の本質は、地球の緯度ごとの回転の速度差にある。このため、回転の速度差を感じない、小さな空間もしくは短い時間規模（スケール）の身の周りの現象では、この力を体験することは難しい。一方、地球の大規模な運動においては、非常に重要な働きを担う。

南半球では、回転の速度差が赤道に向かうと右向きに増加する。このため、進行方向の左向きに力がかかる。回転台の裏側に人が立っているのが南半球のイメージである。回転台で同じ向きにボールが曲がっても、裏側の人から見ると左右は反対である。

4-4. 風の力のバランス

ここまで、風が吹き始める時には、力が働くことを見てきた。一方で、風が吹き続けるためには、力が働く必要はなく、力の釣り合いが必要になる。コリオリ力の働く状況下で、大気に働く力のバランスを考えてみよう。

まずは上下の方向から考える。2章では、大気は地球の重力に引かれて上下方向に積み上がっていることを述べた。しかしながら、すべての大気が地面に落下してしまうわけではない。それは大気に圧力があり、地面に落ちようとする大気を押し戻しているからである。満員のスタジアムで押し寄せる観客が前に進めないように、上空の大気も地面に押し寄せることができないのである。

大気圧が高さとともに減少することは、パスカルによって示されたが、このときにある疑問が生じた。もし上空で大気圧が働けば、大気は圧力（気圧傾度力）によって、宇宙に押し出されてしまう。1823年、ラプラスは著書『天体力学』の中で、そのようなことが起こらない理由を説明した。上向きに働く気圧傾度力 ΔP は、その部分の大気に下向きに働く重力 Mg と釣り合ってバランス（平衡）しているためである（図 2-4-6）。

この重力と大気の圧力（上向きの気圧傾度力）の釣り合いを**静力学（水圧）平衡**と呼ぶ。静止する大気のみならず、地球の大規模な大気の運動は、ほぼこの静力学平衡の関係を満たしている。海水も同様に静水圧平衡を満たしている。ただし、大気には圧縮性があるので、下層にいくほど大気が詰まった状態（高

密度）になる。上空にいくと空気が薄くなる（低密度）が、海ではそのようなことは起こらない。圧力によって水の密度はほとんど変化しないためである。

次に水平方向を考えよう。慣性の法則に従って、風が吹き続けるためには上下方向の力の釣り合いの他に、水平方向の力の釣り合いも必要である。風が生じる原因は気圧差による力（気圧傾度力）であった。前節で見たよ

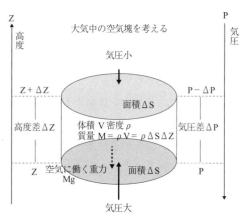

図 2-4-6　静力学平衡

うに、もし風が生じると、進行方向の右向きにコリオリ力がかかる。このため、運動の方向は、次第に右に逸れることになるだろう。一方で、気圧傾度力が常にかかる場合には、コリオリ力と釣り合った状態で、風は吹き続けることが可能である。

気圧傾度力とコリオリ力が釣り合う状態で吹く風を**地衡風**（海では**地衡流**）と呼ぶ（図 2-4-7①）。地球を取り巻く偏西風は地衡風である。また高気圧や低気圧は大きなスケール（1,000 km 規模）の現象であり、地球の自転を感じる風である。このため、コリオリ力が働き、気圧傾度力とほぼバランスすること（ほぼ地衡風）で、回転する風（渦）を維持している。北半球では、低気圧は反時計回りに、高気圧は時計回りに回転する。回転方向が決まる仕組みは、コリオリ力が進行方向の右向きに働くためである。

低気圧では、気圧傾度力は必ず中心方向に向く。それは文字通り、中心の気圧が低いからである。この時、風が吹いて、コリオリ力が気圧傾度力と釣り合える方向は反時計回りしかない。なぜなら、外向きにコリオリ力をかけなければバランスできないからである。高気圧では、まったく反対のことが起こる。

また、強い風が吹く場合には、風に働く**遠心力**も大きくなる。この力は風の回転方向にかかわらず、常に外向きである。気圧傾度力とコリオリ力、遠心力が釣り合った状態で吹く風を**傾度風**と呼ぶ（図 2-4-7②③）。台風などの発達し

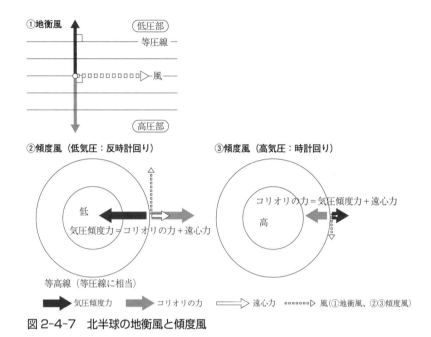

①地衡風

(低圧部)

──────── 等圧線 ──

□□□□□□□□▷ 風 ──

(高圧部)

②傾度風 (低気圧：反時計回り)

低

気圧傾度力＝コリオリの力＋遠心力

等高線（等圧線に相当）

③傾度風 (高気圧：時計回り)

コリオリの力＝気圧傾度力＋遠心力

高

■■■▶ 気圧傾度力　　▨▨▶ コリオリの力　　▷ 遠心力　　□□□□□▷ 風 (①地衡風、②③傾度風)

図 2-4-7　北半球の地衡風と傾度風

た低気圧ではこの平衡が成り立っている。遠心力の方向が常に外向きであることから、強い風で巻く渦は、低気圧の状態でしか存在できない。高気圧では中心向きのコリオリ力しか働かない。このため、風が強くなるとコリオリ力より遠心力が大きくなってしまい、平衡状態を作ることができないのである。

　最後に、竜巻などの時空間スケールの小さな強い渦では、コリオリ力の影響は極めて小さくなる。このような渦では、気圧傾度力と遠心力のみで釣り合う状態が可能である。この状態で吹く風を**旋衡風**と呼ぶ。竜巻は地球の自転を感じないので、時計回り、反時計回り、どちらの渦の状態も可能である。お風呂やペットボトルの水を抜く際に生じる渦など、小さな時空間スケールの場合、どちらの回転方向も可能である。遠心力は常に外向きであるため、中心が低気圧になることにも注意しよう。

　地上付近の風には、さらに摩擦力が働く。このため、風速が減少し、コリオリ力も弱くなる。低気圧の際には、中心に風が収束し、上昇気流を生じる。また高気圧の際には、外向きに風が発散し、下降気流を生じる。2章で見たよう

に、低気圧による上昇気流は雲や雨を生じて、天気が悪くなる。一方、高気圧による下降気流は好天になる。

　ハンマー投げのように、円運動をする際には、中心向きに向心力をかけ、速度（進行方向）と常に垂直な力を与え続ける必要がある。地球が太陽の周りを公転しているのも、万有引力によって、地球が進行方向に垂直な向心力を受けているからである。一方、地球上にいる私たちは太陽に引っ張られる力を感じているわけではない。それは地球の公転による遠心力（見かけの力）によって、力が釣り合っているからである。同様に、地球上で風に乗って大気の運動を考える場合には、見かけの力であるコリオリ力や遠心力を加えて、力の釣り合いを考えることが大事になる。

　ここまで、風と圧力の関係について、説明してきた。風が生じる原因は大気の温度差で生じた、気圧傾度力であった。温かい大気は膨張し、軽くなる。一方、冷たい大気は圧縮されて重たくなる（図2-4-8）。温度差のある大気を積み上げると、高温側で気圧が高く、低温側で気圧が低くなり、上空に行くほど気圧差が大きくなる。このため、地衡風は高温側

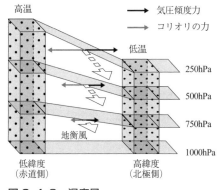

図2-4-8　温度風

を右に見て、上空でより強く吹く性質をもつ。これを**温度風**と呼ぶ。ただし、温度風の基本的な釣り合い（平衡）は、上下方向の静力学平衡と水平方向の地衡風である。これらの平衡状態を満たすように、大気を積み上げたとき、温度と風の関係を考えると、温度風になる。偏西風が上空で速くなったジェット気流は、典型的な温度風である。

4-5．ハドレー循環と偏西風

　3章では、地球の温度が入りと出のバランス、すなわち放射平衡によって、決まることを学んだ。また本章のこれまでの節で、海陸風などの身近な大気の運動（すなわち風）が、温度差で生じた気圧傾度力で吹くことを説明した。ここで

はもう少し、大きな規模で吹く風について考えよう。

　地球では、大気が循環することで、日々の天気の変化（気象）が生じ、地域
での気候が形成されている。この地球規模の大気の運動（大循環）を駆動する
のは、何だろうか。1686年、この大気大循環を最初に議論したのが、ハレー彗
星としても名前が残っている、ハレーである。ハレーは、南半球の天体観測の
ために世界を航海する中で、観測や船乗りの情報をもとに熱帯の**貿易風**（trade
wind：常に吹く風を日本では貿易風と誤訳した）とモンスーンについての研究を
行った。発表した論文には、世界最初の風系図が掲載されている（図2-4-9）。ハ
レーは、太陽の熱とともに空気が押し上げられ、それを補うように風が吹くと
考えた。そして、自転とともに太陽は西に移動することで、熱帯では東風（西
向きの風）が吹くと説明した。

図2-4-9　ハレーの風系図
出所：http://www.mhs.ox.ac.uk/exhibits/atmospheres-2/from-earth-to-space/

　この単純化しすぎた説明を、現代でも通用する形に修正したのが、1736年に
法律家のハドレーが発表した論文である。当時はコリオリ力の存在さえ知られ
ていなかった。彼は大気の大循環が駆動される理由を、地球に出入りする熱の
アンバランスによって説明した。なぜなら、3章で考えた放射平衡は、地球の
各緯度帯で考えた場合には、成り立たないからである。

　簡単な例として、夏の日中の日差しをイメージしてみよう。昼間の太陽の光
は真上から差し込む。このため影の面積が小さく、まとまった光を受けて暑く
なる。一方、夕方の太陽の光は斜めから差し込む。このため影の面積が広く、薄
まった光を受けて暑くなりにくい。

　地球上でも同じことが起こっている。高緯度の地域は太陽の光が斜めに入っ

て薄まり、雪や氷による反射も多く（アルベドが大きく）なるため、地表で受け取る太陽の入射が、低緯度の地域より小さくなる。一方、地球からの赤外放射はどうであろうか。低緯度と高緯度の温度差は30℃もない。絶対温度（273.15 Kが0℃に相当）にして、その差は1割以下である。温度の低い高緯度の地域で、いくぶん放射が少なくなるが、太陽の入射に比べると大きく変化しない。このため、緯度35°より高緯度側では、赤外放射量が入射量を上回る。すなわち、熱的な放射平衡が各緯度で保たれなくなる。その結果、低緯度では温度がますます上昇し、高緯度では温度がますます下降するであろう（図2-4-10）。

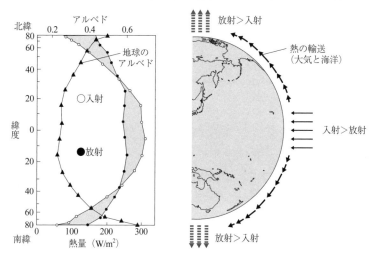

図2-4-10　緯度別の熱収支（左）と大気と海洋の熱輸送（右）

　それでは、何が温度の平衡状態を保っているのであろうか。ハドレーは、大気の大循環こそが、この熱のアンバランスを解消するために生じていると考えたのである。赤道で温かくなった空気は軽くなり、上昇して両極に向かう。両極で冷やされた空気は重くなり、下降して赤道に向かう。極から赤道に向かう流れは、地球の自転に伴って地面に対して遅れるため、東風になるとした。このような大気の大規模な子午面方向の循環をセル（細胞の意味）と呼ぶ。

　その後1855年には、フェレルがたくさんの観測データをもとに、地球には三つのセル構造が存在することを示した。赤道から30°付近で下降するセルを**ハドレー循環**（ハドレーセル）、中緯度のセルを**フェレル循環**（フェレルセル）、高

緯度のセルを**極循環**（極セル）と呼ぶ。それではなぜ、ハドレーが考えたように一つのセルだけではなく、複数のセルが存在するのだろうか。

　まず、実際の地球の熱輸送を見てみよう（図2-4-11）。大気の大循環は約半分の熱輸送を担っている。海洋がその半分の1/4ほどを担う。また、潜熱の働きも重要である。赤道付近では、太陽の加熱によって、海水が蒸発する。この水蒸気がハドレー循環によって低緯度に

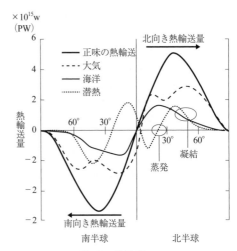

図2-4-11　地球の熱輸送

運ばれて、低気圧による雨をもたらす。水は蒸発する際に熱を奪い、凝結する際に熱を与えるため、赤道域で熱を奪い、低緯度域に熱を与えることになる。水の相変化もたくさんの熱を輸送する働きを担っているのである。これらの熱輸送が地球の温度差をならすことで、赤外放射の量が均一化することになる。

　海洋の大循環を駆動するのも、次章で学ぶように風（大気の大循環）である。このように、大気や海洋の大循環を駆動させるエネルギー源は、熱的なアンバランス、すなわち太陽からのエネルギーなのである。

　先に示したように、大気は温度の高い低緯度から、温度の低い高緯度まで、ハドレーが考えたように直接的に循環しているわけではない。なぜ、ハドレー循環は極まで到達しないのであろうか。その理由は、地球が高速で自転しているために、**偏西風**が発達するからである。

　偏西風の成因を説明するために、ここでは、地球の回転によって生じるコリオリ力を別の視点で見てみよう。そのために、まず運動量という概念を紹介する。運動量は質量と速度の積である。物理学の基本法則には、この運動量が保存する**運動量の保存則**というものがある。ロケットが、大気のない宇宙空間で進めるのは、ロケットエンジンが高速でガスを後方に噴射して、負の運動量を排出するためである（図2-4-12①）。

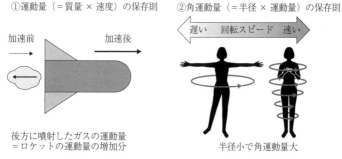

①運動量（＝質量 × 速度）の保存則　　②角運動量（＝半径 × 運動量）の保存則

加速前　　　　　加速後

遅い　回転スピード　速い

後方に噴射したガスの運動量
＝ロケットの運動量の増加分

半径小で角運動量大

図 2-4-12　運動量と角運動量の保存則

　さらに、この運動量の保存則を回転運動に拡張した際には、回転軸からの半径と運動量の積で定義される、角運動量が保存する性質がある。スケート選手が回転する際に、腕を伸ばして回転を準備し、腕を縮ませて回転を速くするのは、この**角運動量の保存則**を利用している（図 2-4-12②）。この時、腕を縮ませる際の仕事が運動エネルギーの増分になり、運動量も増加している。

Question！
猫を逆さに落としても足から着地するが、角運動量の保存則はどのようにして満たされているのだろうか？

　準備は整ったので、高速で自転する地球上で、ハドレー循環によって赤道の空気を中緯度まで運ぶ場合を考えてみよう。赤道で静止している大気は、宇宙空間から見ると地球の自転に乗って高速で回転している。このため、大きな角運動量をもっている。赤道は地球の回転軸から遠く、1日1周する際に最も長い円周を周回しているためである。

　この大気をハドレー循環によって中緯度まで運ぶと、どうなるであろう。緯度が上がるにつれて、地球の回転軸からの距離は短くなる。このため、角運動量の保存則から、半径の減少分だけ大気の回転速度が速くなる。これが、地球の自転を追い越す風が吹く理由である。このようにして、中緯度の日本上空には偏西風が卓越することになる。また、同様に考えると、ほぼ静止している低緯度の大気を赤道に運んだ際、赤道上で偏東風（貿易風）が卓越することも説明できる（図 2-4-13）。

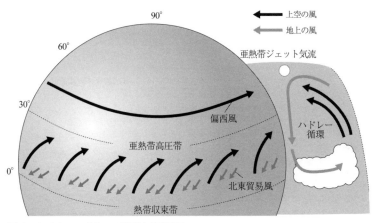

図 2-4-13　ハドレー循環と偏西風

　赤道付近では、高温で水蒸気量を多く含んだ大気が上昇し、積乱雲が発生して、降水をもたらす。水蒸気が凝結する際の潜熱による加熱で、大規模な上昇気流になる。この領域を**赤道収束帯**（熱帯収束帯）と呼ぶ。赤道収束帯で上昇した大気は、緯度30度付近で下降し、**亜熱帯高圧帯**となる。これらの地域では下降気流によって、断熱圧縮による昇温が起こり、大陸では乾燥して砂漠になる。下降した大気は赤道に戻る過程で、やはり角運動量の保存則から、貿易風（偏東風）となる。また、温かい海面から水蒸気を供給されて、赤道収束帯に多量の降水をもたらす。

　このようにハドレー循環は、熱帯で上昇し、亜熱帯で下降する大規模な南北循環である（水平対流）。しかし、自転の速い地球では偏西風が発達し、ハドレーが考えたように地球全体の熱的なアンバランスをハドレー循環だけで解消するわけではない。

4-6. 傾圧不安定とフェレル循環

　ハドレー循環で熱を運べない、中緯度から極側ではどのようにして、熱を輸送しているのであろうか。中緯度では、偏西風が吹き、一見すると南北に熱を運ぶことができないように見える。しかし、この偏西風こそが熱を運ぶ大事な働きを担っているのである。

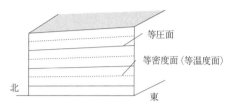

①順圧大気

等圧面

等密度面（等温度面）

北

東

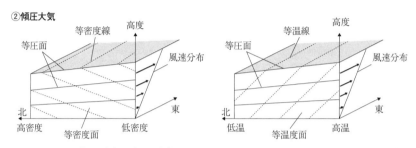

②傾圧大気

等密度線　高度

等圧面

風速分布

北　　　　　　　　東

高密度　等密度面　低密度

等温線　高度

等圧面

風速分布

北　　　　　　　　東

低温　等温度面　高温

図2-4-14　順圧大気と傾圧大気

　地球規模で吹く偏西風においても、コリオリ力は重要である。4-4節で偏西風は、上下に静力学平衡、水平に地衡風が満たされた、力の釣り合った状態で吹き続けていることを学んだ。温度風で考えると、上空にいくほど気圧傾度力が大きくなり、強い西風になる。これが上空で吹くジェット気流である。このように南北に温度差がある状態で西風が吹いている状態を**傾圧大気**と呼ぶ。等密度面と等圧面が一致しないためである（図2-4-14②）。

　偏西風が真っ直ぐ吹いているだけでは、熱は輸送されない。しかし、偏西風は頻繁に南北に蛇行する。この蛇行こそが、中緯度の熱輸送を担っているのである。ここでは、偏西風が蛇行する理由を考えてみよう。

　中緯度では、ハドレー循環によって熱的なアンバランスを解消できないため、南北の温度差が常に大きくなっていく傾向にある。温度風で考えるとわかるように、南北の温度差が大きくなると、南北の気圧差が大きくなり、偏西風はより強く吹くことになる。この状態は不安定であるため、偏西風が蛇行し、渦を巻いて、解消しようとするのである。この渦こそが**温帯低気圧**である。

　図2-4-15は偏西風の蛇行（温帯低気圧）の様子である。ジェット気流の赤道側への張り出しは**気圧の谷**と呼ばれる。上空の冷たい寒気が流れ込んで、南下

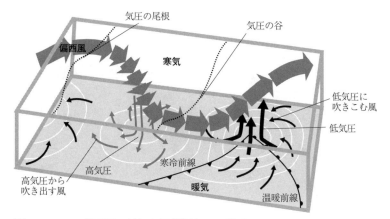

気圧の尾根

気圧の谷

偏西風

寒気

低気圧に
吹きこむ風

低気圧

高気圧から
吹き出す風

高気圧

寒冷前線

暖気

温暖前線

図 2-4-15　偏西風の蛇行と温帯低気圧の構造

しながら下降する。一方、気圧の谷の東側では、暖気が寒気の上を這い上がり、北上しながら上昇する。上昇した暖気は強いジェット気流で運び去られるため、気圧の低い状態は持続する。このように、温帯低気圧は、暖気の北上と上昇、寒気の南下と下降によって、渦を巻くことで熱を運んでいる。中緯度（温帯）の高・低気圧は、南北の温度差が大きくなって、発生した偏西風の蛇行の一部なのである。

　温帯低気圧は寒気と暖気の境界（前線）にできる。北半球では、発達した温帯低気圧の東に**温暖前線**、西に**寒冷前線**が形成される。それぞれの前線では上昇気流によって、水蒸気の凝結が起こり、降水が生じる。温暖前線では暖気の緩やかな上昇によって、乱層雲が形成され、広範囲で降水が生じる。さらに東側では、しだいに上空の雲へと形を変える。山の上にレンズ雲が生じる、飛行機雲が消えにくい、などは天気が崩れる兆しとして知られるが、これは温帯低気圧の東側にある温暖前線の接近を予見できるためである。一方、寒冷前線では、寒気が潜り込んで、暖気が急激に上昇するため、狭い範囲で急速に積乱雲が発達し、激しい雨や雷を生じる傾向がある（図2-4-16）。

　低気圧の西側の寒冷前線が温暖前線に追いつくと**閉塞前線**が形成され、暖気が地上から切り離されて、上空に押し上げられる。こうして、渦を巻く原動力がなくなると、やがて低気圧は衰弱していくことになる（図2-4-17 I）。1920 年

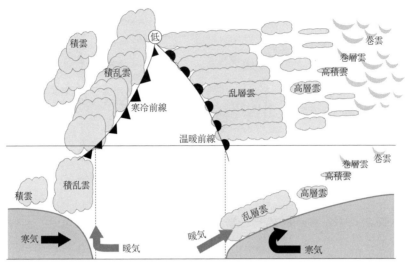

図 2-4-16　寒冷前線と温暖前線

代にビヤークネスによって提案されたノルウェー学派のこの**概念モデル**は、地上での観測をもとにしているため、不十分な点もある。このため、最近では新たな概念モデル（図2-4-17Ⅱ）が提案されている。まず、低気圧の発生とともに前線が生じる（①）。次に、低気圧の中心付近で前線が断裂する（②）。寒冷前線は東に進み、温暖前線に垂直に近い角度をもつ、**Tボーン構造**ができる（③）。最盛期には、低気圧の中心付近に**暖気核**が生じ、閉塞前線は生じない（④）。日本近海で急発達する**爆弾低気圧**には、このタイプのものが多い。

　ハドレー循環（直接循環）によって熱を運べない中緯度では、偏西風の蛇行という新たな形態によって、南北の温度差が解消される。その生成物こそが日々の天気を左右する温帯低気圧である。温帯低気圧のエネルギー源も太陽のエネルギーである。寒気の下降は渦（風）の**運動エネルギー**をもたらす。南北温度差が蓄積され、重たい寒気の重心が高くなる（図2-4-18①）と、上部に溜った**位置エネルギー**が渦の発達に使われて（図2-4-18②）、温度差を解消すべく温帯低気圧の渦が発達する（図2-4-18③）。

　大気大循環の構造を図2-4-19に示す。低緯度では熱的な直接循環であるハドレー循環によって、熱が中緯度に運ばれ、**亜熱帯ジェット気流**ができる。中緯

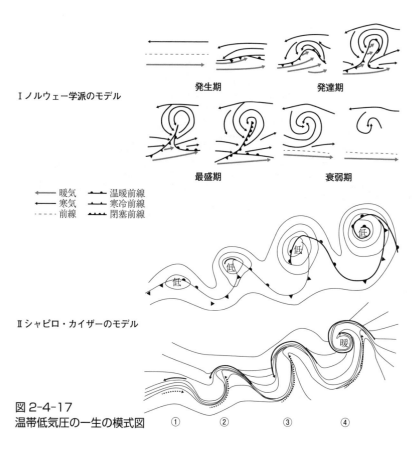

Ⅰ ノルウェー学派のモデル

発生期　　　　発達期

最盛期　　　　衰弱期

暖気	温暖前線
寒気	寒冷前線
前線	閉塞前線

Ⅱ シャピロ・カイザーのモデル

図 2-4-17
温帯低気圧の一生の模式図　①　　②　　③　　④

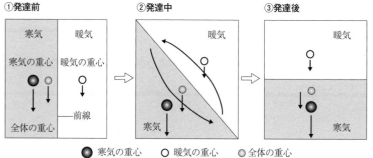

①発達前　　　②発達中　　　③発達後

寒気　暖気

寒気の重心　暖気の重心

全体の重心

暖気

寒気

暖気

寒気

●寒気の重心　○暖気の重心　●全体の重心

図 2-4-18　温帯低気圧のエネルギー

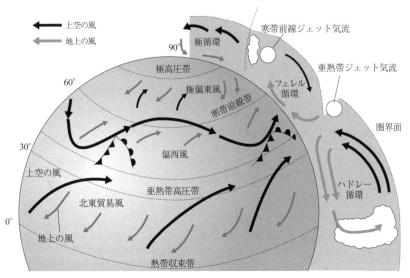

図2-4-19　大気の大循環の模式図

度では、高温域で下降、低温域で上昇する、通常の水平対流と反対の循環が生じ、フェレル循環と呼ばれる。経度方向に平均することで生じる見かけの循環であるため、間接循環とも呼ばれる。フェレル循環では、温帯低気圧によって熱輸送がなされている。極では再び直接循環である極循環が生じている。

　温帯低気圧による熱輸送（フェレル循環）は、偏西風を維持しながら熱を南北に輸送できる、高速に自転する地球上で、最も効率のよい熱輸送の形態なのである。

> **Question！**
> もし地球が自転していなかった場合、どのような大気の大循環が生じるだろうか？

5. 海洋の構造

　地球は水の惑星と呼ばれる。海洋は地表の70%を占めていて、地球上の水の97%以上を保有する。海は生命の誕生にとって、不可欠な存在である。ここでは海の組成と海洋の層構造を概観し、海面の運動である波と潮汐について考えてみよう。

5-1. 海水の組成

　2000年以上も前から、ポリネシア人は太平洋の島々を渡り、ヨーロッパの3倍もの面積で生活していたという。15世紀半ばから始まった大航海時代には、西洋人が世界を船で探検するようになり、海流の知識などが次第に広まっていった。しかし、科学的に海の調査が行われるようになるのには、19世紀後半のチャレンジャー号の出現を待たなくてはならない。チャレンジャー号による1,251日にわたる航海は、現在でも重要なさまざまな研究成果をもたらした。例えば、200 m以深の深海の温度変化が小さいことや深海生物の発見などである。

　海水には、塩類が溶けていて、その濃度（塩分）によって、密度が変化する。大気が温度と圧力のみで密度変化するのと異なる点である。塩分は海水1 kg中に含まれる塩類の質量（g）の総和で示し、‰（パーミル）という単位を用いる。

　チャレンジャー号の調査により、塩類の組成比（表2-5-1）は世界中のどこでもほぼ一定であることも発見された。長い年月をかけて、海はよく混合されてきたのである。

Question！
なぜ海水はNaとClが多く、塩辛くなったのか考えてみよう。

　一方で、塩分の濃度は場所や深さに大きく依存する（図2-5-1）。外洋域では33〜38‰であるが、淡水の流れ込む大河川の河

表2-5-1　海水の組成

成分	濃度（g/kg）	質量百分率（%）
Cl^-	19.353	55.04
Na^+	10.76	30.60
SO_4^{2-}	2.712	7.71
Mg^{2+}	1.294	3.68
Ca^{2+}	0.413	1.17
K^+	0.387	1.10
HCO_3^-	0.142	0.40
Br^-	0.067	0.19
$B(OH)_3$	0.026	0.07
Sr^{2+}	0.008	0.02
F^-	0.001	0.003
合計	35.163	99.983

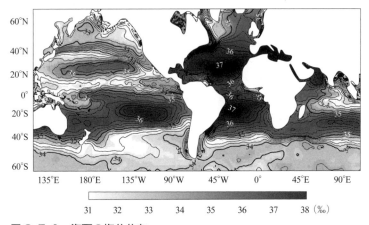

図2-5-1　海面の塩分分布
出所：http://www.salinityremotesensing.ifremer.fr/sea-surface-salinity/salinity-distribution-at-the-ocean-surface

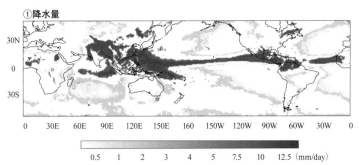

①降水量

出所：http://www.salinityremotesensing.ifremer.fr/sea-surface-salinity/salinity-distribution-at-the-ocean-surface

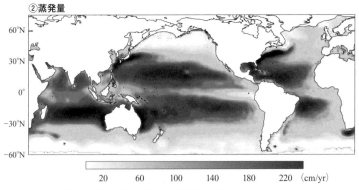

②蒸発量

図2-5-2　海面の降水量（上）と蒸発量（下）
出所：http://climatedataguide.ucar.edu/climate-data/trmm-tropical-rainfall-measuring-mission

口付近（アマゾン川やガンジス川など）では、濃度が低くなる。また高緯度域では、冬季に凍結する際、水のみが凍るため濃度が高くなり、夏季に氷が融解する際、濃度が低下する。

　また、大洋の表層では、蒸発量と降水量によって、**塩分濃度**が変化する（図2-5-2）。亜熱帯の海上では、亜熱帯高気圧による晴天下の日射による蒸発が、降水量を上回るため、塩分が高くなる。蒸発した水蒸気は熱帯収束帯で多量の降水をもたらし、この海域の表層の塩分を低くする。中緯度の海上でも温帯低気圧による降水量が蒸発量を上回るため、表層の塩分は低くなっている。

5-2. 海洋の層構造

　海洋も大気と同様に鉛直方向に層構造をなしている。大気と異なり、海洋では水温以外にも、塩分濃度が安定度（成層）に影響することに注意しなければならない。表層では、風や波によるかき混ぜ、海面での冷却による対流などで、水温が深さによらず一定となる。この一様な層を**表層混合層**と呼ぶ。その下には、鉛直方向に温度変化の激しい、**水温躍層**が存在する（図2-5-3）。

　表層混合層は季節によって大きく変化する。中緯度では、春から夏にかけて、冷却と風によるかき混ぜの効果が弱まるため、表層混合層は薄くなる。特に夏の表層混合層では薄い層が日射で加熱されて、温度上昇が激しい。夏の薄い表層混合層の下には、上部まで水温躍層が広がってくる。秋になると、温帯低気圧が通過し、冷却と風によるかき混ぜにより、しだいに表層混合層が深まっていく。夏の薄い表層混合層の下にある水温躍層の冷水を取り込むため、深まった表層混合層は低温化する。冬場は低気圧が活発になり、海上風も強まるため、中緯度の海域では表層混合層は100 mを超えて非常に深くなり、低温になる。このように表層混合層の季節変化は中緯度で特に明瞭で、夏に高温で浅く、冬に低温で深い（図2-5-4）。

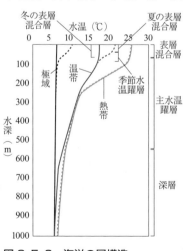

図2-5-3　海洋の層構造

熱帯から中緯度の海域では、表層混合層の下に、鉛直方向の温度変化が大きい**主水温躍層**が存在している（図2-5-3）。強い表層の海流を挟んで、主水温躍層は暖水側で急に深くなるが、これは風と同様に、地衡流（温度風）の関係を満たすためである。主水温躍層の厚さは数百mにも及ぶが、その下では水温は深さと共に緩やかに低下して、水温がほぼ一様な深層の水につながっている。一方、高緯度の海域では表層から深層にかけて冷たい水が広がっており、主水温躍層は明瞭ではない。

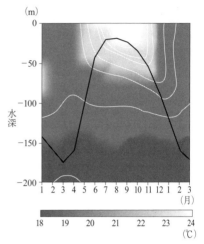

図2-5-4　混合層の季節変化（黒線）

このように海水は、温度と塩分で特徴づけることができ、それぞれの海域で異なる。これを調査することで、海洋の運動を推定することが可能になる。自動的に浮き沈みする観測機（アルゴフロート）は世界の海洋に約4,000台も配置されている。

5-3. 海水の振動

海辺にいつもある波。浜辺で見る穏やかな波はとても心地よい。一方で、荒れ狂う波は恐ろしく、津波は大きな被害をもたらす。ここでは、これらの波の原因を考えよう。

水面の波の原因は風である。風が直接、海面の水を吹き流してできる波を**風浪**（ふうろう）と呼ぶ（図2-5-5①）。強風では波が大きくなって砕波する。これが白波である。台風などで、強い風が長距離、長時間、同じ方向に吹き続けると、波は大きく発達して**高波**となる。一方、風のない日でも、穏やかな波が遠方から伝わってくることがある。**うねり**と呼ばれる波である（図2-5-5②）。うねりも遠い海上で吹く風で作られたものであるが、長距離を長時間かけて伝播するために、波がしらが丸くなっている。うねりの大きなものに、南方の海上で台風が作る土用浪（どようなみ）や、南極や北極でブリザードが作るビッグウェーブ（サーフィンの名

所で呼ばれる）などがある。

　水面の波の運動の様子はどんなものだろうか。遠くに浮かぶ浮輪はいつまでたっても、波に運ばれて近づいては来ない。なぜなら、水は波の通過に伴って、図2-5-6のように円を描くように上下に運動するのみで、横に移動しないためである。波はエネルギーのみを伝えるだけで、媒質自体（海水）が運ばれているわけではない。この円運動は表層のみで生じるため、海の深いところでは、海底の影響を受けない。一方、浜辺付近で水深が浅くなると、円運動で海底を掘り起こすような運動になるため、海底の砂が巻き上げられる。また、海底の摩擦の影響のため、上層が速く、下層が遅くなり、海水が進行する方向に移動し、波がしらが崩壊する。これを砕波と呼ぶ。海岸に打ち上げられる貝殻や海藻はこのようにして、運ばれたものである。

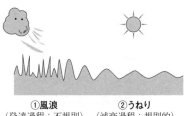

①風浪
（発達過程：不規則）

②うねり
（減衰過程：規則的）

図2-5-5　風浪とうねり

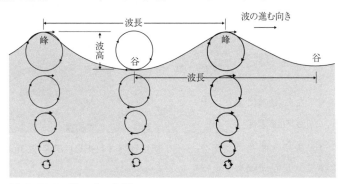

図2-5-6　波の水の運動

　波は海岸に打ち寄せる。それでは、打ち寄せた水はどうやって、海岸から**離れる**のだろうか。海岸には**離岸流（リップカレント）**と呼ばれる、水の戻り道がある（図2-5-7）。海岸に打ち寄せられた水（向岸流）は、並岸流として海岸に沿って移動し、細く強い流れになって沖に向かう（離岸流）。局所的な強い流れで、海難事故の原因にもなるため、注意しなければならない。

　風以外で生じる波で、最も危険なものが**津波**である。津波の主原因は地震で、

海底火山の噴火や地滑りなどでも生じる。海底の一部が急激に励起や陥没すると、海水が急激に上下するため、津波が発生する。特に大きな津波は、プレートの沈み込みに伴って起こる海溝型の巨大地震で生じる（第1部3-2）。発生した津波は深さの平方根に比例した速さ（$v=\sqrt{gH}$：g は重力加速度、H は平均水深）で伝わる性質がある。海の平均の深さは 4 km であるため、秒速 200 m、すなわち時速 720 km にも達し、地球の裏側からでも 1 日程度で伝わってくる（図 2-5-8）。

　深さが浅くなる海岸に接近すると、津波の伝播速度は遅くなる。また、海底の影響を受けて、波の間隔も詰まり、波の高さ（波高）が高くなる（図 2-5-9）。浅い海域でのこのような変化は、浅水変形と呼ばれる。湾では 1 カ所に水が集まるため、さらに波高が高くなる。

　波以外にも海面の上下振動を引き起こすものがある。

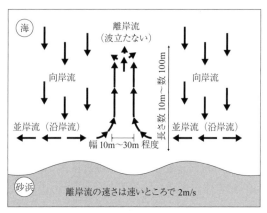

図 2-5-7　離岸流

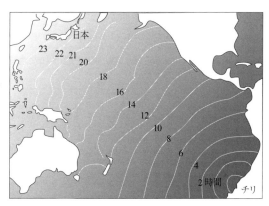

図 2-5-8　チリ地震（1960）の津波の伝播

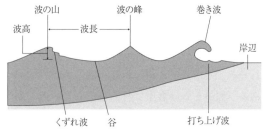

図 2-5-9　浅水変形

それが潮の満ち引きである。潮の満ち引きは1日に約2回ずつ満潮と干潮があるが、正確な周期は1日より少し長く、約25時間である。この潮の満ち引きの原因は何であろう。

　月の公転は27.3日、南中周期は約25時間である。この月こそ、潮の満ち引きの原因に他ならない。月は地球の重力で公転しているが、月も質量があるため万有引力をもつ。作用反作用の法則から月も地球を引っ張っている。この月の引力に地球の海水が引かれるため、南中の際に最も潮が満ちるのである。

　このように他の天体が及ぼす力による影響を**潮汐**（天文潮）と呼ぶ。それでは、1日2回ずつ満潮や干潮が起こるのはなぜだろう。これには、月が地球を振り回す遠心力が効いている（図2-5-10①）。地球が月を振り回すように、地球も月に振り回されている。月が真上にあると起潮力が勝り、地球の裏側では遠心力が勝って、満潮になる。

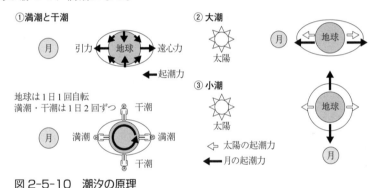

図2-5-10　潮汐の原理

　この月による潮汐を起こす力を**起潮力**と呼ぶ。また、月ほどではないが、太陽の起潮力も効く。これが大潮と小潮の原因である。月と太陽が一直線に並ぶとき、すなわち、満月や新月の際には、それぞれの起潮力が合わさって大潮となる（図2-5-10②）。月と太陽が地球から見て直角になるとき、すなわち上弦や下弦の月の際には、それぞれの起潮力が打ち消されて小潮になる（図2-5-10③）。

　台風の接近などにより、洪水をもたらす原因が**高潮**である。高潮は高波と違って、潮が高い現象であるが、その典型的な3つの原因は、①風による吹き寄せ、②台風の気圧低下による吸い上げ、③満潮である（図2-5-11）。

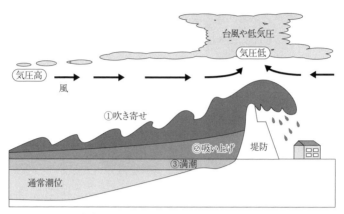

図2-5-11　高潮の原理

　また、潮の満ち引きに伴い、海水の流れが生じるが、これを**潮流**と呼ぶ。鳴門の渦潮はまさにこの潮流による。イタリアのメッシーナ海峡、カナダのセイモア海峡とともに世界三大潮流の一つである。潮汐によって生じた、瀬戸内海と紀伊水道の水位差を解消しようと、狭い鳴門海峡を潮流が通過する際、流れの不安定により渦が巻く。潮流の速さは時速20 km 以上にもなる。

Question！
地球の自転は長い年月で遅くなっているが、その原因は何であろうか？

6. 海洋の大循環

海洋の大循環は大気と同様に地球の熱を運び、気候に大きな働きをもたらす。表層の循環は風で生じるため、風成循環と呼ぶ。一方、深層の循環は熱以外に塩分濃度も重要であり、熱塩循環と呼ぶ。ここでは、これらの海洋の大循環を考える。海洋の大循環を駆動しているのも、やはり太陽のエネルギーである。大気と同様に地球の自転の効果も大事になる。海洋では、大気と異なり、陸地によって領域が区切られていることも考慮しなくてはならない。

6-1. 風成循環

表層の海水はまとまった流れを作っており、これを海流と呼ぶ。北大西洋にある強い海流は**湾流**（Gulf Stream）と呼ばれ、1513 年にはすでに文献に記載がある。スペイン船はアメリカ大陸に向かう際、赤道北側で西向きの北赤道海流に乗り、アメリカからヨーロッパに向かう際には、湾流に乗るように航海したと伝えられている。また 1770 年には、アメリカのフランクリンがヨーロッパからの郵便船の遅れを解消するために、漁師に湾流を描かせたという逸話がある。

それでは、世界の海流について見てみよう。海流の季節による変動は、インド洋を除いてそれほど大きくないため、だいたい図 2-6-1 のような流れがいつも存在している。大きな特徴として、亜熱帯の海域では、どこの海洋にも高気圧渦の形で海流が存在している。これらは**亜熱帯環流**（循環）と呼ばれる。特に海洋の西岸沿いでは、幅の狭い強い海流になっている。これについては 3 節で考える。また、北半球の亜熱帯より北側では、低気圧性の渦の形の環流がある。一方で、南半球の北側には低気圧性の渦は存在しないが、南極大陸を囲むように**南極環流**が存在している。赤道の北（南）には北（南）赤道海流が存在し、北と南の赤道海流の間には赤道反流が存在する。

この海流はどのようにして生じるであろう。海流は基本的に表層が一番速く、深くなるほど遅い。また、上述したようにインド洋を除いて、海流の季節変動は少ない。しかし、インド洋では季節で海流が反転する。大気の章で、この地域には季節で反転する風、モンスーンが存在していたことを思い出してみよう。

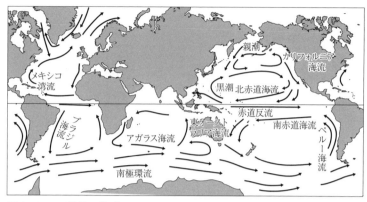

図 2-6-1　世界の海流

　インド洋の海流が季節で反転するのは、モンスーンが存在するからである。す
なわち、海流の原動力は、海上を吹く風である。図 2-6-1 を見ると、大気の高
気圧と同様の亜熱帯環流が大洋上に存在していることがわかる。また、赤道付
近で貿易風（偏東風）が吹くため海流は東から西に、中高緯度で偏西風が吹く
ため海流は西から東に、流れているように見える。

　大陸に挟まれた領域では、環流ができる一方、南半球では大陸に挟まれない
緯度帯が南極周囲に存在する。このため、偏西風に吹き流され続け、地球を一
周する南極環流が存在しているように見える。これらの緯度帯では、風が強く
波が高いため、各緯度帯に吠える 40 度、狂う 50 度、絶叫する 60 度、と名前が
ついている。

　これらの風によって駆動される海流を**風成循環**（ふうせい）、もしくは表層の循環のため、
表層循環と呼ぶ。しかし、次節で説明するように、海流は単純に風が吹く方向
に流れるわけではない。また、風と同様に、海流も流れ続けるためには力のバ
ランスが必要であることを忘れてはいけない。

　ここではまず、海流のバランスを考えよう。偏西風と同様に、地球規模の海
流においても地球の自転の効果が重要である。例えば、日本の南岸を東向きに
流れる**黒潮**では、進行方向の右向きに南向きのコリオリ力が働いている。海流
が南に曲がらないのはなぜであろうか。日本の海域の海面高度を図 2-6-2 に示
す。黒潮の南側で海面高度が高く、北側で低くなっていて、その差は約 100 cm

（幅は約100 km）にも達している。
同じ深さで比べれば、海水による
圧力（水圧）は南側のほうが大き
くなり、北向きの圧力による力
（圧力傾度力）が働くことになる。
黒潮はこの圧力傾度力とコリオ
リ力がほぼ釣り合うことによって、
流れているのである。偏西風がコ
リオリ力と気圧傾度力の釣り合
いを保って、地衡風として吹き続
けるのと同様である。このように
海流は温かい海域と冷たい海域
の境目に流れている。

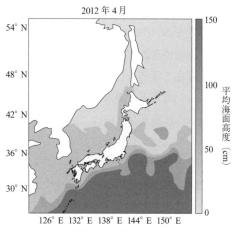

図2-6-2 黒潮と海面高度

　圧力傾度力とコリオリ力の釣り合いが
成り立つ海流を**地衡流**と呼ぶ。地衡流は
海面高度の等値線に沿って流れる。地衡
風が等圧線に沿って吹くのと同様である。
地衡流は赤道域を除く、すべての海域で
成り立っている。等値線が混み合う部分で
は、圧力傾度力が大きくなるため、釣り合
うコリオリ力を大きくするべく流速が速
くなる（図2-6-3）。赤道で成り立たない
のは、コリオリ力が働かないためである。

図2-6-3 日本近海の海流

6-2. エクマン輸送

　次に海上で風が吹いた場合に、海水にどのような力が働くかを考えよう。風
が吹く方向に海水が動かないことを確認したのが、ノルウェーの英雄ナンセン
である。ナンセンは1893年、砕氷船のフラム号に乗って、北極点の探検に向
かった。それ以前に漂流した船などの情報から、北極海に北極点近くを通る海
流があると考えたのである。氷に閉ざされても大丈夫な船を造り、大量の食料

と燃料を積み込んで出港した。残念ながら、ナンセンの予想通りには北極点に到達できなかったが、この探検は海洋学に大きな発見を残した。それが、風に対して海流の運動方向が30度から40度右にずれるというものである。

　この理由を解明したのが、ナンセンに依頼されたスウェーデンの海洋物理学者エクマンである。海水に働く摩擦によって、表層の海水は風の方向に力を受ける。これは海面に近いほど顕著である。一方、赤道上以外の海域では、風によって生じた海水の運動にコリオリ力が働くため、北半球で運動は右に逸れることになる。同様にこの流れは、より深い海水の運動を流れの摩擦によって駆動する。この深い海水の運動もコリオリ力で右に逸れる。このようにして、海水の流れは深さとともに弱まりながら、右向きに方向を変えていくことになる（図2-6-4右）。

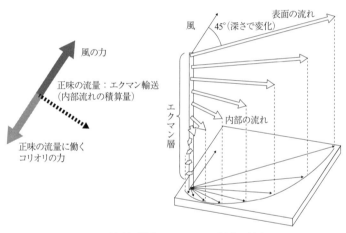

図2-6-4　エクマン輸送（左）とエクマン螺旋（右）

　北半球では風の吹く向きに対して、右回り（時計回り）に螺旋を描くような流れの分布になり、**エクマン螺旋**と呼ばれる。また、風によって生じる海面付近の海水の運動をエクマン吹送流と呼ぶ。摩擦力の影響が及ぶ海洋表層は**エクマン層**と呼ばれ、その深さは数十m程である。地表付近の風にも同様のエクマン層が生じている。

　エクマン層全体の働きを考えてみよう。海面のすぐ下では風下に海水は流れるが、しだいに方向を変えるため、より深い部分では風上にも流れる。このた

め、エクマン層全体では、上層と下層で風と平行な流れは打ち消されて、正味として海水は風向きと直交する向き、北半球では右向きに輸送される。この輸送を**エクマン輸送**と呼ぶ。エクマン輸送に右向きのコリオリ力がかかると、風を打ち消す方向になる。つまり、風に対する摩擦をエクマン輸送に働くコリオリ力がもたらすことになる（図2-6-4左）。

　北半球で亜熱帯高気圧に働くエクマン輸送を考えてみよう。北半球では右向きにエクマン輸送が働くので、高気圧の場合、内向きにエクマン輸送が生じ、流れが収束するために下降流が生じる（図2-6-5①）。一方、亜寒帯の海域ではアリューシャン低気圧やアイスランド低気圧が存在する。これらの低気圧の海上風では、高気圧と反対に外向きにエクマン輸送が生じ、流れが発散するために上昇流が生じる（図2-6-5②）。上昇流は深層からの栄養分に富んだ水を湧き上がらせるため、プランクトンが発生し、よい漁場となる。

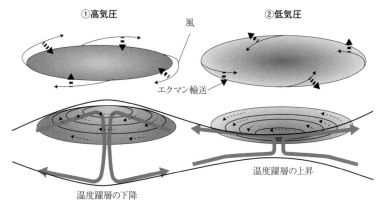

図2-6-5　高低気圧とエクマン輸送

　大陸と海洋の境界ではどうだろうか。亜熱帯では、亜熱帯高気圧の中心が海水の冷たい大洋東部に偏ることに伴って、沿岸で東向きの気圧傾度力が強くなる。これに伴って、沿岸を赤道向きに吹く風が強く、エクマン輸送も大陸西岸（大洋東部）で大きくなる。この輸送によって、失われる表層の水を補うため、深いところから水温の低い水が湧き上がり、海面水温が低くなっている。これを**沿岸湧昇**（ゆうしょう）と呼ぶ（図2-6-6①）。また、東風の貿易風が吹く赤道周辺では、エクマン輸送によって、北半球では北向きに、南半球では南向きに、海水が運ばれ

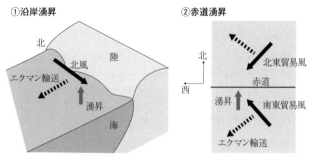

①沿岸湧昇

北

北風

陸

北

北東貿易風

エクマン輸送

湧昇

海

②赤道湧昇

赤道

湧昇

南東貿易風

エクマン輸送

西

図 2-6-6　沿岸湧昇と赤道湧昇

る。このため、赤道で水温の低い水が湧き上がる。これを**赤道湧昇**と呼ぶ（図2-6-6②）。特に太平洋の東部で海面水温が低くなっている。

　以上、見てきたように風の吹く方向に地球の海流は流れない。これは直感に反するであろう。実際、浅瀬や桶の水など、海のように深くない水では風の方向に水は流れる。また、深い水であっても、吹き始めは風の方向に水が流れる。時間や空間スケールの長い現象に対してのみ、コリオリ力が重要になること思い出しておこう。

6-3. 西岸強化

　環流はどこでも同じ速さで流れていない。それはなぜだろうか。コリオリ力は高緯度ほど大きく、低緯度では小さくなり、赤道上では働かない。このコリオリ力が緯度変化することで、循環の西側に強い海流ができる。これを西岸強化流と呼ぶ。黒潮や湾流は**西岸強化**により時速 10 km にもなり、世界で最も強い海流となっている。

　また、海流は南北の熱のアンバランスを解消する働きをしている。低緯度で温められた海水は西岸強化によって極向きの強い暖流となり、高緯度地域を温めて、ヨーロッパに西岸海洋性気候をもたらしている。同緯度の大陸東岸であるサハリンが非常に寒いのとは対照的である。

　ここでは西岸強化のメカニズムを考えてみよう。環流には流れの各部でコリオリ力がかかる。もしコリオリ力が緯度で変化しなければ、西岸強化は起こらない（図2-6-7①）。しかし、地球の自転の速度差は緯度で異なるため、コリオ

リ力は緯度によって変化する。低緯度側の西向きの海流には北向きのコリオリ力がかかるが、高緯度側の東向きの海流にかかる南向きのコリオリ力より弱い。このため、環流の西側を除く広い範囲で海水は低緯度側に押し流される。環流の西側では狭い領域でたくさんの海水を運ぶために、流れが速くなるのである（図 2-6-7②）。

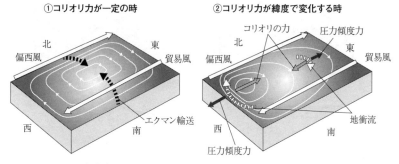

図 2-6-7　西岸強化のしくみ

6-4. 深層循環

　ここまで、表層の海流が風によって生じることを見てきた。それに対して、深いところの海水はどうだろうか。海洋は密度成層しているために、表層の水と深層の水を交換することは難しく、酸素が交換されなければ深海に生き物も存在できないだろう、と考えられてきた。しかし、チャレンジャー号の航海によって深海生物が発見されて以降、深海にはたくさんの生物が生活していることが明らかになっていった。深層に酸素を供給するメカニズムが存在したのである。ストンメルは、核実験によって生成された水素の放射性同位体が、世界中の海水に含まれる量を調べた。これにより、表層の海水が深層のどこに進んでいくのかが明らかにされたのである。

　この観測結果を基に、1987 年にはブロッカーが海洋の大循環がコンベアベルトのように流れていることを提唱した。深層水は北大西洋で作られて沈み込み、大西洋を南下する。そして、南極海で周極流に乗って東に流される。一部はインド洋に入り、北上して湧昇する。また、太平洋を北上し、湧昇した海水は、インドネシアの付近をインドネシア通過流としてインド洋に入り、インド洋の湧昇した海水と合流して、大西洋に戻ってくる（図 2-6-8）。一周約 1500 年の非常

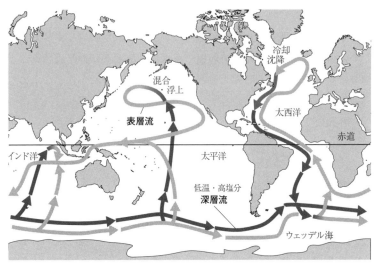

図2-6-8　深層循環の概念図

にゆっくりとした循環である。この循環は表層のみならず深層水も移動するため、
深層循環と呼ばれる。南極周辺の子午面循環が抜けているなど、不十分な点は
あるが、おおまかな描像として正しい。現在では、南極オーバーターンと呼ばれ
る、南極周辺を沈み込みの起点とした新しい深層循環の描像に進展している。

　さて、この深層循環の原因は何であろうか。海水は塩分濃度と温度によって、
密度が変化する。純水は塩水に比べて軽い。また、一般に温度が低くなると海
水は重くなる。水の特殊な性質として、4℃の水が一番重くなる。これによって
氷が浮くことになる。また、同じ密度であっても、塩分と温度が異なる水を混
ぜると、混ぜる前より重たくなるという、奇妙なことが起きる可能性がある（図
2-6-9①）。これを**キャベリング**という。また、海水は圧力が高いと収縮して密
度が高くなる。これは空気と同様であるが、その圧縮率は水温が下がると高く
なり、**サーモバリシティ**という。水深が約2,000 m（20 MPa）の場合、表層では
同じ密度だった海水は、低温の海水のほうが高密度になっている（図2-6-9②）。

　北大西洋では、グリーンランドや北極の海氷によって、表層海水が約0℃に
冷やされ、密度が増加する。また氷床の発達によって、塩分濃度も高くなり、沈
み込みが可能になる。こうして生じた冷たく塩分濃度の高い（重たい）海水は、

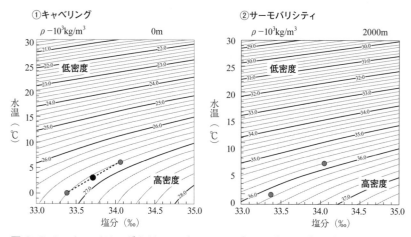

図2-6-9　キャベリングとサーモバリシティ（T-Sダイアグラム）

混合しながら、キャベリングとサーモバリシティによってさらに密度を増して、沈降流となる。深海底までゆっくり沈んだ深層水は、その後、世界中へと広がっていくのである。このような沈み込みは、南極周辺でも生じている。

　それでは、一度、沈み込んだ水はどうなるのだろうか。海水は深海を長く移動する間に次第に塩分濃度を下げる。一方で、表層からは沈降してくるプランクトンの残骸（**マリンスノー**）によって栄養分の供給がある。深海に多様な生態系が育まれるのはこのためである。沿岸湧昇や赤道湧昇など、栄養分の豊富な深層水が湧昇するところでは、プランクトンが発生し、良い漁場になる。

　深層循環は約1500年かけ、太平洋の北部の浅い海域で淡水の流入と低塩分化によって上昇する。大気と海洋の熱交換に熱容量の大きな全海水が関わるため、地球規模の気候の安定化にも重要な働きを担っている。また、海面から溶け込んだ二酸化炭素も海洋全体に運んでいる。

> **Question！**
> 地球温暖化によって、深層循環が停止する可能性が指摘されているが、その理由は何であろうか。また、深層循環が停止するとヨーロッパは寒冷化するといわれているが、その理由は何であろうか？

コラム　ホッケ柱

　鮴_{ホッケ}は、日本海に生息する美味しい魚である。旬は北海道のサクラの時期、5月から7月、脂_{あぶら}ののりが良いという。通常、海底に定着して、上から降ってくるプランクトンを食べている。しかし、奥尻島などの北海道の日本海沿岸周辺では、春から初夏にかけて、海面のプランクトンを群れで引き込んで捕食する習性がある。ホッケ柱と呼ばれる現象である。

　春先になり、日射が増加すると、大量の植物・動物プランクトンが海面付近に発生する。しかし、ホッケがこれらのプランクトンを食べようにも、そこには天敵のカモメが待ち構えている。そこでホッケが編み出したのが、プランクトンを水中に引き込み、安全に食べる方法である。

　水中に引き込むためには、下降する水流を作る必要がある。しかし、1匹のホッケが作ることができる下降流は大きくない。海面近くで群れになって上向きに泳ぐことで、大きな下降流を作るのだ。その数、3〜6万匹、直径3m、高さ20mにもなる柱状の現象である（図2-6-10）。

　大きな下降流は、お風呂の栓を抜いた場合と同様に、渦巻きを作る。これは偏西風の成因と同じく角運動量の保存則で説明できる。竜巻も強い上昇気流による渦巻きである。こうして、ホッケは巨大な渦巻きの下降流により、プランクトンを水中に引き込んで、安全に捕食する。生物の驚くべき知恵である。

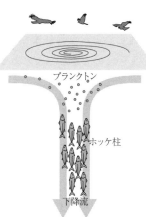

図2-6-10　ホッケ柱

7. 大気と海洋の相互作用

　海洋と大陸の温度差によって、大気の運動、すなわち風が生じる。また、大気の風は、海洋の表層の運動を引き起こす。大気や海洋はそれぞれ独立に振る舞っているわけではなく、互いに作用し合っている。大気と海洋の大循環は、地球の気候を形成し、地球規模での物質の循環も担っている。この章では大気と海洋の相互作用がもたらす、さまざまな現象を考えよう。

7-1. 世界の気候と日本

　日々変化する気象を、長い時間や広い場所での平均的な状態で表したものが気候である。19世紀末から20世紀にかけて、ケッペンは植生に注目して、世界の気候を区分した（図2-7-1）。植生を作るのは気温と降水量である。**ケッペンの気候区分**は簡単に気候を分類でき、汎用性が高かったため、一部に改良が加えられて、現在でも使用されている。

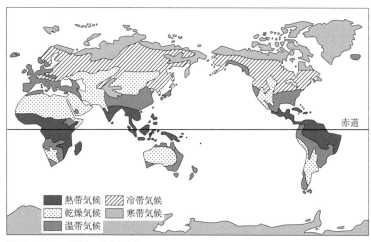

図2-7-1　世界の気候区分

　地球の気候は大気や海洋の大循環で決まる。基本的に低緯度が暖かく、高緯度が寒いため、大陸の西岸では、順に熱帯、乾燥帯、温帯、冷帯、寒帯へと、赤

道から極に向かって変化する。ハドレー循環の上昇域では、熱帯収束帯による雨が降り、高温多湿な**熱帯雨林気候**になる。また、大陸のハドレー循環の下降域では亜熱帯高圧帯が一年を通して停滞するため、**砂漠気候**になる。

　また、地球は地軸が傾いて、公転するため、太陽光の直下点は一年で南北に移動する。熱帯収束帯も南北に移動するため、乾季と雨季が年に2回ずつ訪れる。熱帯と乾燥帯の境界では、冬に乾季が訪れる**サバナ気候**となり、乾燥帯と温帯の境界には、夏に乾季が訪れる**地中海性気候**となる。特に地中海周辺では、海による保温性が高く、一年を通して安定した気候になる。季節で変化する風、モンスーンの影響によって、大陸の東岸では、砂漠気候がないことにも注意が必要である。モンスーンによる大量の降水は、アジア域でのコメ作を可能にし、高い人口密度にもつながっている。

　西岸強化された海流が高緯度まで熱を運ぶ地域では、高緯度でも比較的暖かい**西岸海洋性気候**となる。また、高緯度の大陸の内部では、海の保温効果の影響が小さくなるため、夏は日射で暖かくなり、冬は放射冷却で寒くなる。これが**冷帯気候**である。さらに内陸の高緯度では、温度変化が大きくなり、寒帯気候になる。標高の高い地域では、冷涼な高山帯になる。南極では陸氷が年中覆っており、北極では海氷が冬場のみ発達する。この冷たい氷の量の違いが、両極間の気候の違い、大きな平均気温の差を作っている。

　それでは日本の気候はどうなっているのだろうか。日本は季節の変化が明瞭である。それは、日本が中緯度の温帯に位置し、北のシベリア大陸からの寒気や南の太平洋からの暖気の影響を受け、偏西風（ジェット気流）の通り道に位置していることによっている。また、日本は南北に長い島で、山間の地形が多く、親潮やリマン海流の寒流、黒潮や対馬海流の暖流の影響を受けて、多様な気候を形成している（図2-7-2）。

　日本の気候はほとんどが温帯に属する。しかし、南北に細長いため、北と南では気候が大きく異なる。北海道は冬の気温がとても低く冷帯、琉球諸島や小笠原諸島などの南の地域は亜熱帯である。また、山脈によって、太平洋と日本海側の地域で気候が変わる。内陸部の高地では、盆地で風の影響を受けにくい、中央高地型気候である。瀬戸内海周辺では、山地に囲まれて雨の少ない、瀬戸内海型気候である。次節で見るように、日本の四季には季節風が大きく影響し、

それぞれの場所での気候に大きな違いをもたらすことになる。

　気候を判断するために使われるのが**平年値**である。これは過去の気象データの30年間の平均で定義される。**異常気象**は、この30年を基準として、30年に1度の特別な現象を指す。異常気象は、気候が変

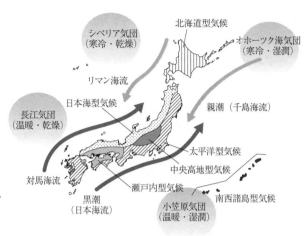

シベリア気団
（寒冷・乾燥）

北海道型気候

オホーツク海気団
（寒冷・湿潤）

リマン海流

日本海型気候

親潮（千島海流）

長江気団
（温暖・乾燥）

対馬海流

太平洋型気候

中央高地型気候

瀬戸内型気候

南西諸島型気候

黒潮
（日本海流）

小笠原気団
（温暖・湿潤）

図2-7-2　日本の気候

化していなくても30年に1度くらいは起こるものである。次章で扱うように、地球の気候はさまざまな要因で変化する。このため、現在の気候が変化していて、30年前とは異なっている場合には、平年値が意味をなさないこともある。

7-2.　日本の四季

　この節では、日本の季節の変化を見てみよう。春の訪れを感じさせるものは何だろうか。鶯の鳴き声や菜の花、梅や桜の開花など、人それぞれにあるだろう。俳句の季語に代表されるように、古くから日本ではさまざまな場面で季節の感覚をとても大切にしてきた。四季の変化が豊かな、日本人の感性を忘れないようにしたい。

　「春に三日の晴れ間なし」というように、春の日本の天気の特徴は、移動性の高低気圧による変わりやすい天気である。五月晴れによる行楽をイメージしがちであるが、春は一年を通して最も風が強い季節でもある。上空の寒気で急激に発達する**寒冷渦**（**寒冷低気圧**）はメイストームと呼ばれ、しばしば爆弾低気圧となるので、特に気をつけたい。また、日本海側を通過する低気圧に流れ込む風は、山越え気流となって日本海側にフェーン現象をもたらし、雪崩の原因となる。春には、偏西風が日本の上空を通過するため、大陸からの黄砂も運んで

くる。春は蒸発散が盛んで、黄砂も飛来するため、空が霞<ruby>霞<rt>かす</rt></ruby>みやすい。これが春霞である。

　春が過ぎるとやってくるのが、日本の五番目の季節、**梅雨**である。日本付近に停滞する梅雨前線によって雨季となり、梅の実が熟する雨（梅雨）がもたらされる。梅雨前線は、太平洋高気圧とオホーツク海高気圧の二つの高気圧性の性質の異なる大気がぶつかってできる停滞前線である（図2-7-3①）。地球の地軸が傾いて公転することにより、ハドレー循環の下降域や偏西風も季節とともに南北に移動する。ちょうどこの時期になると、偏西風はヒマラヤ・チベット山塊で南北に分かれ、オホーツク海で合流する。この時に現れるのがオホーツク海高気圧である。梅雨末期には、太平洋高気圧の縁に沿って、非常に温かく湿った空気が梅雨前線に流れ込むことがあり、集中豪雨の原因となる。このように、温かく湿った空気は舌のような形をして前線へ北上してくるため、湿舌<ruby>湿舌<rt>しつぜつ</rt></ruby>と呼ばれる。

　季節の進行とともに太平洋高気圧は勢力を強め、梅雨前線は北上する。また、偏西風も北上し、ヒマラヤ・チベット山塊の北を回るようになって、分流が解消すると、オホーツク海高気圧、梅雨前線ともに消え、梅雨明けとなる（図2-7-3②）。

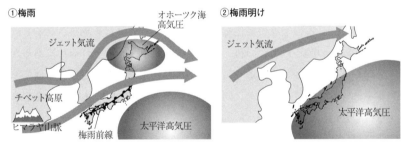

図2-7-3　梅雨と梅雨明け

　梅雨明けとともに夏がやってくる。「梅雨明け十日」とは、梅雨明け後の晴天がしばらく続くことをいう。ハドレー循環の下降域に日本が覆われ、太平洋高気圧の温かく湿った大気によって高温多湿な日が続く。この時の典型的な気圧配置は、南に太平洋高気圧、北に低圧部が分布する、**南高北低**型である（図2-7-4①）。夏日（最高気温25度以上）が春先の暖かい日を指すのに対して、真夏日

（最高気温 30 度以上）や猛暑日（最高気温 35 度以上）といった、厳しい暑さの日々が繰り返され、夜は熱帯夜（最低気温 25 度以上）となる。夏の強い日射は日中、内陸部や山間部に積乱雲を発生させ、雷を伴ったにわか雨や、さらに強まった局地的大雨をもたらす。

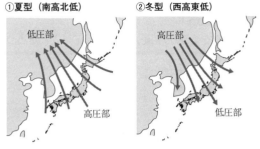

図 2-7-4　夏と冬の季節風（概念図）

　夏の都市部の暑さを助長しているのが、**ヒートアイランド**である（図2-7-5）。東京の平均気温は 100 年で 3℃以上も上昇した。都市部は人口が集中し、道路が舗装され、コンクリートの建物が増加した。このため、人工的な排熱の増加、水の蒸発の減少、海風の通り道の遮断などが起こる。ヒートアイランドによって、都市部は中心部が低圧になり、大気汚染物質による凝結核も多くなり、雲が発達しやすくなる。近年では局地的な都市型豪雨の原因にもなっている。

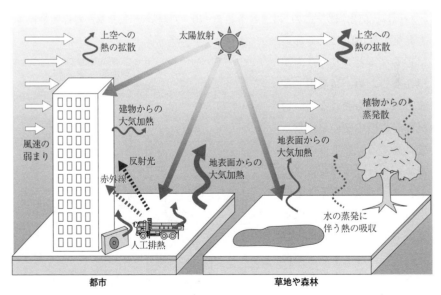

図 2-7-5　ヒートアイランド

Question！
本州でさくらの開花日が一番早いのはどこだろう。その理由は何だろうか。

夏から秋の時期に日本に襲来するのが**台風**である。台風は熱帯低気圧が強くなり、風速が 17.2 m/s 以上になったものである。**熱帯低気圧**は、熱帯収束帯の周辺で発達する低気圧で、温かい海水から供給される水蒸気の凝結（潜熱）がエネルギー源である。同心円状の構造で、前線を伴わない（図2-7-6）。また、発達した

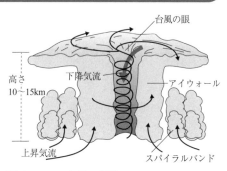

図2-7-6　台風の構造

台風では、中心付近に雲のない領域、眼をもつ。北大西洋やカリブ海ではハリケーン、インド洋ではサイクロンと呼ばれるが、本質的には同じ熱帯低気圧である。4-6 節で見たように、南北の温度差が原因で発生する温帯低気圧は、前線を伴った傾いた構造をしており、熱帯低気圧とは成因や構造も異なる。

台風は、海水温が約 27℃ 以上の南北 5〜20° の貿易風（偏東風）の緯度帯に多く発生する（図2-7-7）。赤道に近くなるとコリオリ力が働かないため、積乱雲に集まる風が渦を巻けない。台風は対流圏中層の風に乗って移動する。発生直後は偏東風に乗ってほぼ西に移動し、太平洋高気圧の縁に沿って北上する。海水温が高い海域を移動すれば、さらにたくさんの水蒸気が供給されるため、より発達できることになる。中緯度で

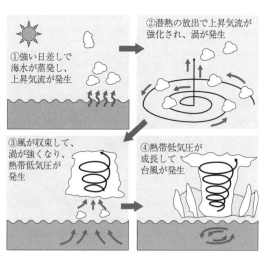

図2-7-7　台風の発達

は偏西風に流されて、北東に移動することが多く、途中で温帯低気圧に構造を変えることもある。台風の進行方向右側は**危険半円**と呼ばれ、移動速度と吹き込む風が重なり、風による被害が大きくなる。

　台風の接近に伴い、暴風、大雨、洪水、土砂災害、高潮、高波（波浪）など、さまざまな被害が生じるため、十分に注意しなければならない。特に秋の集中豪雨は、台風による湿った空気が秋雨前線を活発化した、湿舌によってもたらされることが多い。

　秋になると、日射・日照時間の減少で太平洋高気圧は勢力を弱め、大陸性の高気圧の間に停滞性の**秋雨前線**を作る。秋霖（しゅうりん）と呼ばれる、雨の時期である。秋雨前線は梅雨前線と反対に北から南に移動し、日本の南東に抜けると、ジェット気流が日本の上空を通るようになる。「男（女）心と秋の空」といわれる、移動性の高低気圧による変わりやすい天気の日々になる。運動会の時期には帯状高気圧に覆われて、秋晴れとなる。季節が進み、低気圧が北東に抜けると北西風により、初冠雪や木枯らし一号が吹き、冬の到来を告げる。

　冬になると、大陸の放射冷却で冷えた重たい大気がシベリア高気圧となって、日本に吹き込むようになる。アリューシャン沖で発達した低気圧と組み合わさって、**西高東低**型の冬型の気圧配置（図2-7-4②）になると、強い寒気が対馬海流（暖流）の日本海上を通過する。この際に海から水蒸気を供給された寒気が、山脈によって上昇することで凝結が起こり、日本海側に雪をもたらす。その後、関東平野に乾燥した空（から）っ風（フェーン）を吹かす。各地で見られる**おろし**・**風**も同様である（図2-7-8）。

　2、3月になるとジェット気流が次第に北上する。日本の南岸を通過する南岸

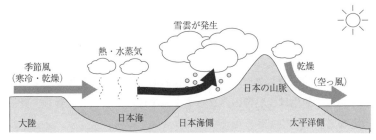

図2-7-8　日本海側の雪と太平洋側の空っ風

低気圧が関東に接近すると、寒気が関東平野まで流入して、これらの地域でも雪が降る。さらに季節が進んで、日本海に低気圧が通過すると南からの強風が春一番として吹く。寒冷前線の通過後は北西風になって、「寒の戻り」となる。これらを繰り返しながら、次第に春へと季節が移っていく。

7-3. エルニーニョと北極振動

　これまで大気と海洋が相互に作用していることを見てきた。大気と海洋は熱容量が大きく違うため、同じ量の太陽放射を受けても温まり方が異なる。このため、海陸風やモンスーンが生じる。地中海や瀬戸内海が周辺の気候を安定化させるのも、海洋の熱容量の大きさのためである。また、海水は太陽放射のエネルギーを吸収し、蒸発する際に水蒸気の形で蓄える。この潜熱のエネルギーが積乱雲や台風の発達に使用される。さらに地球の熱の再分配にも重要であった。一方、大気の運動である風は、海洋の表層の運動を引き起こし、海流を駆動していた。

　ここでは、気候に大きな影響をもたらす、海洋の長期の変動を考えたい。気候は30年の平年値で定義され、30年に1度の特別な現象を異常気象と呼ぶことを学んだ。一方、極端気象と呼ばれる現象が、近年になって頻発するようになった。異常気象と極端気象の違いは何だろうか。異常気象と極端気象では、時間や空間スケールが異なる。極端気象は、災害をもたらすような現象で、台風、竜巻、集中豪雨、豪雪などである。これらは空間的に小規模で、時間的にも数時間から数日間程度の現象であるが、記録破りになることもある。一方、異常気象は、大寒波、暖冬、猛暑、冷夏、少雨、洪水、干ばつなど、時間スケールが1週間から3カ月程度で、日本全体から地球規模での変動が起こる。要因がいくつか重なって起こるのも特徴である。異常気象をもたらす要因はさまざまであるが、大きなスケールの現象が小さなスケールの現象に影響をもたらすことは想像に難くない。

　海洋の大きな時空間スケールの変動の代表的なものが、**エルニーニョ**である。エルニーニョの発生は、熱帯のみならず中高緯度の気象にも影響し、異常気象の要因となる。

　通常、赤道太平洋の表層の海水温は、西部が高温で東部は低温である（図2-

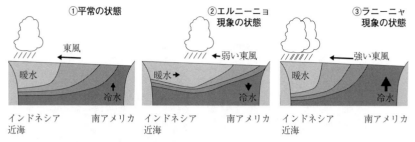

①平常の状態　②エルニーニョ現象の状態　③ラニーニャ現象の状態

東風　弱い東風　強い東風

暖水　冷水　暖水　冷水　暖水　冷水

インドネシア近海　南アメリカ　インドネシア近海　南アメリカ　インドネシア近海　南アメリカ

図2-7-9　エルニーニョとラニーニャ

7-9①)。これは偏東風（貿易風）によって、温かい水が西部に吹き寄せられ、冷たい水が東部で湧昇しているためである。東部の暖かい海域は対流活動を活発化させ、低気圧を作ることで偏東風も維持している。しかし、何らかの原因で偏東風が弱まると、東部にまで暖水域が広がり、冷水の湧昇が弱まる（図2-7-9②)。これがエルニーニョの開始である。この状態になると、対流活動の活発な位置も太平洋の中部から東部に移動するため、偏東風の弱まりが維持されることになる。このため、エルニーニョの状態が継続することになる。反対に強い偏東風によって、冷水域が強化される現象を**ラニーニャ**と呼ぶ（図2-7-9③)。

　このように、大気と海洋が相互作用してエルニーニョが発生、維持される。大気側では、太平洋の東部と西部の気圧が互いに高い状態と低い状態を逆向きに振動するため、南方振動と呼ばれる。熱帯では、コリオリ力が小さく、気圧の変動と偏東風の強弱は強く関わっており、**エルニーニョ・南方振動**（ENSO）と一連の相互作用をまとめた形で呼ぶことが多い。

　海水温は大気の状態に大きな影響を与えるが、熱帯周辺での大規模な海水温の変動は、離れた地域の気象にも大きな影響を与える。例えば、エルニーニョが発生すると、日本では夏の太平洋高気圧が弱くなり、平均気温が低下する。逆に、冬は季節風が弱まり、暖冬になる傾向がある。このように、離れた地域にまで影響が伝播することを**テレコネクション**という。エルニーニョやラニーニャの発生は、地球規模で異常気象が起こる一因となる。

　一方、大気の大きな時空間スケールの変動として**北極振動**がある。北極振動は北半球規模での気圧の変動で、北極で気圧が低く、その周りの中緯度で気圧が高くなる状態と、その逆の状態がシーソーのように振動する現象である（図

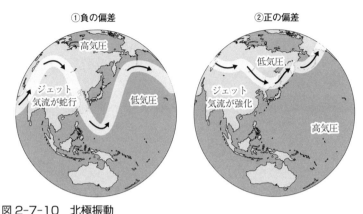

①負の偏差　　　　　　　　　②正の偏差

高気圧
ジェット
気流が蛇行
低気圧

低気圧
ジェット
気流が強化
高気圧

図2-7-10　北極振動

2-7-10)。数日から数年の時間スケールをもつ。

　北極で気圧が低いと偏西風が強く蛇行しにくい。このため、日本は暖冬になる傾向がある。一方、北極で気圧が高くなると、偏西風が弱化し、蛇行が大きくなる。このため、極域の寒気が日本に流入して、大寒波による厳冬になることがある。北極振動は北極海の海氷生成とも相互に作用し、テレコネクションによって、地球規模の気象に影響をもたらす。同様の振動は南半球でも生じ、南極振動と呼ばれる。

　偏西風の蛇行とその停滞は、北極振動以外でも時々起こり、**ブロッキング**と呼ばれる。ブロッキングが継続すると、高低気圧が停滞するため、同じ天候が長期間続く。このため、長雨、豪雨、旱魃、熱波、寒波などの異常気象の要因となる。例えば、日本の夏にはオホーツク海高気圧によるブロッキングがある。親潮によって、冷やされた大気は重たくなるため、オホーツク海高気圧が発達しながら停滞する。東日本では、北東からの冷たく湿った風、やませが吹き、継続すると冷害や冷夏がもたらされる。

　異常気象は自然がもつ内部の変動、例えばエルニーニョや北極振動のみでも起きる。このため、地球の気候が変化していなくても生じることに注意が必要である。地球の気候が変動している際には、平年値自身も変化しているため、30年に1度しか起こらない現象の発生確率が上昇する可能性もある。しかし、起こった異常気象の要因が、気候変動のためか自然の内部の変動のためである

かを一つの事例のみで確定することは困難である。

7-4. 物質循環

　大気や海洋の循環によって、物質も輸送される。これらの物質は気候のみならず、生物にとっても大切である。ここでは、水、炭素、窒素について、地球の物質循環を見てみよう。

　水の大事な特徴は、電気的な偏り（極性）を分子構造としてもつことである。このため、水素結合によって、比熱や潜熱が大きくなる。比熱の大きさは海陸風やモンスーンの原因となるだけでなく、気候の安定化にも大きな役割をもたらすことを見てきた。また4℃の水が最も重くなることも大事である。液体のほうが固体よりも重たいという、この特殊な性質によって氷が浮くことができる。これにより、大気が氷点下であっても水中で生き物が生活できることになる。また極性があることで、いろいろな化学物質を溶かすことができる。海水にさまざまな栄養分が溶けることで、生命の誕生が可能になった。

　地球の水の総量は14億km³と見積もられる。その97％が海水であり、淡水のほとんどが氷った状態で存在する。このため、私たちが使える水は地球全体の水の0.01％程度しかない（図2-7-11）。

　地球表層の水は、太陽のエネルギーを原動力として、融解・蒸発と凝固・凝結による相変化を行いながら、地球全体を循環している。図2-7-12に地球の**水**

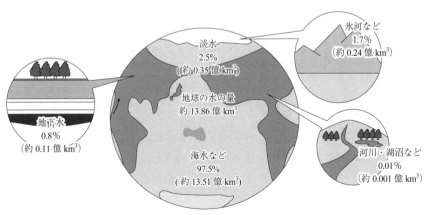

図2-7-11　地球の水

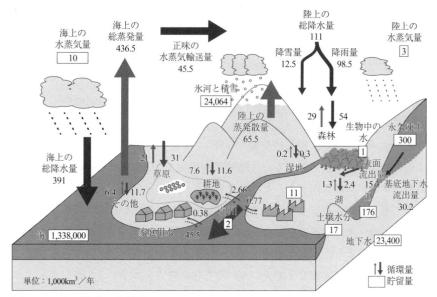

図2-7-12　地球の水循環

循環の見積もりを示す。地球表層の水は蒸発して水蒸気になり、上空では凝結
して雲となる。そして、雪や雨として降水をもたらす。海洋での蒸発が降水を
上回っているが、陸上にもたらされた降水が河川の流水として、海へと戻って
いる。全体として、蒸発量と流入量の釣り合いは動的平衡をなしており、長期
間にわたり、海の水量が保たれている。

　陸域に存在する水のほとんどは氷河である。現在の地球は間氷期にあり、山
岳の氷河は少ない。大陸の氷河は、南極大陸とグリーンランドに存在し、厚さ
は3,000mにもなる。北極の海氷は3m程度であり、この厚さの違いが平均気
温の大きな差をもたらしている。長い年月で見ると、氷河の発達・後退によっ
て、海面の水位は大きく変動する。

　地球表層の水の滞留時間は、大気中で10日程度、海洋の表層で100年程度、
海洋内部や氷河で1000年程度、地下水では1万年程度と推定されている。地球
全体の水に比べると、わずかな量であるが、この水が循環することで、すべて
の生き物が生存するための水を得ている。

　このように地球を領域に分け、それぞれの領域でのやり取りを考えると便利

である。また、領域全体のことを系・システムと呼ぶ。水の循環のように、系・システムが外部とのやり取りがない場合に、**閉鎖系**と呼ぶ。地球の物質は隕石などを除いて、ほとんど外部とのやり取りがない。物質についてはほぼ閉鎖系となっている。

　二酸化炭素は、地球の誕生以来、大きく変動してきた。液体の海が存在することで、二酸化炭素は生命の誕生以前から、海に吸収されてきた。また、光合成によって、二酸化炭素が消費され、酸素が排出された。一方、生物の呼吸によって、酸素は消費され、二酸化炭素が排出される。光合成で形成された植物の遺骸（有機物）は、海底にヘドロとなって堆積し、石油や天然ガスの起源になった。海洋に吸収された二酸化炭素はサンゴや貝殻となって固定される。これらの過程が、長い年月をかけて、地球の大気組成を大きく変えていった。

　一方、ここ5億年では、これらの過程と、排出される過程が釣り合った動的平衡がほぼ成り立っていると考えられる。地中に固定された炭素はプレート運動（マントル対流）によって隆起し、地表で風化される。また、火山の噴火によっても、二酸化炭素は地中から供給される。このようにして、炭素の固定と供給が釣り合ってきた（図2-7-13）。

　次章では、この動的平衡が近年の人間活動によって崩れつつあることを考え

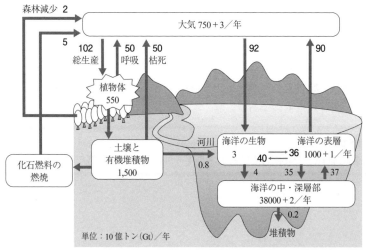

図2-7-13　炭素の循環

たい。

　窒素は生物にとっ
て重要である。たん
ぱく質を構成するの
みならず、アミノ酸
の要素、DNAやRNA
の核酸にも含まれて
いる。地球大気の主
成分であるが、極め
て不活性な物質であ
るため、ほとんどの
生物は大気中の窒素
を利用できない。大

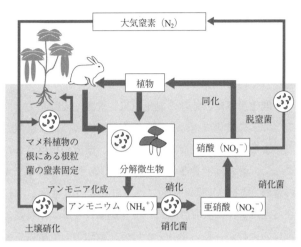

図2-7-14　窒素の循環

気中の窒素は、土壌内のバクテリア、マメ科植物の根にある根粒菌などによっ
て、窒素と酸素から硝酸塩などを生成することで固定されてきた。硝酸塩は植
物や動物に消費され、食物連鎖によって循環する（図2-7-14）。

　動植物に使われた窒素は、排せつや遺骸となり、分解者によってアンモニア
になる。さらに、亜硝酸菌と硝酸菌によって、利用しやすい硝酸塩へと変化し、
循環する。

　20世紀になって、窒素と水素からアンモニアを合成するハーバー・ボッシュ
法が発明された。さらに、アンモニアから硝酸を人工的に作るオストワルト法
が発明され、肥料としての利用が可能になった。現在の生体窒素の半分が工業
的に固定化された窒素である。

Question！
私たちが地球上で利用しているエネルギーは、閉鎖系であるだろうか？

---

8. 大気・海洋と人間

　これまで、大気と海洋は生命の誕生や生物の進化に大事であることをみてきた。一方、現在の地球の人口は 75 億人を超え、人間（生命）が地球を変え、他の生物を滅ぼそうとしている。ここでは、近年頻発するようになった気象災害、大気の環境問題、さらには現在起きている気候変動（地球温暖化）について考える。また、コンピュータ上で実現される、天気予報と気候予測のしくみを説明する。最後に、地球の持続可能性について、エネルギーの視点からも考えよう。

8-1. 天気予報
　天気予報を行うことは人類の古くからの夢であった。1281 年の元寇では、台風による神風が吹いて、モンゴルが日本に敗れたと伝えられている。1588 年のアルマダの海戦では、スペインの無敵艦隊が嵐によって大損害を受け、イギリスに敗れることとなった。ロシアは冬の厳しい寒さ、いわゆる冬将軍を利用し、18 世紀の大北方戦争、19 世紀のナポレオン戦争、20 世紀の第 2 次世界大戦に勝利している。このように歴史上の大きな戦いの勝敗が、天気や気候に左右された例は枚挙にいとまがない。天気予報を試みた開拓者、フィッツロイが軍人であったのも当然である。

　リチャードソンの夢として、後に知られるようになった有名な逸話がある。1920 年、リチャードソンは、大気の方程式を数値的に近似して解けば、天気予報が可能になると考えた。現在の数値予報の原理である。当時の観測データをもとに、6 時間予報を 2 カ月かけて 1 人で計算し、「64,000 人の計算者を巨大なホールに集め、指揮者の元で整然と計算を行えば、実際の天候の変化と同じくらいの速さで予報が行える」と結論した。しかし、当時知られていた方程式とその解法に問題があったため、計算した予報は完全な失敗に終わった。残念ながら、夢を実現する技術はまだ存在しなかったのである。リチャードソンの夢が実現するには、約 30 年の時間が必要であった。

　天気予報の基本は観天望気である。すなわち、空を観て気を望む、観測から予報を行うのである。近年の天気予報を実現可能にしたのは、観測と予報のそ

れぞれにおいて、革新的な技術開発が行われたからである。

　観測においては、現場の観測から電波を用いた遠隔からの観測（リモートセンシング）が進んだ。気象衛星は宇宙から常に大気を観測し、気象レーダーは風速や降水の情報を4次元的に観測している。我々は素晴らしい"目"を手に入れたのである。

　一方、予報においては、コンピュータの出現とその進展によるところが大きい。気象予報士が天気図を書いて予報することなく、コンピュータが未来の天気を数値計算によって予報できるようになった。我々は素晴らしい"頭"を手に入れたのである。

　いずれの技術も単体では天気予報が不可能であることに注意したい。すなわち、どれほど素晴らしい観測があっても、どれほど素晴らしいコンピュータがあっても、それら片方だけは天気は予報できない。観測こそが天気予報の出発点である。また、天気を予報するためには、膨大な観測データを使って、精緻に計算するコンピュータがなくてはならないのである。

　観測の詳細はここでは説明しない。一方、数値計算については少し説明しておく。**数値天気予報**の基本は、大気の微分方程式の差分近似である。差分近似とは微分を差分で近似的に置き換えることを意味する。差分は微分の正しい値ではない。しかし、差を細かく取れば、次第に近似の精度が増していく。地球をできるかぎり細かく網目状にメッシュを切り、各格子点で差分を計算する（図2-8-1①）。また時間方向についても、時間間隔（タイムステップ）を細かくすることで、予報の近似精度を増していくのである。これを可能にするのが、1秒間に1京回という計算が可能なスーパーコンピュータに他ならない。コンピュータの中では、疑似的に地球を再現し、太陽の加熱や気圧の変動による風の生成、水の相変化による降水過程など、ここまで説明してきた気象が数値的に解かれている。まさに「コンピュータの中の地球」である（図2-8-1②）。

　一方で、今後コンピュータが進歩し、数値計算の精度がどんどん高まれば、未来の天気をどこまでも予報することは可能であろうか。残念ながら、物理学の新たな分野の理論的な予測により、天気予報の限界は7日程度であることが、わかっている。天気を予報するかぎりにおいては、7日予報をはるかに超えることは未来永劫、どれだけ技術が進歩しても不可能なのである。

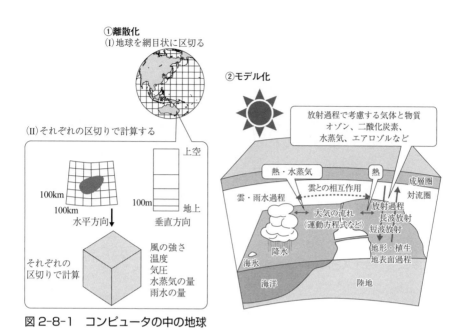

①離散化
(I)地球を網目状に区切る

②モデル化

(II)それぞれの区切りで計算する

上空

100km
100km
水平方向

100m
地上
垂直方向

それぞれの
区切りで計算

風の強さ
温度
気圧
水蒸気の量
雨水の量

放射過程で考慮する気体と物質
オゾン、二酸化炭素、
水蒸気、エアロゾルなど

熱・水蒸気
雲との相互作用
雲・雨水過程
成層圏
対流圏

大気の流れ
(運動方程式など)
放射過程
長波放射
短波放射

降水
海氷
地形・植生
地表面過程

海洋
陸地

図2-8-1　コンピュータの中の地球

　それは天気を支配する微分方程式が非線形であり、**カオス**を内在しているからに他ならない。カオスは1963年に気象学者のローレンツが発見した。ほんのわずかに異なる初期値を用いて計算すると、時間が経った時の結果が大きく異なる現象である（図2-8-2①）。これを初期値鋭敏性と呼ぶ。観測をどれほど精密に行っても、観測には観測誤差が存在する。この誤差はカオスのしくみによって、増大し続け、7日もあれば、まったく異なる天気の状態になるのである。これを予測困難性と呼ぶ。各変数の値を3次元的に図示すると、蝶の羽を広げたようになる（図2-8-2②）。また、「ブラジルで蝶が羽ばたけば、テキサスで竜巻を引き起こすか」という講演タイトルにもちなんで、カオスの初期値鋭敏性と予測困難性は**バタフライ効果**と呼ばれている。

　では、カオスに手をこまねいているだけしかないのだろうか。カオスに対する処方の一つに、**アンサンブル予報**という技術がある。これはいくつかの初期値の異なる状態から「コンピュータの中の地球」をたくさん使って、それぞれ異なる天気予報を行うものである。これにより、予報の確からしさを提供することができる。降水確率や台風の進路予測などはその例である。

①初期誤差の成長　　　　　　　　　　　②バタフライ効果

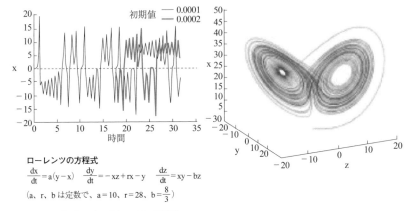

初期値 —— 0.0001
　　　　 —— 0.0002

ローレンツの方程式

$$\frac{dx}{dt}=a(y-x) \quad \frac{dy}{dt}=-xz+rx-y \quad \frac{dz}{dt}=xy-bz$$

（a、r、b は定数で、a = 10、r = 28、b = $\frac{8}{3}$）

図2-8-2　カオスとバタフライ効果

　また、観測データを気象モデルに取り込む**データ同化**という手法も使われている。観測、気象モデルの双方に誤差があるのであれば、それを考慮して天気予報を行おうというものである。観測データを同化することによって、天気予報はより確からしい状態へと修正されることになる。

8-2. 気象災害

　ここでは、気象がもたらす災害について概観する。気象災害には、大雨、洪水、暴風、土砂災害、高潮、高波などさまざまある。

　水害は、河川の氾濫による洪水、台風による高潮など、気象災害の主要なものであろう。日本は降水に恵まれている一方で、河川が短く地形が急峻であるため、大雨や融雪によって、河川が急激に増水・氾濫しやすい。洪水は後述する集中豪雨の時にのみ起こるわけではなく、梅雨期など、長時間の降雨が続いた時など、土壌が水を吸収できずに、それほど強くない雨でも起こりやすい。

　また、都市部が低海抜地域の湾に多く存在するため、台風による高潮が埋め立て地などの低地で大きな被害をもたらす。高潮は台風の気圧低下によって、吸い上げられること、湾に風が吹き寄せることで起こる。これらを気象潮と呼ぶ。天文潮の満潮が重なるとさらに被害が大きくなる（図2-5-10）。トリチェリ

の水銀柱の実験でも説明したように、1気圧（1,013 hPa）の大気圧の元では、約10 m分の水に相当する大気が積み重なっている。このため、気圧低下による吸い上げは1 hPaあたり約1 cmであり、960 hPaの台風では約50 cmも潮が増える。

　防波堤や堤防、ダムなどの整備によって、水害は減少しつつある。また、観測の充実と数値天気予報の発展も防災に役立っている。

　台風では暴風の被害も顕著である。台風の進行方向の右側は危険半円と呼ばれ、台風の移動速度と中心へと吹き込む風が重なり、風が強くなる傾向がある。逆に左側は可航半円と呼ばれる。船は自然と暴風域から押し出されるためにこう呼ばれるが、安全であるわけではない。台風が勢力を保ったまま日本海を通過する際は、上陸まで勢力を保つため注意が必要である。

　また、台風は大雨による**集中豪雨**をもたらすこともある。集中豪雨とは、狭い地域に集中して降り、被害をもたらす大雨である。梅雨前線に太平洋高気圧からの湿った大気が流れ込む湿舌によるもの、台風によって秋雨前線が活発化した場合などがある。梅雨から初秋にかけて集中豪雨が起きやすいのは、日射が強く地上と上空の温度差が大きくなることも要因である。

　さらに近年、増加しているのが**局地的大雨**である。単独の積乱雲でもたらされ、数十分の短時間に、数十 mm程度の雨をもたらす。ヒートアイランドによって、都市部の温度が高まり低圧化すること、海風が流入すること、大気汚染物質によって凝結核が提供されること、などが要因である。都市部では、アスファルトの地面やコンクリートの建物で覆われ、雨が浸み込まずに河川や下水道に集まりやすいため、局地的に大きな被害がもたらされることがある。このような水害を都市型水害と呼ぶ。

　これに対して、集中豪雨は積乱雲が連続して通過することによりもたらされる。数時間にわたって100 mm以上の雨をもたらし、局地的大雨が連続するものである。日本では、次々と発生する積乱雲が線状に並んで通過する**線状降水帯**による集中豪雨が多い。

　集中豪雨によってもたらされるものが、土砂災害である（図2-8-3）。**地すべり**とは、山地の緩い斜面の土砂や岩石が特定の層（すべり面）に対して緩やかに移動する現象である（図2-8-3①）。大雨や融雪で地下水が急激に増加した際に起こりやすい。**斜面崩壊**（**がけ崩れ、土砂崩れ**）は急峻な斜面の土砂が移動する

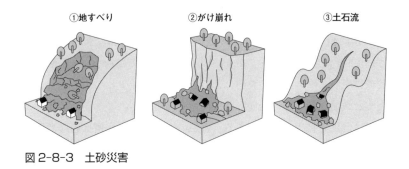

①地すべり　　②がけ崩れ　　③土石流

図2-8-3　土砂災害

現象である（図2-8-3②）。大雨や融雪以外に地震によるものもある。表層のみ
の崩壊は頻度が高い。**土石流**は土砂が流動化して、谷沿いに流れ出す現象であ
る（図2-8-3③）。土砂や木が川をせき止めた後に一気に流れ出すことで発生し
やすい。この場合には、大雨にもかかわらず、いったん水量が減少するという
前兆がある。大規模な土石流は山津波とも呼ばれる。地震や火山の噴火で土砂
が堆積している場合、土石流の被害が大きくなる可能性がある。

　前章では、異常気象が比較的大きな時空間スケールを持ち、大気・海洋の現
象と結びつくことを見た。一方、ここで紹介した極端気象はもう少し時空間ス
ケールが小さいことを注意しておく。

8-3. 気候変動と地球温暖化

　もう少し長い時間スケールの気候変動について、現在の**地球温暖化**の現状と
気候変動予測のしくみを見てみたい。現在、地球の気温は上昇している。これ
は人為起源の温室効果気体の増加が原因である。

　3-4節では、地球の温度が大気の温室効果によって、上昇することを学んで
きた。現代文明は、石油・石炭・天然ガスなどの化石燃料に支えられている。
産業革命によって、化石燃料のエネルギーを使って、動力を取り出すことが可
能になったためである。化石燃料は、生物が光合成によって、大気中の二酸化
炭素を固定した結果である。これを燃焼させると、その分だけ動的平衡が破れ
て、大気中の二酸化炭素濃度が上昇する（図2-8-4）。

　一方、過去の気候変動はどうであろうか。1920～30年代にセルビアの物理学

者ミランコビッチは、過去の気候変動が、地球の軌道要素の変動によって、周期的に生じることを提唱した。軌道要素とは、地球が太陽の周りを公転する際のパラメータで、①公転軌道の離心率の変化（約10万年周期）、②地軸の傾斜の変化（約4.1万年周期）、③歳差運動と近日点移動（約2.1万年周期）、の3つが挙げられる（図2-8-5）。これに伴う日射量（太陽定数）

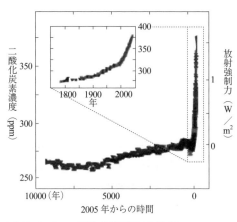

図2-8-4 二酸化炭素濃度の増加

の変化は、過去の海水温の変動とよく一致する。すなわち氷期や間氷期のサイクルを決定するのは、基本的に地球の軌道要素の変化（**ミランコビッチサイクル**）である。

また、プルームテクトニクスにより、大陸分布が変わること、それに伴って海流が変化することでも気候変動が起こる。恐竜が絶滅したのは、隕石の落下によって、大きく気候が変動したためである。大きな火山の噴火が生じると、

①**離心率の変化**（10万年周期）

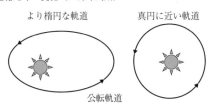

③**歳差運動と近日点移動**（2.1万年周期）

②**地軸の傾斜の変化**（4.1万年周期）

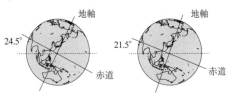

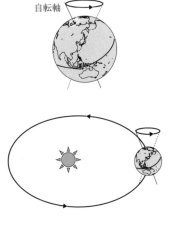

図2-8-5 ミランコビッチサイクル

成層圏に火山灰が広がり太陽光を遮蔽するため、寒冷化が起こる。このように、過去の気候変動は太陽光の変化やアルベドの変化による。

　しかし、現在の地球では、このような日射やアルベドの変動といった外的な要因による温暖化の原因は見当たらない。また、過去の気候変動が数万年の時間スケールで起こった変動であるのに対して、現在の気候変動は数百年の時間スケールの急激な変動であることに注意したい。

　地球は唯一の存在であるため、地球全体で実験することはできない。このため、天気予報を行う気象モデル（大気大循環モデル）を改変し、気候を予測する**気候モデル**による数値実験が行われている。長期間の時間積分を行うために解像度を下げ、日々の天気のような細かい気象を予測するわけではない。この気候モデルによる数値実験では、近年の地球温暖化が自然変動のみでは説明できないことがわかっている。二酸化炭素の増加を組み込んだ計算によってのみ、気温の上昇が説明できるため、人為起源の温暖化が実証されたことになる。また、この気候モデルを用いて、二酸化炭素の増加量をさまざまに予測したシナリオを用いて、将来の温暖化予測がなされている（図2-8-6）。

　天気予報が7日しか予報精度がないのに、100年後の気候を予測できるはずがないと思われるかもしれない。しかし、気候モデルで予測しているのは、100年後の天気ではなく、気候である。その日の天気が当たらなくても、長期間の傾向、すなわち、平均気温などの気候であれば、予測が可能なのである。

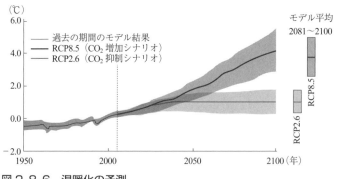

図2-8-6　温暖化の予測

> **Question！**
> 地球温暖化の予測に幅があるのはどうしてだろうか？

　これらの地球温暖化を調べる国際機関が**IPCC**（気候変動に関する政府間パネル）である。地球規模での温度の上昇は生態系を破壊する。世界の大都市は低海抜地域に集中しており、海面上昇による影響が大きい。大気中の二酸化炭素は海に溶け込むが、これにより海洋の酸性化が引き起こされる。温暖化した地球で異常気象・極端気象がどのように起こるかについては、不確定な部分も多い。しかし、パリ協定では、世界全体で温暖化の2℃以内の抑制を目指すことを国際的な枠組みとして合意した。京都議定書以降、地球全体で二酸化炭素の減少を目指す必要性が次第に認識されてきた結果である。

8-4. 環境問題

　この節では、大気と海洋のさまざまな環境問題を紹介する。

　地球温暖化以前の大気の環境問題として、**酸性雨**がある。産業革命によって、窒素酸化物や硫黄酸化物が雲粒の凝結核となし、これらの酸性化した水滴が環境破壊をもたらした。近年、環境基準の制定などによって、酸性雨は減少しつつある。一方で、PM2.5と呼ばれる比較的大きな粒子も、呼吸器系の障害をもたらすことが明らかになってきた。特に近年、経済成長が著しい中国やインドでは、大気汚染が深刻化している。これらの酸化物は光化学スモッグの原因になり、大気の環境問題における主要なものの一つとなっている。

　また、地球環境問題という言葉を生む契機となった、**オゾンホール**の問題もある。オゾンは成層圏で作られ、紫外線を吸収して、破壊される。この生成と消滅の動的平衡によって、オゾン層は長期間、維持されてきた（図2-8-7①）。生物による酸素の生成と蓄積が、オゾン層（すなわち成層圏）を作り出し、生物の陸上進出を可能にした。しかし、1980年代半ばから南半球の春先に、オゾン濃度が著しく減少するオゾンホールが出現するようになった。20世紀最大の発明と言われたフロン類（クロロフルオロカーボン：CFC）から生じた塩素が原因である。南極上空での低温化で生じた極域成層圏雲の表面で、この塩素が触媒となってオゾンを破壊することで、オゾンホールが発生する（図2-8-7②）。

地球全体でフロンの使用削減から全廃を世界が合意することによって、現在、オゾン全量は回復傾向にある（図2-8-8）。地球全体で環境問題に取り組んだ成功例の一つといえよう。なお、いまだにオゾンは南半球の高緯度では破壊されて減少するため、紫外線対策が必要であることに注意したい。

また、大気の地球環境問題とも関わるものに**砂漠化**がある。砂漠化の原因は過放牧、過灌漑、過伐採など、人間の土地利用の方法によるものも多いが、地球温暖化による大気の循環の変化や干ばつなど、気候の変動も要因に加わる。砂漠化によって、最も深刻なのは水問題である。乾燥地帯には世界の人口の3分の1が居住している。温暖化による、乾燥地帯の拡大は、水へのアクセスが厳しい貧困層に大きなダメージを与える。

①動的平衡

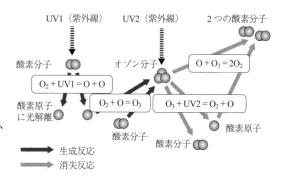

②破壊のしくみ

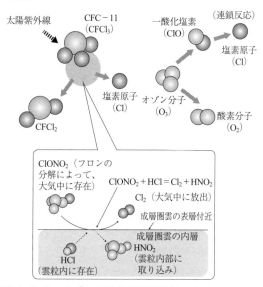

図2-8-7　オゾンの動的平衡と破壊のしくみ

近年、アジア大陸内部の砂塵の巻き上げ、**黄砂**の発生も増加傾向である。砂漠化の進行、森林減少や土地の劣化、温暖化に伴う降雪の減少も要因となっている。黄砂は偏西風で東に流され、日本を含めた広い範囲に落下する。黄砂の量が多くなると、視界不良、健康被害、農作物への被害など、さまざまな影響

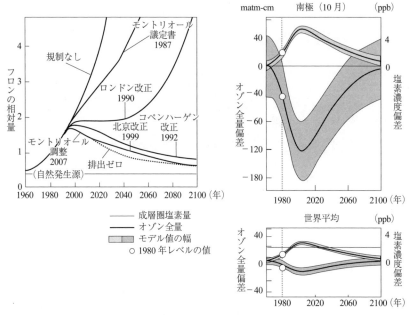

図 2-8-8　フロンの規制とオゾンの将来予測

が出る。一方、エアロゾルの一種である黄砂が舞うと、太陽光が遮蔽され（直接効果）、凝結核となり雲を増やす（間接効果）。このため、黄砂の発生の増加は地球を寒冷化させる負のフィードバック効果がある。同様の効果は他のエアロゾルにも存在する。しかしながら、これらの雲の過程は放射冷却を抑制し、温暖化の効果をもたらすこともあり、不確定性が大きい。また、雲の空間スケールは小さいため、温暖化予測の際の不確定性の大きな要因となっている。

　森林伐採による森林の破壊も深刻である。世界の森林は人類の文明開始時と比べて 8 割も減少したと報告されている。木材としての伐採（商業伐採）、農地転換、焼畑農法、森林火災などが原因である。森林面積の減少は生物多様性に影響を及ぼし、地球全体の気候や生態系も変えてしまう。熱帯雨林では、大量の二酸化炭素が吸収されている。面積の減少は二酸化炭素の増加の原因にもなる。

　海洋の環境問題には、富栄養化による赤潮や青潮、バラスト水による外来種の問題、ゴミ問題や水質の汚染、乱獲などがある。また、原油の流出事故によ

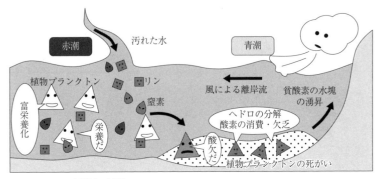

図2-8-9　赤潮と青潮

る汚染も頻繁に生じている。

　赤潮はプランクトンの異常発生により、海水が赤みの色に変色する現象である。主に生活排水や工場排水の栄養分が多くなるために生じる。プランクトンの大量発生により、酸素が多く消費され、海域の魚貝類に大きな影響が出る。このプランクトンの死骸が海底へ堆積すると、バクテリアが分解する際に、海底付近の酸素が消費される。この貧酸素の水は青みがかった色に変色しており、それが風による離岸流で湧き上がる現象を**青潮**と呼ぶ（図2-8-9）。

　近年はプラスチック製品から出た5mm以下の微小なプラスチック（**マイクロプラスチック**）が、海洋に拡散し、それを捕食した生体内で、食物連鎖によって濃縮される問題も大きく懸念されている。

8-5. 持続可能性

　今後、地球の人口はますます増加することが予想されている。人口増加によって、食料や水は不足しないのだろうか。また、化石燃料や資源の枯渇も心配である。地球と文明社会の**持続可能性**や持続可能な開発について、世界的に関心が高まっている。この節では、地球と人間の関わりの締めくくりとして、広い視野をもって、持続可能性について考えたい。

　物理学の基本法則に、**エネルギーの保存則**というものがある。この法則の内容は、エネルギーは形を変えることができるが、その総量は変わらないというものである。宇宙が始まって以来、ずっと成立してきた、最も基本的な法則の

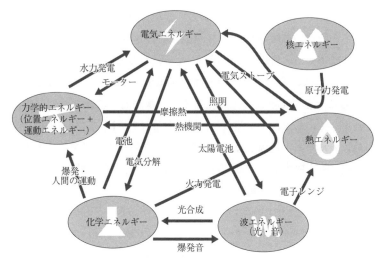

図 2-8-10　エネルギーの変換

一つである。例えば、火力発電では、化石燃料の化学エネルギーを燃焼によって、熱エネルギーに変換し、この熱エネルギーによって噴流や水蒸気を生成し、タービンの回転の運動エネルギーにして、発電機の回転により電気エネルギーを得ている。電気のエネルギーは家庭に運ばれて、照明、熱、モーターの運動などに変換される（図 2-8-10）。

　このように、私たちは、化石燃料の化学エネルギーをもとに電気エネルギーに変換して、便利な生活を送っている。一方、私たち自身が体を動かし、体温を維持（基礎代謝）できるのも、食料を食べて、食べ物のエネルギーを熱や運動に変換しているからである。

　ここで、これらのエネルギーの起源について考えてみて欲しい。エネルギーが保存されるのであれば、私たちが地球で得られるエネルギー、使っているエネルギーの起源はどこであろうか。実は、そのほとんどが太陽からのエネルギーなのである。太陽のエネルギーは植物の光合成によって、植物の体に有機化合物として蓄えられる。このエネルギーが**化石燃料**の起源、そして食料の起源にもなっている。

　化石燃料は過去の地球上の植物が蓄えた貯金（貯エネルギー）である。これを使っている現代は、エネルギーでみると動的平衡の状態にない。産業革命から

200年ほどの間に、地球が長い年月蓄えてきた太陽のエネルギーを使い切ろうとしている。地球の持続可能性とは、化石燃料に頼らず、地球に到達する太陽からのエネルギーで、自給自足を行わなくてはならないことを意味している。

　ここまで、地球の大気や海洋の運動の起源が、太陽の日射による熱エネルギーであることを見てきた。水力発電では、水が高所に溜まった位置エネルギーを利用しているが、水が蒸発し、風に運ばれて、高地に降るのは、まさに太陽の熱エネルギーが起源となっている。風力発電や太陽光発電などの新エネルギーの起源も太陽である。これらは今、地球に到達する太陽のエネルギーを変換する発電方式であり、**再生可能**である。

　太陽を起源としない、いくつかのエネルギーがある。それは核エネルギー、地熱エネルギー、潮汐エネルギーである。原子力発電では、ウランなどの重い元素の核分裂を利用し、質量から熱エネルギーを得る。これは、アインシュタインが導いた、質量 m とエネルギー E の等価性（$E = mc^2$；c は光速）による。太陽では、水素の核融合により、やはり質量から膨大な熱エネルギーが発生している。地熱の起源は地球内部の熱である。地球内部の熱の起源も大部分が放射性物質の崩壊、核エネルギーである。潮汐は月の引力による。

　一方、**食料のエネルギー**の起源も太陽である。太陽から届くエネルギーは光合成によって、植物のエネルギーになる。**食物連鎖**によって、これらの植物を草食動物が食べ、さらに肉食動物が食べて、エネルギーが変換されていく。食料のエネルギーをピラミッドで見ると、支えているのは太陽のエネルギーになる（図2-8-11）。しかし、私たちの地球が受け取るエネルギーは、地球の限られた大きさ（面積）で制限されている。また、ピラミッドの上部に行けば行くほど、エネルギーは失われていく。農作物は太陽のエネルギーを有効に食べ物に利用する、エネルギー的にみて効率の良い方法である。しかし、農業をどれだけ頑張っても、地球の食料には限りがあり、地球で養える人口に限りがあるのである。

図2-8-11　エネルギーのピラミッド

地球温暖化は、砂漠化や森林破壊などにも影響し、世界の水や食料の問題にも大きく関わる。一方、二酸化炭素の排出抑制は、化石燃料から再生可能な新エネルギーへの転換を必要とし、エネルギーの問題とも深く関わっている。また、食料のエネルギーをもたらすのも太陽である。限られた太陽のエネルギーで、食料と便利な生活を維持するエネルギーの両方を自給自足しなくてはならない。世界全体で社会の仕組みを変える、早急かつ大きな対策と技術革新を行う必要がある。

> **Question !**
> 再生可能エネルギーとしてバイオエタノールを使用する場合の問題点を、食料の持続可能性から考えてみよう。

第 *3* 部
地球を取り巻く天体と宇宙

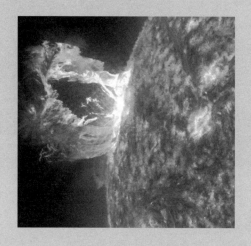

　数千年前、人類が文明を生み出した頃、人々にとって大地はあまりに大きく、この世界の中心と信じられていた。その大地は平板で太陽や月、星は決まったルールで空を移ろっていく。中には不思議な動きをみせる惑星もある。人々は天体の刻む足跡から暦を作り、この宇宙の姿を想像してきた。17世紀には地球も惑星の一つであると認識が変わり、その後、知識の蓄積と観測技術の向上で太陽すら宇宙で特別な天体ではないことがわかってきた。たった直径1万3千kmの地球の上から観測と考察を深め、人類の知る宇宙の領域は100億光年を超え、その歴史も解き明かせるようになってきた。この部では人類が天体をどう利用し、どう宇宙の理解を深めてきたのかを辿っていく。

1. 天体の運動と暦

　空を眺めると、太陽は時刻とともに移ろい、日が暮れると月星も同じように空を巡っていく。太陽が昨日と同じ位置に戻る1日という周期は生活の基本単位である。月もずっと観察していると、形を変え新月になったかと思うと7日ほどで半月となり、さらに7日ほど経つと満月になる。週や月といった生活の区切りを作ってくれる。

　人々は天体の位置を記録し、その技術を高めながら暦を作り生活に役立ててきた。これら天体の運動は、地球の自転や公転、月の公転によって作られる。

図3-1-1　星の日周運動
日周運動の中心は北極星。北極星も天の北極から0.7°ほどずれている。
出所：水沢VLBI観測所提供、飯島裕撮影。

☞やってみよう！
太陽や月、星を見て日周運動を確認しよう。

1-1. 地球の運動と1日

　太陽は東から昇り子午線を通過し、西に沈んでいく。これは地球の自転による見かけの運動である（**日周運動**）。それでは、地球の自転周期は1日＝24時間だろうか。

　太陽の位置が昨日と同じになるのに要する時間は24時間、これを1**太陽日**という。ところが、これは地球の自転周期ではない。この間に地球は太陽の周りを1°ほど公転する。そのため、太陽の位置が昨日と同じになるためには公転した分だけ余計に自転しなくてはならない。つまり、地球の自転周期は24時間より少し短く23時間56分4秒である。これを1**恒星日**という。

1-2. 均時差

地球の公転の影響で、太陽の位置は星座の中を1日に1°ほど西から東に移動する。1自転したうえで、この分余計に自転しないと1太陽日にならない。しかし、地球の公転角度は実は一定ではない（後述：ケプラーの第2法則）。季節によって、1日

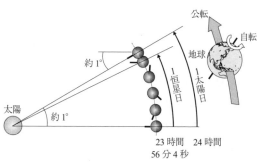

図3-1-2　太陽日と恒星日

あたり公転する角度はわずかに変化する。また、地球自転は東西方向だが、太陽の位置のずれは地軸の傾きの関係で東西方向と23.4°傾いた黄道^{（p.218）}沿いに移動する。黄道が東西方向を斜めに横切るときは、1°の公転角度があっても、余計に自転する角度は小さくて済む。すなわち、1太陽日は実は一定ではなく、24時間というのは1太陽日の平均値なのである（平均太陽日）。

同じ時刻、例えば正午に太陽の方位を観察し続けると真南であったり、やや東、やや西だったりする。平均太陽と実際の太陽の位置（時間）のずれを均時差という。日時計には、均時差を考慮して、毎正時の線の周りに細長い8の字（アナレンマという）を描き入れ、正確な時刻がわかるよう工夫されている。図3-1-3の左図はギリシャのパルテノン神殿脇から正午の太陽の位置を一年間通

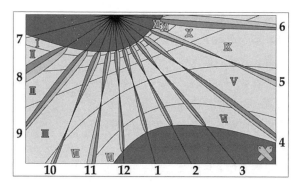

図3-1-3　パルテノン神殿とアナレンマ（左）、壁式日時計（右：慶應義塾高校）

して撮影し合成したものである。均時差によって太陽は正午でも真南に位置していないことが多い。日時計にはアナレンマが描き込まれ、かなり正確な時間を読み取れるようになっている（右図）。

1-3. 天体の位置の表し方（赤道座標）

　地球の緯度経度のように、天体の位置を表す座標がある。日周運動で時とともに天体は移ろうので、日周運動の動きに合わせて基準点を設定してある。まず、地球を中心とした巨大な仮想の球面を考える。これを**天球**という（図3-1-4）。天体の位置をこの球面上の位置で表す。実際には近い星、遠い星があるのだが、ここではそれは考えず、地球から見た位置だけで表す。すると、地球の自転軸を延長し天球と交わる点を中心に、星々は日周運動して見える。この点を天の北極、天の南極という。天の北極のほど近くに2等星の北極星（Polaris：ラテン語で極星の意味）があり、北半球ではかなり正確に方位を知ることができる。

　地球の赤道を天球に投影したものが**天の赤道**である。日周運動は、天の赤道に平行して動いて見える。天球上の太陽の通り道を**黄道**という。地球は太陽の周りを1年かけて公転しているが、地球から見ると天球上を1年で1周するように見える。これを年周運動という。地球の自転軸と公転面の垂直方向が23.4°傾いているため、天の赤道と黄道も23.4°傾斜して交わっている。

　黄道上を移動する太陽は春分の日に天の赤道を横切る。ここを春分点という。最も北に天の赤道から離れるのが夏至点、再び天の赤道を横切るのが秋分点、最も南に天の赤道から離れるのが冬至点である。天体の位置を表すのに天の赤道を基準にして表す。基点は春分点で、東回りに測った角度が**赤経**、天の赤道から極に向かって測った角度が**赤緯**である。これを**赤道座標**という。

　星座を作る星々は、刻々日周運動で位置を変えるが、極めて遠方

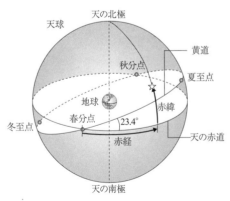

図3-1-4　天球と天体の位置の表し方（赤道座標）

にあるので赤経・赤緯はほぼ不変である。一方、太陽や月、惑星など太陽系天体はその位置を日々変化させている。

天体座標には、黄道を基準とした黄道座標、銀河面を基準とした銀河座標、その場所で見えている空と方位を基準にした地平座標など様々なものがある。

1-4. 年周運動と暦

地球は太陽の周りを公転している。このため地球から見ると、太陽は黄道上を1日に約1°（360/365°）移動して1年で一周する。この周期を**太陽年**という。1太陽年は365.2422日である。

1年がちょうど365日ではないということに気がついたのは、古代エジプトの人々だった。毎年起こるナイル川の氾濫を知るために太陽とシリウスが同時に昇ってくる日を新年とした。精密な天体観測が蓄積され4年に一度、1日多い閏年を設定すれば年と日のずれがほぼなくなることに気がついた。共和制ローマのユリウス・カエサルはエジプト遠征の折、この暦を知りローマの暦とし紀元前45年1月1日に施行した。これを**ユリウス暦**という。

ユリウス暦では4年に一度閏年が設けられるので1年は365.25日である。共和制ローマはローマ帝国となりキリスト教と密接になると、キリスト教社会でユリウス暦は広まっていった。

キリスト教の重要な行事である復活祭の日取りは春分の日を基準に決められる。しかし、ユリウス暦施行後1600年以上経過し、実際の太陽の位置と暦のずれが10日以上にもなってしまっていた。時のローマ教皇、グレゴリオ13世は、よりすぐれた暦への改暦を命じた。検討の結果、今までのずれを解消するため1582年10月4日（木）の翌日を10月15日（金）とし、閏年の挿入を400年で97回となるようにした。これが現在も世界で標準的に使われている**グレゴリオ暦**である。

西暦が		閏年
4 で割り切れる		○
但し100 〃		×
但し400 〃		○

図3-1-5 グレゴリオ13世とうるう年のルール

1-5. 月とひと月

　月は地球を公転する衛星である。半径約 1,700 km、主たる地球に比べて約 1/4 の大きさをもつ。ちょうど大西洋の北米とアフリカ大陸の間にすっぽり収まると考えればちょうどよい。惑星の大きさに対し、このような巨大な衛星をもつ例は太陽系の惑星では例がない。地表から月を見上げれば、その形や表面の模様まではっきりと見える。

　月は地球の強い起潮力（p.173）によって自転周期と公転周期が同じ（27.3 日）になってしまい、常に同じ面を地球に向けている。そのため、満ち欠けはすれども月面に見える模様はいつもほぼ同じである。

　地球から見て、太陽の方向に月があるときが新月である。朔ともいう。朔を過ぎると夕刻西の空に細い月が見られ、日が経つと徐々に太ってくる。1 週ほど経つと半月になり、これが上弦。さらに 1 週ほどで月は太陽の逆側に位置し満月（望ともいう）となる。もう 1 週で下弦、そして再び朔となる。このように 7 日単位の週と月の満ち欠けの親和性は高い。そして、朔となり望となりまた朔となる満ち欠けの周期は 29.5 日。これを 1 朔望月という。

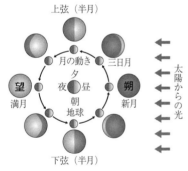

図 3-1-6　月の満ち欠け

　大の月を 30 日、小の月を 29 日として交互に繰り返せば、月の形をカレンダーと見立てることができる。こうやって決めた月が 12 回で 354 日となり、およそ 1 年となる。このように月の形を基準に決めた暦を太陰暦という。ただし 1 年に 11 日も季節とずれてしまうので、農業が盛んな場所では適さない。そこで、メソポタミアや東アジアでは数年に一度、「閏月」を入れて 1 年を 13 カ月とすることで暦と季節を調和させる太陰太陽暦が発達した。

1-6. 天体の運動と時間単位

　地球の自転により日周運動が生じ「日」が定義され、地球の公転により太陽の年周運動が生じ「年」が定義された。月の満ち欠けからは「月」という時間単位が生まれた。「週」については聖書に由来するという説や、天球上を移動する太陽・月・惑星の７天体に由来する、ひと月を４分割してできたなどという説がある。このように、地球や月の運動によって人類はさまざまな時間単位を手に入れることができた。

　メソポタミアでは、指の関節を用いて小指から人差し指まで親指で押さえながら片手で 12 まで数え、これを１セットとしてもう片手の指で何セットかをカウントし、60 まで数えていたという。このような環境の中で 12 進法や 60 進法が生活に溶け込んでいたのであろう。１日は昼と夜に分けられ、それぞれ 12 ずつに分割すると「時」となり、それを 60 で割って「分」、さらに「秒」。月は 12 セットでおよそ１年となる。メソポタミアで太陽暦ではなく、太陰暦が使われていたのも納得ができるだろう。

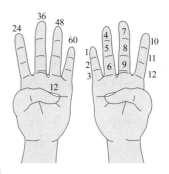

図 3-1-7　メソポタミアの数え方

1-7. 地球自転の証明

　日周運動を作る地球の自転、このことが証明されたのは 1851 年、フランスのフーコーによる。あまたの星々が、地球を中心に一斉に１日に１周しているとは考えづらく、地球自転はすでに常識ではあったが、直接的に証明はされていなかった。フーコーはパリのパンテオン寺院に 28 kg の重りをつけた長さ 67 m の巨大な振り子を設置して、地球自転を証明した。振り子は重力によって振れ

るので、振り子にかかる力の方向は真下（鉛直方向）のみである。そのため振り子が振れる面（振動面）は一定のはずである。しかし、観測者からは振動面は北半球では時計回りに回転して見える。これは、観測者の乗る地面が地球自転によって回転しているため起こる現象なのである（第2部4-3）。

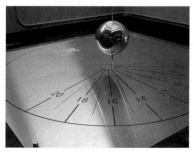

図3-1-8　フーコーの振り子（慶應義塾高校）

1-8. 地球公転の証明

　地球は太陽の周りを公転している。この証明はいつ頃されたか。これは後述する地動説、天動説論争とも密接に関連する題材であり、古くから活発な論議が繰り返された。

　もし、本当に地球が太陽の周りを公転しているのなら、**年周視差**が存在するはずである。このことは、古代ギリシャ時代から指摘されていた。年周視差とは、近傍の恒星であれば地球の位置によって見込む恒星の方向が変わり、1年をかけて天球上を移動して見える現象、もしくはそのずれる角度をいう。距離とずれの関係を考えてみよう。腕を伸ばして指を立てる。これを片目で交互に見る。例えば右目が地球の夏の位置、左目が冬の位置。背景に対して指先の位置がずれる。指を近づけると、ずれは大きくなる。年周視差は、近い天体ほど大きく、遠いと小さくなる性質がある。

　16世紀末、デンマークの**ティコ・ブラーエ**は肉眼によるものとして人類最高精度の天体位置観測を行っていた。望遠鏡が発明される直前のことである。現在の計算と比較して、ブラーエの残したデータは誤差1分角以内という驚

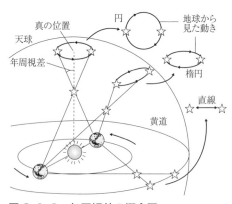

図3-1-9　年周視差の概念図

異的なものである。微小な角度は60進法で表す。1度の1/60が1分角、その1/60が1秒角である。5円玉をもって腕を思い切り伸ばして見たとき、孔の直径と目のなす中心角は約0.5°＝30分角に相当する。ブラーエの精度はその1/30以下、その精度を感じてみてほしい。

　ところが、ブラーエは年周視差を見出すことができなかった。そのため、地球は公転していないという立場を取った。

　それからまもなく望遠鏡が発明された。イタリアのガリレオ・ガリレイは望遠鏡を天体に向け、次々に大発見を重ねた。望遠鏡自体もどんどん改良されていく。しかし、1世紀が過ぎても年周視差は発見されなかった。恒星までの距離は想像以上に遠く、年周視差はあまりに小さかった。望遠鏡といえども容易に発見できるものではなかったのである。

　イギリスのジェームス・ブラッドリーは年周視差を検出しようと、精度を高めるために筒を固定して天頂しか見えない望遠鏡でりゅう座 γ 星を4年観測した。そして、ついに1年周期で位置変化することを見出した。その値、わずか20.5秒角。しかし、これは年周視差ではなかった。ずれる方向が年周視差によるものと異なっていたことと、周りの星も同じように同じ角度だけずれていたからである。距離が異なれば年周視差の値も変わる。望遠鏡の視野内の星がすべて同じ距離にあるとは考えづらい。悩んだブラッドリーは思索を深めた。

テムズ川でヨット遊びをしているときに、マストの風見鶏の向く方向が実際の風向きと違うことに気がついた。考えてみれば当たり前の話だが、ヨットも動いているのでその運動方向と風向きの合成方向に風見鶏は向く。これを観測した現象と地

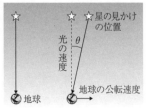

図3-1-10　ブラッドリー（上）、年周光行差の概念図（右）

球の運動に置き替えることで、その意味することに辿り着いた。光の速度を有限なものとすると地球公転による運動によって、恒星からの光も実際の方向から少しずれて見える。雨が真上から降っているときには傘は真上にさす。しかし自分が走り出したら雨はあたかも前方から降ってくるように見える。体が濡れないように傘を斜め前に向けるだろう。

　ブラッドリーは1728年、このずれは地球公転による**年周光行差**であると発表した。これが初の地球公転の直接証明となった。それだけでなく、光速をかなり正確に測定することにも成功したこととなった。

　さて、年周視差の検出は18世紀になっても成功しなかった。できれば年周視差の大きい（近い）恒星を観測対象にしたいところだが、恒星までの距離は見てわかるものではない。観測に時間もかかるので、ある程度ばくち的な要素もあった。初の年周視差の検出はブラーエから約250年、1838年ドイツの**ベッセル**が行った、はくちょう座61番星の観測による。ベッセルはこの星の固有運動（恒星の位置の変化。近い星ほど大きい値になる傾向がある）が大きいという観測結果を知り、近傍の星と確信して観測対象とした。その観測結果は0.314秒角（実際は0.286秒角）という極めて微小な角度だった。ブラーエの精度の約1/200、ブラッドリーの年周光行差の約1/60という恐ろしいほどの小さい値である。年周視差がわかれば距離がわかる。宇宙はかくも広大なのか。人類はようやく太陽系の隣の港までの地図を描くことができたのである。

Question！
地動説の証拠となる年周視差は、なぜ19世紀になるまで発見できなかったのだろうか？

コラム　年周視差をめぐるタイムレース

　ベッセルの年周視差発見は、まだ天体写真技
術が導入される以前のことである。この頃、ド
イツの屈折望遠鏡の制作技術が飛躍的に向上し、
また天体を一軸で追尾する赤道儀という架台
が導入され、精密天体位置観測の技術革新が起
こっていた。

　ベッセルと古くから親交のあったフリード
リッヒ・ストルーベ（独・露）はこと座のベガ
に着目して 1835 年から 2 年間観測し、0.125 秒
角との結果を 1837 年に親友のベッセルに書き
送った。ストルーベは観測精度に満足しておら

図 3-1-11　ドイツの切手に
なったベッセル

ず、追加観測が必要と考えていた。これに驚いたベッセルは 1837 年から精力的に
観測を行い、98 日間のデータを積み上げた。そして一気に解析を行い、1838 年 10
月 23 日に論文が受理された。

　一方、トマス・ヘンダーソン（英）は南アフリカ、喜望峰の天文台の台長に招聘
され働いていた。位置を測定する星の中に、今では太陽系に最も近い星系とわかっ
ているケンタウルス座 a 星も含まれていた。喜望峰に 1832 年から 33 年まで滞在し、
その間のデータを用いてケンタウルス座 a 星の年周視差を 1.12 秒角程度とざっと
見出したものの、精度に自信がもてず発表はしなかった。ヘンダーソンが友人の追
加観測も加えて解析した論文は 1839 年 1 月 11 日受理、ストルーベも追加観測を
行って論文にしたのは 1840 年になってからだった。

2. 惑星の運動と宇宙観の変遷

　星座を作る星々、その間を日々刻々と西から東に移動していく月と太陽。そして、惑星。惑う星とのその名のごとく、奇妙な動きを見せる。この動きは何かのメッセージと考えられ、占星術が発達した。天文学と占星術の発達は表裏一体であったともいえる。このような、奇妙な動きを理解するために昔の人々はどのような仕組み、宇宙観を考えたのだろうか。そして、中世になるとその宇宙観をめぐって天動説と地動説の激しい対立が生じた。その中で天文学も発展し、近世における重要な発見の礎を築いていったのである。

2-1. 惑星の運動

　太陽は 1 日でおよそ 1°、月は約 12°、天球上を西から東に移動していく。それに対し、惑星たちは奇妙な動きをする。太陽や月と同じように西から東に移動（順行）したかと思えば、徐々に移動量が小さくなって昨日とほぼ同じ位置に留まり（留）、そして今度は東から西に動き出す（逆行）。次に再び留となり、順行となる。まさに「惑う星」である。英語の planet も「さまようもの」との意味から来ており、プランクトンと同じ語源をもつ。

　なぜこのような運動を見せるのだろうか。現代の私たちは、地球を含む惑星が太陽を中心に公転していることを知っている。公転する方向は皆、同じであ

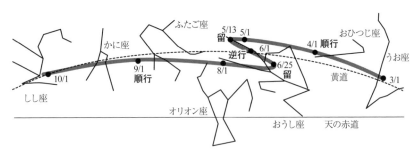

図 3-2-1　2020 年の金星の視運動
順行していた金星は 5 月 13 日に留となり、逆行を始め、6 月 25 日に再び留。以降は順行となる。

る。太陽に近い惑星ほど太陽の強大な引力に対抗するためより速く回っている。

　すると、公転速度は内側ほど速く、外側ほど遅くなる。地球の内側を回る水星や金星は地球を追い越していき、外側を回る火星や木星などは地球に追い越されることになる。

　ここで2018年の火星を例に考える。図3-2-2のように1月から6月までは、地球から遠巻きに火星を見ており、西から東に動いて見える。しかし、6月末から8月末にかけて、地球が火星を追い越すときには、あたかもバックするように東から西に動いて見える。電車が併走しているときに両方とも同じ方向に走っているのにもかかわらず、自分の乗った電車より、もう片方の速度が遅ければバックしているように見えるのと似たような原理である。

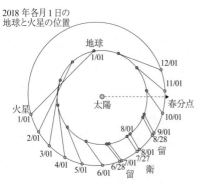

2018年各月1日の
地球と火星の位置

図3-2-2　2018年の火星の視運動
惑星は同じ向きに公転しており、太陽に近い惑星の方が速い。内側の地球が火星を追い越すときに火星が逆行して見える。

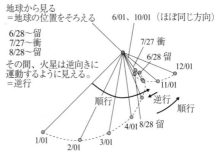

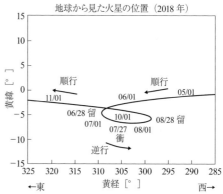

地球から見た火星の位置（2018年）

2-2. 惑星現象

　このような惑星の運動や、見かけの形から地球と惑星の位置関係に名前がつ

いている。惑星の運動の様子や位置関係を総称して**惑星現象**という。図 3-2-3
を見ながら、それぞれの惑星現象の位置と見え方を把握しよう。

内惑星

図では地球の位置は固定
して考えている。地球の内
側を回る水星、金星ついて
は、太陽からある一定角度
以上離れることはない。こ
の位置関係、もしくはその
角度を最大離角という。こ
れには二つの位置があり、
太陽より西にあるときを**西
方最大離角**(明け方に見える)、
東にあるときを**東方最大離
角**(夕方に見える)という。こ
のとき地球―惑星―太陽の
なす角は直角となり、惑星
の姿は半月状に見える。最
大離角は水星で 30° 弱程度、
金星で 50° 弱程度である。内
惑星は日没後数時間で太陽
を追って地平線下に没して

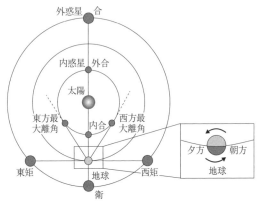

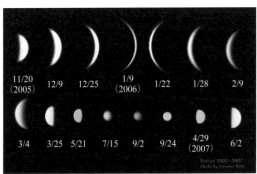

図 3-2-3　惑星現象と地球の明け方・夕方（上）と
金星の満ち欠け（下）

しまうので、真夜中では見えることはない。

　東方最大離角から地球に近づいてきて、見かけの大きさは大きくなるものの、
地球から見える太陽の光を受ける面が少なくなるため、形は三日月状にだんだ
ん細くなっていく。太陽の方向と一致すると**内合**となる。地球の公転面と内惑

Question !
金星写真のそれぞれの位置は、上の図ではどこになるだろうか？

星の公転面が一致する場所で内合となると、内惑星が太陽面を通過することがある。そして、今度はだんだん見かけの大きさは小さくなり、輝面の割合は増していく。半月状になると西方最大離角、さらに遠ざかると満月状に近くになっていき、太陽方向に一致すると**外合**となる。

外惑星

　火星、木星、土星、および肉眼では見られない天王星、海王星は地球の外側を回る外惑星である。地球—太陽—惑星と並ぶと**合**となる。太陽—地球—惑星のなす角が直角となる時を矩といい、日没時に南中する状態を**東矩**、日の出時に南中している状態を**西矩**という。太陽—地球—惑星と並ぶと、日没時に東の空から昇り、真夜中に南中、日の出時に西の空に没する。このため一晩中観測が可能となる。これを**衝**という。衝になると地球からの距離が近くなるので、観測の好機である。

2-3. 宇宙観の変遷とケプラーの法則

　このように天球上で奇妙な動きをする惑星を含むこの宇宙を、人類はどのように理解してきたのだろうか。ここでいう宇宙とは、今私たちが知る宇宙と比べて極めて小さいものである。月や太陽があり惑星があり、それらが動いて天を移ろっていく。星座を作る星々は一番外側の球に張り付いているような宇宙を考えていた。言ってみれば太陽系の姿そのものが当時の宇宙だったのである。地球はあまりにも巨大で、この大地が動いているとは想像すら難しかっただろう。

アリスタルコスの太陽中心説

　古代ギリシャのアリスタルコス（BC3 世紀）は、月食の際に月を覆い隠す影（地球の影）の大きさから月の大体の大きさを地球の 1/3（実際は 1/4）と見積もった。さらに、月が厳密に半月の状態の時（地球—月—太陽の角度が直角）、月と太陽の角度を測ることで月の距離と太陽の距離の比を求めた。その結果、1 : 20（実際は 1 : 400）となり、月と太陽は地球から見た見かけの大きさはほぼ同じなので、太陽の大きさは月の 20 倍、すなわち太陽は地球の 7 倍もの大きさと求め

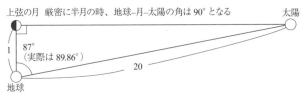

図3-2-4　アリスタルコスの測定
地球—月—太陽のつくる三角形の2角が決定するので辺の比が求まる。地球から太陽の距離は月の20倍と求まった。

た（実際は109倍）。

　そのため、小さい地球のほうが太陽の周りを回っていると考えた。自由闊達に意見を交換できる古代ギリシャ社会においては、支持する者、しない者がそれぞれいた。中には地球に対する不敬であると告発した者もいたそうだが、特段アリスタルコスの社会的立場が危うくなるようなことはなかった。

プトレマイオスの周転円説

　自由闊達に意見を戦わせることができ、時には時代を超えて文献を基に先人に賛同したり批判できたりするのが古代ギリシャ文明だった。その古代ギリシャ文明の集大成ともいえるのが、**プトレマイオス**（AD2世紀）の編纂した大書『アルマゲスト』である。この中には失われた文献の引用も多数含まれ、プトレマイオスにいたる議論の様子をうかがい知ることができる。

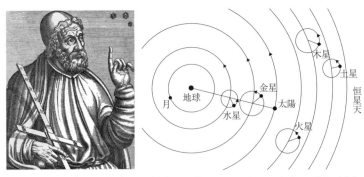

図3-2-5　プトレマイオス（左）とプトレマイオスの宇宙モデル（右）

惑星の奇妙な動きに対するプトレマイオスの回答は「**周転円**」を採用することだった。地球を中心として円軌道を描き、内側から月、水星、金星、そして太陽、その他の惑星が回る。このままでは逆行しないので、惑星については円軌道の上にさらに円を描き、この円（周転円）の上を惑星が回っているとした。

　前節で述べたように、内惑星は太陽から一定角度以上離れない。そのためプトレマイオスの宇宙モデルでは、「水星と金星の周転円の中心は地球と太陽の結ぶ線上にある」という縛りを設けなければならなかった。

　その後、ローマ帝国およびキリスト教社会においては聖書原理主義に陥り、証拠を挙げながら考察し議論をする風習が失われてしまった。しかし、『アルマゲスト』はアラブ社会で翻訳され引き継がれた。そのためアラビア語で「偉大な書」という意味の書名となって現代に伝わっている。キリスト教社会では聖書に太陽が動くという記述が何カ所かにあることから**天動説**が信じられていた。『アルマゲスト』はルネッサンス期にキリスト教社会に逆輸入され、長らく教科書として活用された。プトレマイオスの宇宙モデルはこの間に聖書原理主義と結びつき、知識階級では天動説が常識となっていった。

コペルニクスの地動説

　プトレマイオスから時を経ること千年以上、15 世紀のポーランドに**ニコラウス・コペルニクス**が登場する。コペルニクスは教会司祭でありながら医師・天文学者でもあった。

　惑星位置の計算の過程で、年（地動説では太陽の公転周期）や地球—太陽距離が必要で、また周転円の周期が必ず 1 年であること、水星・金星の周転円中心が地球—太陽上になくてはならないなどの制約が多いことから、プトレマイオスの天動説に疑問をもつようになった。それよりは太陽を中心とし、惑星の相互運動

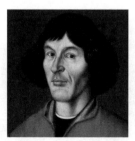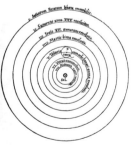

図 3-2-6　コペルニクス（左）とコペルニクスの宇宙モデル（右）

によって順行・逆行が起こると仮定したほうが単純に現象を説明できると考えた。すなわち**地動説**である。

　コペルニクスは弟子の勧めもあり自説を書籍に著すこととした。1543年『天体の回転について』を出版し、その刷り上がり見本が手元に届いたのは、まさに亡くなるその日だったという。

　惑星の運動を簡単に表現できるコペルニクスの地動説であったが、直ちに受け入れられたわけではなかった。それは宗教の制約が大きい。聖書の中で、明確に天動説が述べられているわけではないが、長い時間をかけて宗教上の常識となっていた。宗教改革で有名なマルティン・ルターはコペルニクスの地動説を「このばか者は天文学全体をひっくり返そうとしている。ヨシュアが留まれと言ったのは、太陽に対してであって、地球に対してではない。」と痛切に批判した。著書『天体の回転について』は、カトリック教会ではガリレオの第一宗教裁判を前に1616年に禁書目録に掲載され、1835年まで禁書となった。

ガリレオ・ガリレイ

　コペルニクスの地動説に共感し、さらに思索を深めたイタリアのジョルダノ・ブルーノはこう考えた。あまたの星々は太陽と同じような天体で、極めて遠くに位置している。そして近い星、遠い星があり、つまり宇宙に特別な場所はなく無限に広がっている、と。当時のイタリアは宗教異端に厳しく、異端者は処刑される。ブルーノは自説を曲げず、1600年に火刑に処された。

　このような時代背景の中、同じイタリアで**ガリレオ・ガリレイ**は育った。1609年にオランダの眼鏡職人が望遠鏡を発明したことを聞きつけ、実物を見ずに自ら設計をして再発明する。そして、望遠鏡を空に向け、初めて天体望遠鏡と

図3-2-7　ガリレオ（左）とガリレオの望遠鏡（右）

して活用したのである。そしてさまざまな新発見を重ねる。

月を見ると、でこぼこで山あり谷ありの、神の作り給うた完璧な姿からはほど遠い存在であった。太陽も黒いシミのようなもの（黒点）があり、完璧な姿とはいいがたい。

木星を継続観測すると小天体がその周りを回っていることがわかった（4つの巨大衛星：ガリレオ衛星）。天動説では天体は地球以外の周りを回らないと信じられてきたが、その例外を初めて直接見出したのだ。そして、金星を観察すると満ち欠けすることと、見かけの大きさが変化することを発見し

 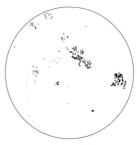

図3-2-8　ガリレオのスケッチ　月（左）と太陽（右：模写）
太陽黒点が移動していること（太陽の自転）、黒点の形が縁に近くなると歪むことから太陽が球であることを発見した。

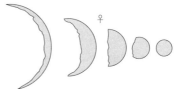

図3-2-9　ガリレオのスケッチ　木星とその衛星（左）と金星の満ち欠けと視直径の変化（右：模写）
木星は1610年1月7日から24日までのスケッチ。丸が木星で小さい星印が衛星。金星が半月以上に太るためには太陽の向こう側になければならない。プトレマイオスの宇宙モデルを否定する直接的な証拠である。

出所：S. Debarbat and C. Wilson（1989）The Galilean satellites of Jupiter from Galileo to Cassini, Roemer and Bradley, in R. Taton and C. Wilson eds., *The General History of Astronomy*, vol. 2A, Cambridge University Press.

た。これが、プトレマイオスの宇宙モデルを否定する決定的な証拠となった。図3-2-5（右）を見ると、金星は地球と太陽を結ぶ線上を中心とする周転円上を回っている。光源は太陽なので月と同じように陽が当たっている部分が輝いて見える。このモデルでは、金星は太陽の向こう側に位置することはないので、少なくとも半月状以上に太ることはない。しかし、実際には半月になり、さら

にそれより太くなっている。明らかに太陽の向こう側に位置している。ガリレオはプトレマイオスの宇宙モデルは間違っていることを確信した。

　ブルーノの例を知っていたガリレオは、注意深く著作を続ける。『天文対話』（1630）では、地動説、天動説をそれぞれ信じる者、そして中立な立場の三者の対話から読者に結論を委ねる形で巧みに展開をした。それでも、宗教裁判となり1633年に有罪判決を受ける。この際に地動説を放棄することで死刑は免れたが、無期で監視つきの軟禁刑となった。

ヨハネス・ケプラーとブラーエ

図3-2-10　ケプラー

　ドイツの**ヨハネス・ケプラー**は、天才的な数学能力をもっていた。数学や天文学を教えながら、この宇宙の仕組みに深い興味をもち、その解明に力を注いでいた。

　彼は占星術師としても名を馳せる存在だった。占星術には惑星の位置計算が必須で、この時代にはプトレマイオスの宇宙モデルのように一つの周転円では精度の高まる観測データの位置を説明しきれず、周転円の上に周転円を重ね、それを何回か繰り返すことで位置計算をしていた。あまりに複雑化する計算に疑問を感じたケプラーは、太陽を中心としたコペルニクスの宇宙モデルで、よりシンプルにこの宇宙の仕組みが表せるのではないかと考えた。また正多面体に内接・外接する球を作れば、惑星の軌道半径を再現できるのでは、とも考えて実際にモデルを作ってみたりもした（これには意味がなかった）。

　自説を確かめるためには精度の高い惑星の位置データが必要だった。当時最も精度の高い観測データをもっているのはブラーエだった。ケプラーはブラーエのいるプラハの天文台に助手として招かれた。そしてそのデータに触れることに期待したが、期待したような仕事はできないままだったようである。ケプラーが赴任してわずか1年半後にブラーエが亡くなると、遺族とのトラブルも乗り越えデータを入手する。

　ケプラーはそのデータを精査し研究を続けた。太陽中心モデルで惑星の軌道を描いてみると、すべての惑星軌道に同じ歪みを発見する。これは観測地であ

る地球の軌道の歪みだと気がついた。その歪みを取り除いた場合の火星の軌道を描き、その軌道から地球軌道の歪みを数値化していった。そして、他の惑星の歪みも精密に表すことに成功し、太陽を中心として惑星がそれぞれ独自の歪みをもった楕円軌道を公転する太陽系モデルを作り上げた。

ケプラーは『新天文学』（1609）を著し、学術的には天動説・地動説論争に終止符を打った。コペルニクスの地動説を支持するケプラーが天動説を支持するブラーエのデータを使ってこの偉業を成し遂げたのが興味深い。

ただ、出版によって人の考えや通説が色を塗り替えるようにすぐさま変わるわけではなかった。ケプラーの説が支持されるようになるまではしばらく時間がかかった。なにしろ、ガリレオでさえ楕円軌道説には不快感を示し、そのガリレオが地動説の流布で有罪になるのは出版後 24 年も経った後のことなのだ。

2-4. ケプラーの法則

それでは、地動説を決定づけたケプラーの惑星の運動に関する法則（**ケプラーの法則**）を詳しく見ていこう。ケプラーの法則は、『新天文学』（1609）、『世界の調和』（1619）で著されたものから、3 つ法則にまとめられる。

第 1 法則（楕円軌道の法則）

「惑星の軌道は太陽を一つの焦点とする楕円軌道である。」

円とは、ある 1 点から等距離の点の集合図形である。それに対し、楕円とはある 2 点からの距離の和が等しい点の集合図形である。この 2 点を焦点という（図 3-2-11）。

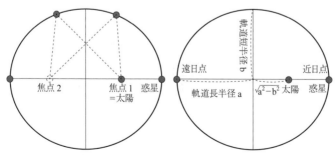

図 3-2-11　第 1 法則（楕円軌道の法則）

焦点が離れれば離れるほど、楕円の形は潰れた形になる。楕円の長い軸の半径を長半径a、短い軸の半径を短半径bとすると、楕円の潰れ具合を表す離心率eは$e=\dfrac{\sqrt{a^2-b^2}}{a}$と表される。a＝bのときに完全な円となりe＝0、b＝0のときe＝1となり楕円ではなく線になってしまう。そのため離心率は$0\leqq e<1$の範囲で表され、1に近づくほど潰れた形になる。ちなみに、地球の離心率はe＝0.0167である。

　惑星が太陽に最も近づくところを近日点、最も遠ざかるところを遠日点という。近日点距離q、遠日点距離Qとすると、平均距離は$\dfrac{q+Q}{2}$となり、長軸の長さの半分、すなわち長半径aに一致する。そのため、惑星の平均軌道半径を一般にaで表す。

第2法則（面積速度一定の法則）

「太陽と惑星を結ぶ線分は、一定期間に一定面積を描く。」

　ケプラーはブラーエの精密データから公転速度の違いも見出した。太陽と惑星を結ぶ線分は近日点で最も短く、遠日点で最も長い。すなわち、惑星の公転速度は、近日点で最も速く、遠日点で最も遅い。これは地上でものを放り上げたときの軌跡を思い描いてみると理解できる。放り上げられた物体が太陽の引力に引かれて徐々に速度を落とし、ついには落下してくる。この場合は徐々に加速する。地上と違って引力の向く方向は太陽なので、太陽面に落ちなければ引かれる方向を変えながら太陽の近くを通ってまた再び放り上げられることになる。

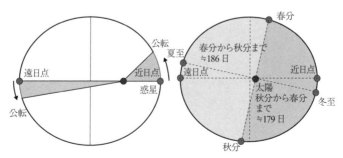

図3-2-12　第2法則（面積速度一定の法則）

第３法則（調和の法則）

「惑星の軌道半径 a の３乗と公転周期 P の２乗の比はすべての惑星について一定である。」

ケプラーの宇宙の仕組みを知りたいという欲求は、神の御心に近づきたいという欲求でもあった。惑星の軌道を表すことに成功してからも試行錯誤を繰り返し、神が何かを隠していないか模索を続けた。そして見出したのが調和の法則である。

計算をすると、どの惑星についてもほぼ１になることがわかる。この関係は惑星だけでなく、太陽を回るすべての天体に当てはまる。

表 3-2-1　惑星の軌道半径と公転周期

惑星	軌道半径 a（天文単位）	公転周期 P（年）	a^3/P^2
水星	0.39	0.24	
金星	0.72	0.62	
地球	1.00	1.00	
火星	1.52	1.88	
木星	5.20	11.86	
土星	9.55	29.46	
天王星	19.22	84.02	
海王星	30.11	164.77	
冥王星 (準惑星)	39.54	247.80	

半径の単位は天文単位（Astronomical Unit：au）地球・太陽距離を１とする距離単位である。

☞やってみよう！
ケプラーの第３法則が成立するか確認をしてみよう。表 3-2-1 を見て軌道半径 a の３乗÷公転周期 P の２乗の値を計算し表に記入してみよう。

図 3-2-13 を見ると、実に見事に関係が成立している。これはなぜなのだろうか。ケプラーはそれを知らずにこの世を去った。調和の法則の意味が解き明かされるには、さらに 100 年以上の時を要した。それには、希代の天才アイザック・ニュートンの出現を待たねばならなかった。その結果、この関係の意味するところから、天文学の極めて重要な式が導かれることとなる。

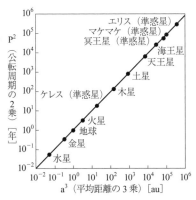

図3-2-13　太陽を回る天体の a^3/P^2 の関係

2-5.　調和の法則から惑星の軌道半径を知る

　ケプラーの第3法則は軌道半径 a の3乗と公転周期 P の2乗が一定であるというものだった。すなわち $a^3/P^2 = k$（k は比例定数）。表 3-2-1 で a^3/P^2 を検算したとき、各惑星の値はほぼ1になった。このとき、軌道半径の単位は**天文単位**（Astronomical unit: au）といい、地球と太陽の平均距離を1とする距離の単位である。地球を例に取ると、軌道半径 a = 1（au）、公転周期 P = 1（年）なので $a^3/P^2 = 1$ となり比例定数 k は1となる。すなわち、$a^3 = P^2$。これを変形すると、$a = \sqrt[3]{P^2}$ となる。このように、単位に au、年を使うのであれば、惑星の公転周期から惑星の軌道半径を知ることができる。すると、太陽系の地図を描くことができる。このことは中世の人にとっては、この宇宙の規模を知ることと同じ意味をもった。公転周期は、惑星現象を定常的に観察することで知ることができる。ならば、あとは1天文単位が実際にどのくらいの距離なのかがわかればよい。

Question！
太陽系に公転周期が8年の仮想の惑星があるとすると、この惑星の軌道半径は？

2-6.　1天文単位の決定

　古代ギリシャのアリスタルコスによって月と太陽の距離比が約20倍と求められていた（実際は約400倍）。その後のヒッパルコス（BC3世紀）によって月までの距離が測られ、こちらはかなり正確に38万 km と記録されている。このことから、紀元前には1天文単位（au）は38万×20で約800万 km と知られていた。

　1672年、フランスのカッシーニとリシェルは大接近する火星を、それぞれパ

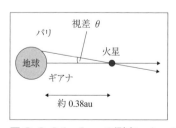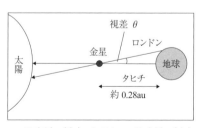

図 3-2-14　1au の測定：カッシーニの方法（左）とハレーの方法（右）

リと南米のギアナから観測した。

　背景の恒星に対する火星の位置が少しずれる視差が生じるので、この角度とパリ―ギアナ間の距離を用いて、火星までの距離を測定した。惑星の軌道解析からこの距離が0.38auであることがわかっていたので、カッシーニらは1auを1億4千万km程度と求めた。

　ハレー彗星で有名なイギリスのエドモンド・ハレーは、1716年、1auを求めるのに、金星が太陽面を通過する現象を利用すると精度よく求められると提案した。太陽面上の金星の位置を記録することで、金星の視差をより精度よく測れると考えたのだ。しかし、金星の太陽面通過は頻繁に起きる現象ではない。ハレーはこの現象が次回は1761年、1769年に起こり、その次は122年後の1874年、そして1882年に起こることも予言した。18世紀に起こる2回の通過現象に向け、各国が大規模観測の準備を行った。特にイギリス政府による1769年の太陽面通過に向けたエンデバー号のタヒチ島への派遣は有名である。当時は「同時」がうまく取れず精度はさほどよくはなかった。1874（明治7）年は東アジアが観測に適しており、明治維新間もない日本に観測隊が仏、米、メキシコから派遣され、長崎、神戸、横浜で観測を行った。これらの観測地は日本天文遺産に指定されている。19世紀の2回の現象の時代には通信技術が発達し、精度よく同時観測が行えた。その結果、1auはほぼ1億5千万kmであるとわかった。現在の値は、1億4959万7870.700kmである（国際天文学連合（IAU）が2012年に定数として定義した）。

2-7. 地球を1円玉の大きさに縮小すると

　1円玉は非常に優れた硬貨である。かなり正確に直径2cm、厚さ1mm、質量1gとなるように造られている。ここで、地球の大きさを1円玉の大きさにしてみよう。実際の地球の直径は約1万3千kmなので、縮尺で言えば6億5千万分の1のスケールとなる。

　太陽の直径は約140万km、地球の約109倍である。地球を1円玉の大きさにすると太陽の直径は約2m。図3-2-15のオブジェは、東急東横線の日吉駅前にあ

図3-2-15　虚球自像
（三澤憲司作 1995）

る虚球自像という作品である。この作品の直径はちょうど2m。これを太陽に
見立てよう。

　すると、1au は約 230 m。太陽をおよそ 100 個並べた先に浮かぶ直径 2 cm の
球が地球である。腕を伸ばして 1 円玉をもつと約 60 cm、これは月の距離に相
当する。月の直径は約 5 mm となる。水星軌道は 1au の約 4 割、金星は 7 割、火

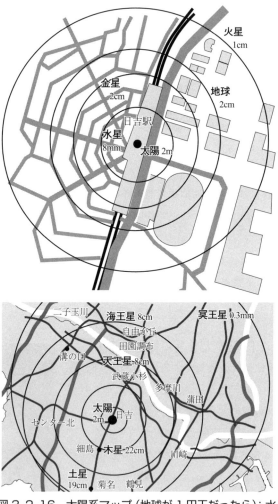

図 3-2-16　太陽系マップ（地球が 1 円玉だったら）：水
星～火星（上）と木星～冥王星（下）

星は 1.5 倍である。大きさは水星が地球の約 1/3、金星はほぼ同じ、火星は約 1/2 である。木星は隣駅に届かない程度の距離にあるハンドボール大の球体、海王星は 7 km 先のソフトボール位の大きさになる。このように自分の生活範囲と、縮小した太陽系を比べてそのスケール感覚を感じて欲しい。

この縮尺で太陽系を飛び出ると、最も近い恒星まで約 6 万 km。惑星レベルだと自転車で行ける範囲だが、恒星の距離ともなれば地球を飛び出してしまう。

> ☞やってみよう！
> グーグルマップなどを印刷して、地球を 1 円玉としたときの自分の家や街のシンボルからの太陽系マップを作ってみよう。

2-8. 調和の法則の証明

アイザック・ニュートン（英）は、**万有引力**を発見し、運動方程式など力学を整備し、光学や微積分法についても大きな功績がある。ニュートンは主著『プリンキピア』（1687）の中で、万有引力の法則と運動の法則を用いてケプラーの法則を証明している。ここでは、第 3 法則（調和の法則）について解説する。

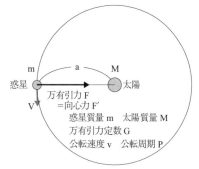

図 3-2-17　惑星に働く力

惑星は太陽の周りを公転している。惑星を動かしているのは、太陽が惑星を引っ張る万有引力。これだけでは、惑星は太陽に落下して飲み込まれてしまう。惑星は常に太陽に落ち続けているが、惑星形成時から運動をしていたので、一定の軌道を保って回転運動をしている。太陽方向に引かれる力は運動方向の直角に働き、**向心力**という。太陽と惑星の関係でいえば向心力の正体は万有引力で、同じ向き・同じ大きさの力である。

万有引力は、引き合う両者の質量の積に比例し、距離の 2 乗に反比例する。力の単位は N（ニュートン）、1 N は地球表面で約 100 g のものを支える力である。質量×質量÷距離^2 としても単位は N にならないので万有引力定数 G（6.7×10^{-11} N・m^2/kg^2）という単位のついた定数をかけると万有引力を N 単位で表すことが

できる。

　物理法則では、質量は kg、距離は m、時間は秒を用いる（国際標準単位系：SI 単位）。惑星の質量を m（kg）、太陽の質量を M（kg）、両者の距離（つまり軌道平均半径）を a（m）とする。すると、惑星に生じる引力 F は次式で表される。

$$F = G\frac{Mm}{a^2} \quad \cdots ①$$

　一方、向心力 F′ は、回転する物体の質量（ここでは惑星の質量 m）および回転速度 v の 2 乗に比例し、回転半径（ここでは軌道半径 a）に反比例する。

$$F' = \frac{mv^2}{a} \quad \cdots ②$$

　速度は単位時間あたりの移動距離なので、距離÷時間で表され、公転周期と軌道半径から求めることができる。公転周期を P（秒）とすると、その時間のうちに惑星は軌道を 1 周、つまり 2πa（m）進むことになる。したがって回転速度を v（m/秒）とすると、v＝2πa/P となる。これを②式に代入する。

$$F' = \frac{mv^2}{a} = \frac{4\pi^2 ma}{P^2} \quad \cdots ③$$

　万有引力（①式）と向心力（③式）は同じものなのでイコールで結び、式を整理すると、以下の式が得られる。

$$\frac{a^3}{P^2} = \frac{GM}{4\pi^2} \quad \cdots ④$$

　調和の法則は、軌道半径 a の 3 乗÷公転周期 P の 2 乗の値（左辺）が惑星を問わず一定になるというものだった。右辺を見ると、G は万有引力定数、4 と π も定数、M は回転中心天体の質量、ここでは太陽の質量なので、すべての惑星、太陽を公転するすべての物体について M の値は同じものになる。つまり右辺は一定となる。

　このようにして、ケプラーが試行錯誤を繰り返して見出した関係は、ニュートンの整備した力学の登場によって証明され、その意味するところを人類は知ることとなった。

　さらに、④式を M についてまとめると次のようになる。

$$M = \frac{4\pi^2 a^3}{GP^2} \quad \cdots ⑤$$

　惑星の a と P がわかれば、回転中心天体である太陽の質量 M が求まるのである。

☞**やってみよう！**
地球の平均軌道半径 a＝1.5×10^{11}（m）、公転周期 P＝1 年＝3×10^7（秒）から太陽の質量 M（kg）を求めよう。有効数字は 1 桁で十分、簡単のため π^2＝9、G＝7×10^{-11}、1.5 は 3/2 と考える。電卓不要、筆算で計算可能。

　M は、太陽でなくてもよい。惑星の周りを回る衛星の動きからは、惑星の質量が求まる。互いに共通重心を回る連星の動きからは連星系の質量が、銀河中心に存在するブラックホールの周りを公転する恒星の動きから銀河中心ブラックホールの質量が、銀河そのものの回転からは銀河質量が求まる。

　質量は天体を知るための基本的な物理量である。ケプラーの見出した関係は、天体の質量を観測から知ることができるという意味で、極めて重要な意味をもっていたのである。

3. 太陽系の姿と惑星探査

　太陽系と太陽系の天体はどのようにできたのだろうか。なぜ異なるタイプの惑星が存在するのだろうか。また、現在信じられているストーリーからは、太陽から適度な距離と、適度な大きさの天体が誕生すれば、海を持ち、生命を育む可能性が高いことが示されている。太陽系内の天体や、太陽系外の惑星（系外惑星）には生命の存在する可能性はあるのだろうか。また、それを知るにはどうすればよいのだろうか。

3-1. 太陽系の形成

　太陽のような恒星の多くは、その末期に自身を構成するガスを宇宙空間に放出する。我々の体を含む太陽系に存在する元素の分析から、この太陽系は、宇宙誕生後2度の星の形成と爆発を経て、散らばったガスから生まれたものと考えられている。太陽よりも非常に質量の大きい恒星は、超新星爆発を起こして、自身のガスを周囲にばらまく。

　図3-3-1はおうし座にある、かに星雲（M1）という宇宙に浮かぶガスの塊である。これは1054年に起きた超新星爆発の残骸である。

　平安時代から鎌倉時代の公家、藤原定家の残した日記『明月記』に、1054年の超新星爆発の記録を見ることができる。「客星出現例……天喜2（1054）年4月中旬以後ノ丑ノ時、客星觜・参ノ度ニ出ズ、東方ニ見エ、客星天関ニ孛ス、大キサ歳星ノ如シ。」 客星とは今まで星のなかったところに現れた星である。「觜・参ノ度」とはオリオン座の経度で、「天関ニ孛ス」の天関というのはおうしの左のツノの先端の星で、その辺りに出現したという意味で、まさにかに星雲の位置に一致する。明るさは木星（歳星）ほどだった、と書かれている。

　宇宙の一般的な物質密度は1 cm³にH^+やHeが1個程度。地球大気1 cm³に3×10^{19}個（1

図3-3-1　かに星雲（M1）

兆個の 1,000 万倍）
の原子が含まれる
のを考えると、恐
ろしいばかりの空
虚さである。しか
し、宇宙ではこれ
が普通なのだ。超
新星爆発で放出さ
れたガスは拡散し
ていくが、徐々に

図 3-3-2　散光星雲（オリオン大星雲：M42）（左）と暗黒星雲（馬頭星雲：IC434）（右）

密度の濃い場所（物質が多いので引力が発生する）に集まりだし、さらに密度が高まると分子（ほとんどは水素分子）を作るようになる。このような状態を**分子雲**という。分子になると光を吸収したり（**暗黒星雲**という）、星の光を浴びて蛍光を発したりする（**散光星雲**という）ようになるので見ることができるようになる。こういった分子雲が恒星を生むゆりかごとなる。

　分子雲の中でも特に密度が高い部分にガスが集まり、圧縮によって高温になると光を発するようになる。これが原始星である。原始星周囲のガスの運動や分布は一様ではない。ガスが原始星に引き寄せられると、お風呂の栓を抜いた残り湯のように渦を巻きながら中心部へ移動する。ガスのほとんどは星に飲み

込まれてしまうが、
一部は回転の遠心
力と星の引力が釣
り合う。釣り合っ
たものは、星を取
り巻くガスとちり
でできたディスク
状の構造を作る。
これを**原始惑星系**
円盤という（図 3-
3-3）。ここでも

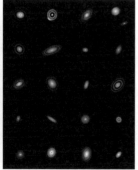

図 3-3-3　電波望遠鏡 ALMA が捉えたおうし座 HL 星の原始惑星系円盤（2014）（左）と同じく ALMA によって観測された 20 の原始惑星系円盤（2018）（右）

徐々に物質が集まり、岩石や氷の粒で構成される半径数 km の**微惑星**となる。

　微惑星も場所によって性質が異なる。中心星の近くは、高温のため微惑星に含まれる水などの蒸発しやすい成分が抜けて、岩石質の微惑星になる。**雪線**（Snow Line）と呼ばれる水などの揮発温度を下回る線の外側の微惑星は水の氷、ドライアイスなどを含んだ岩石と氷でできたものとなる。

　微惑星もまた、衝突・合体を繰り返し、大きく成長したものは、周りの微惑星をどんどん合併していく。やがて軌道のほかの天体を吸収し尽くし、成長を終える。

　中心星の近くでは、密度の高い、主に岩石と鉄でできた、小さい惑星となる。これを**地球型惑星**という（水星〜火星）。雪線の向こうでは、軌道が長いので吸収できる微惑星が大量にある。そのため質量がより大きくなる。すると、原始惑星系円盤のガスも補足できるようになり、より成長する。こうして、密度の低い、主にガスでできた、巨大な惑星となる。これを**木星型惑星**という（木星・土星）。

　円盤のガスは中心星に落下する効果と、光のエネルギーを受け運動が活発になり、円盤外部に散逸する効果によって木星や土星の軌道部分で残りやすかっ

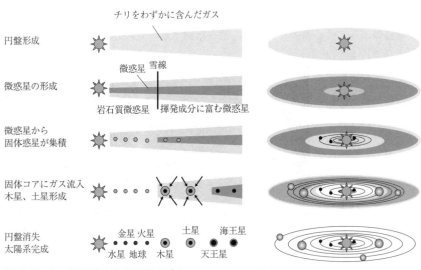

図 3-3-4　太陽系形成の標準モデル

た。しかし、その外側ではガスが散逸してしまうのと、微惑星の存在密度が低くなって成長が遅かったため、あまりガスを捕まえることができず、氷が主体の惑星となった。これを**天王星型惑星**（天王星・海王星）という。

　ガスが収縮を始めてから、微惑星ができるまで約100万年、地球などの惑星がほぼ現在の大きさになるのに数百万年、巨大な木星が形成されるのに1000万年程度と見積もられている。

　この頃に、原始星の中心部の温度が1000万℃を超える。すると、4つの水素の原子核が衝突してヘリウムに変化する**核融合反応**が始まる。このとき膨大な熱を放出する。こうして原始星は**恒星**となる。

　このように宇宙空間のガスが収縮し、太陽とその周りを回る惑星などが比較的短い時間に形成されたと考えられている。

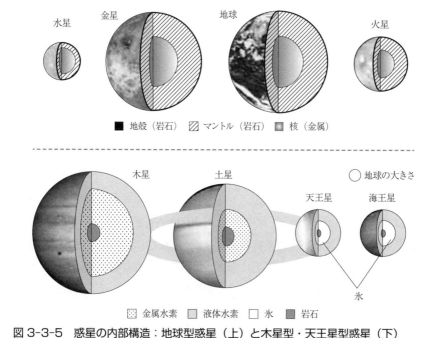

図3-3-5　惑星の内部構造：地球型惑星（上）と木星型・天王星型惑星（下）

表 3-3-1　太陽系の惑星の諸データ

	水星	金星	地球	火星	木星	土星	天王星	海王星	冥王星
軌道長半径（au）	0.39	0.72	1.00	1.52	5.20	9.55	19.2	30.1	39.5
公転周期（年）	0.24	0.62	1.00	1.88	11.9	29.5	84.0	165	248
自転周期（日）	58.7	243 [r]	1.00	1.03	0.41	0.44	0.72 [r]	0.67	6.4 [r]
赤道面傾斜（°）	0	177.4	23.4	25.2	3.1	26.7	97.9	27.8	120
赤道半径（km）	2440	6050	6380	3400	71490	60270	25560	24760	1200
質量（×10^{24}kg）	0.33	4.87	5.97	0.64	1900	568	86.9	102	0.014
密度（g/cm³）	5.43	5.24	5.52	3.93	1.33	0.69	1.27	1.64	1.9
大気主成分	なし	CO_2, N_2	N_2, O_2	CO_2, N_2, Ar	H_2, He	H_2, He	H_2, He	H_2, He	なし

自転周期の［r］は、公転の向きと逆回りであることを示す。

3-2. 太陽系の天体

　太陽系は、その質量の 99.8 ％以上を占める太陽を中心とし、その周りに 8 つ
の惑星、**準惑星**、**小惑星**、**彗星**、太陽以外の天体を回る衛星などから構成され
ている。

惑星と準惑星

　惑星と準惑星の定義は 2006 年、IAU（国際天文学連合）の総会で決議された。
惑星とは、太陽を回る天体のうち、①自らの重力でほぼ球形をしており、②自
身の軌道上に他の似たような天体がないもの、とされている。この条件のうち、
①を満たすが②を満たさないものについては、準惑星（Dwarf planet）とした。こ
の決議により、1930 年に発見され長らく第 9 の惑星だった冥王星は、準惑星を
代表する天体となった。

　冥王星の軌道には似たような他の天体があり、準惑星となった。セドナは大
きさがまだよくわかっていないため、準惑星に認められていない。

　海王星より遠い天体を**太陽系外縁天体**（単に外縁天体でもよい）という。海王
星より遠方に小天体がディスク上に分布していると、20 世紀中頃にアイルラン
ドのエッジワースとアメリカのカイパーが存在を予言した。そして、1992 年に
初めて発見され、現在では 1,000 個以上も見つかっている。そのうち、比較的
軌道半径が小さく公転面が惑星に近いものを**エッジワース・カイパーベルト天**

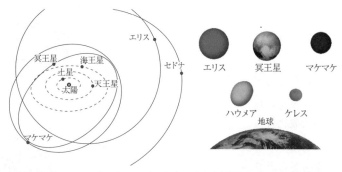

図3-3-6 エッジワース・カイパーベルト天体と5つの準惑星

体（EKBO: Edgeworth-Kuiper Belt Objects）という。

　冥王星には2015年に探査機ニューホライズンズ（米）が近くを秒速14kmでフライバイ観測した。この探査機は2019年1月1日には、さらに遠方のアロコスというEKBOを観測した。

　衛星を除く、惑星、準惑星以外の天体はすべて**太陽系小天体**という分類となった。

　ここでは、太陽系小天体についてもう少し詳しく解説する。

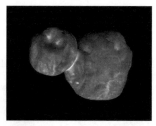

図3-3-7　初めて直接観測されたEKBO、アロコス
アメリカの探査機、ニューホライズンズによって2019年1月1日に観測された。長径は31kmで二つの天体が緩やかに結合したものと考えられている。

小惑星

　火星軌道と木星軌道の間を中心におびただしい数の小天体が存在する。軌道が確定して名前や番号がついているものだけでも60万個を超えている。これらをメインベルトと呼んでいる。木星の強大な引力のため微惑星が成長するのを妨げられた結果と考えられている。1801年1月1日に発見された最大の小惑星ケレスは準惑星に格上げとなった。

　メインベルトの小惑星の中には、地球の軌道をかすめるもの（NEA: Near Earth Asteroids）もある。6600万年前に恐竜などの大量絶滅を招いた隕石落下もNEAの一つだったと考えられている。このような規模の落下は1億年に一度程度の確率で発生している。はやぶさが探査したイトカワや、はやぶさ2が探査したリュウグウもNEAである。

彗星

　尾を伸ばしたほうき星、彗星が見られることがある。氷を多量に含む遠方微惑星に似た天体が、何らかの理由で太陽に近づき、その熱で彗星の一部が揮発し、ダストなどを放出して尾が形成されたものである。以前は不吉の予兆と忌み嫌われたが、現在では夜空を彩る壮大な天体ショーとして人々の関心を集めている。

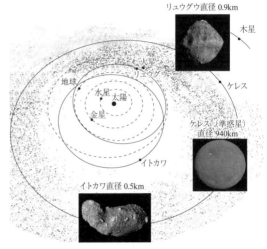

図 3-3-8　メインベルトの小惑星と NEA

　2014年にヨーロッパ宇宙機関（ESA）の探査機ロゼッタがチュリュモフ・ゲラシメンコ彗星に到達し、間近に観測した。自転をしながら主に水蒸気からなると思

図 3-3-9　ヘールボップ彗星とそれを観測する野辺山 45 m 電波望遠鏡（1997 年）（左）と、チュリュモフ・ゲラシメンコ彗星（2015 年）（右）

われるジェットを活発に噴出する様子を捉えた。

オールトの雲

　彗星は、外縁天体が起源と考えられている。短周期彗星と、長周期彗星に分類され、短周期彗星の遠日点は 60 au 程度で EKBO の分布域に一致する。さらに軌道傾斜が少ない（黄道面におおよそ一致する）ことから、EKBO が起源の彗星と考えられている。一方、長周期彗星の軌道傾斜角には多様性があり、あり

とあらゆる方向からやってくる。軌道を計算すると遠日点が数万 au になるものや放物線軌道となり、太陽から 1 万〜10 万 au の距離から太陽に落ちてきたものと考えられる。いずれの方向からも落ちてくるので、母天体は球殻状に分布していると考えられている。

　1950 年にこのような天体群を提唱したオランダのヤン・オールトの名を取り、これを**オールトの雲**という。ただし、実際に見つかっているわけではない。

　中世まで、人類にとって太陽系の規模は宇宙の規模そのものだった。16 世紀、ジョルダノ・ブルーノによって初めて宇宙のほんの一部に太陽系が存在するという概念が作られた。そして、太陽系自体の規模もケプラーの法則と 1 天文単位の測定で徐々にはっきりしてきた。20 世紀になると冥王星が発見され太陽系の規模は半径 40 au 程度と思われた。しかしこれは、太陽系外縁部の入り口に過ぎなかった。現在知られている太陽系の規模はオールトの雲が存在するとされる半径数万 au 以上。この宇宙はとてつもなく大きく、太陽系も想像より遥かに広大だったのである。

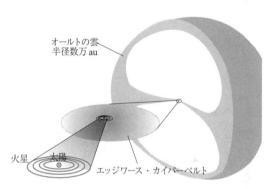

オールトの雲
半径数万 au

火星　太陽

エッジワース・カイパーベルト

図 3-3-10　太陽系の概念図

3-3. 太陽系生命圏
金星

　地球の兄弟星、金星。軌道も惑星の大きさも地球とほぼ同じである。そして地球に最も近い。1960 年代から、ソ連とアメリカは競って惑星探査を行った。人々は、地球と似た環境、あるいは地球外生命の期待を込めて探査機のデータを待った。幾度もの失敗を乗り越え、1970 年にソ連のベネラ 7 号が軟着陸に成功。しかし、たった 23 分で通信途絶。送られてきたデータは 465℃、90 気圧という想像を絶する過酷な環境であることを示していた。

金星の軌道半径は約 0.7 au、地球より 3 割ほど太陽に近いために同じ面積の受ける受熱量は倍にもなる。惑星系において、生命が居住できる領域を**ハビタブルゾーン**（Habitable zone: HZ）という。目安として水が液体として存在しうる領域を指す。この領域は中心の恒星の放射量と距離によって決まる。金星は地球よりわずかに太陽に近いため、HZ に位置していなかった（図3-3-11）。太陽系の場合、HZ 内の惑星は地球のみ、または地球と火星のみとする考え方が主流である。

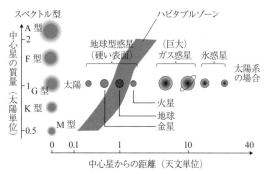

図 3-3-11　太陽系のハビタブルゾーン
この図は、火星は HZ 外という立場で描かれている。

火星

　地球の外側を回り、HZ 内の惑星とされる火星。大きさは地球のほぼ半分、小さいので重力も小さく地球の 1/3 ほどしかない。地軸の傾きと自転周期は地球に似ている。両極には極冠と呼ばれる水の氷とドライアイスでできた氷塊が存在しているほか、周回探査機による地形調査では、過去大規模な流水があったことが確実視されている。地上探査機からは生成に水が必要な鉱物が発見されるなど、火星がかつて液体の水が大量に存在した証拠が見つかっている。1996年には火星起源の隕石 ALH84001 にバクテリアの痕跡らしきものが見つかったと発表された。これが本当に火星生命体のものなのか、議論はまだ続いている。

　液体の水とエネルギーがあれば、地球のように生命が発生するのかもしれない。その条件を最も満たしている太陽系天体はおそらく火星であろう。地表の海はなくなってしまったが、地下に大量の水が存在していると考えられている。

　アメリカの NASA は 10 年単位で地上探査機を火星に送り続けている。1990年にソジャーナ、2000 年にスピリットとオポチュニティと同型 2 機を、2010 年には現在活躍中のキュリオシティを送った。キュリオシティは軽自動車ほどの重量があり、種々のセンサーを搭載した探査ロボットである。さまざまな科学

図 3-3-12　火星の極冠（左）と火星隕石 ALH84001（中）とその顕微鏡写真（右）
北極冠は差し渡し 1,000 km、厚さは 30 km にもなると考えられている。火星隕石に見つかった鎖状の構造は磁鉄鉱でできており、地球の走磁性細菌の持つ鎖状磁鉄鉱結晶とよく似ている。

探査を行っているが、生命に関する直接的な発見はまだ報告されていない。2020 年にはより性能を向上したパーサヴィアランスが火星に向けて打ち上げられ、2021 年より火星探査を行っている。

図 3-3-13　NASA の火星探査車キュリオシティ

衛星生命圏

　木星の衛星イオは、地球以外で初めて活火山が発見された天体である。現在では 150 以上の活火山が確認されている。物質を液体にして噴出させるのにはエネルギーが必要である。太陽から遠く離れたマイナス 200℃ を下回る極寒の環境でのエネルギー源とは何なのだろうか。イオの場合、木星の巨大な起潮力によってイオが常に変形し、揉まれた状態になることによって活火山が作られていると考えられている。

　HZ 以外にも生命の可能性があるのかもしれない。液体の水と有機物、そして熱水などのエネルギーがあれば、過去、地球で生命が発生したときのような環境が整い、太陽エネルギーではなく、惑星の起潮力による**衛星生命圏**が存在しているのかもしれない。

　同じく木星の衛星、エウロパは水の氷に覆われた衛星である。その表面には氷が割れてできたいくつもの筋が走っている。筋は筋を切り、幾重にも重なっている。これは氷が割れてはまた固まることを繰り返した結果と考えられ、エ

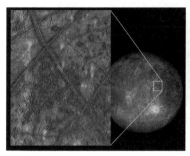

図 3-3-14　エウロパの表面（左）とエンケラドスの氷火山（右）

ウロパの内部には液体の水が層をなしていることが確実視されている。近年では、水の噴出も確認されている。

　土星の衛星、エンケラドスには氷の噴出が直接的に観測されている。エウロパと同じように惑星の潮汐力で氷が融け、内部に液体の海をもっていると考えられている。ヨーロッパ宇宙機関（ESA）の探査機カッシーニは、この氷火山を撮影し、また噴出物に突入し物質探査も行った。その結果、有機物の存在が確認され、さらに熱水と岩石が反応してできるナノシリカを検出、この鉱物の再現実験からエンケラドスの内部海の環境は90℃以上、pH8〜10という、生命の発生に適した状況であることが推察された。

　十分な環境が与えられたとき、生命発生が必然であるのなら、エウロパやエンケラドスに生命が存在するのかもしれない。2020年代にエウロパを直接探査する「エウロパ・クリッパー」計画が進行している。探査の結果が送り届けられるまでまだまだ先のことだが、楽しみに待ちたい。

> Question !
> 太陽系内の地球外生命の可能性について考察しよう。

3-4. 系外惑星

　「我々は宇宙で孤独な存在なのだろうか」。これは、誰しもが一度は考えたことがある問いかもしれない。地球上には80億人を超える人間が社会を形成し住んでいる。これは宇宙の中では特殊なことなのだろうか。

ほんの少し前には、恒星が惑星をもつことすら特殊と考えられていた。太陽系以外の惑星、これを**系外惑星**という。1990年代には、木星程度の質量の惑星なら十分に発見できる技術精度に達していた。しかし、系外惑星は見つからない。1995年には「太陽系は特殊、惑星ができ生命の星となった地球は奇跡」との論文が掲載された。

　ところが、そのたった半年後、ペガスス座51番星（51Peg）に、木星の半分の質量をもつ系外惑星が発見された。その軌道半径は0.05 au、たった4日で主星を公転するという常識外れの惑星だった。発見した研究チームを率いるマイヨール（スイス）らには2019年のノーベル物理学賞が与えられた。

ドップラー法

　51Pegの惑星は**ドップラー法**によって発見された。惑星は主星の引力によってその周りを公転している。しかし、主星も惑星によって主星が振り回されている。ちょうどハンマー投げの選手が投擲するときにハンマー（惑星）をぐるぐる回すのに、選手（主星）も回転していることで想像がつくだろう。惑星そのものは見えなくても、主星がその回転によって地球に近づいたり遠ざかったりするので、主星が放つ光の波長が変化する（ドップラー効果）ことを利用して系外惑星の存在を知ることができる。木星が太陽を振り回す速度は13 m/秒、それに対し51Pegは50 m/秒以上の変動を示した。51Pegの惑星は大きい質量をもち、主星に非常に近いところを短周期で公転するためドップラー法で検出しやすい天体だった。

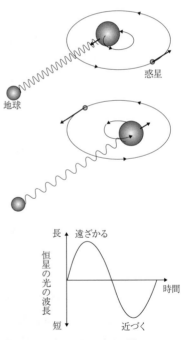

図3-3-15　ドップラー法
主星も惑星によって振り回されており、ドップラー効果によって主星の出す光は地球に近づくときは波長が短くなり、遠ざかるときに長くなる。

トランジット法

ドップラー法によって、初の系外惑星が発見されると、憑き物が落ちたように次々と系外惑星が発見されていった。

系外惑星の公転面が地球から見てほぼ水平な場合、惑星が主星の表面を通過することになる。例えば、木星は太陽の 1/10 の大きさなので、太陽面上を木星が通過すると 1/100 の面積を隠すこととなり、その分主星の明るさは暗くなる。このように主星の光度変化から系外惑星を検出する手法を**トランジット法**という。ドップラー法に加えてトランジット法で観測すると、軌道傾斜角が求まり、惑星の直径、質量、密度がわかる。天体の理解がぐっと深まるのである。

また、光を分けて（分光）して波長別の強度を調べるドップラー法は明るい比較的近傍の星しか調べられないが、光の総量を調べるトランジット法は非常に遠方の天体も調べることができる。

2023 年現在で 5,000 個を超える系外惑星が発見されている。その大部分はトランジット法で検出されたものである。

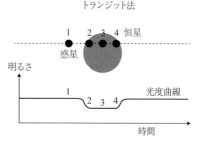

図 3-3-16　トランジット法

惑星が主星の一部を隠すことで生じる減光を捉える。図の 1 と 3 の光度比から惑星の大きさが、2 の減光に要する時間と 4 の増光する時間の違いから惑星軌道の離心率が求まる。

探査機ケプラー

2009 年に打ち上げられた NASA の探査機ケプラーは、トランジット法で系外惑星を発見することを主目的とした衛星である。

はくちょう座の一角、約 10°×10° の同じ領域（手を伸ばしたときの握り拳くらいの面積）を 5 年間継続観測し、10 数万個の恒星の明るさの変化を見続けた。ケプラーは 2013 年に姿勢制御装置の故障で同じ場所を観測し続けることができなくなった後も、黄道上の領域を次々と観測し続ける新たなミッションをこなし、総計 50 万個以上の恒星を観測した。発見した系外惑星の数はなんと 2,000 個を超え、他の方法で確認待ちの数もやはり 2,000 個を超える。未処理のデータはまだ膨大に残っており、解析し終わるのに数年かかる見通しである。2018

年についに燃料切れとなり11月15日に完全に運用を停止した。この日は奇しくもヨハネス・ケプラーの命日だった。

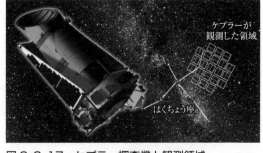

図3-3-17　ケプラー探査機と観測領域

トランジット法では、惑星が主星を遮らなければ検出できない。地球との位置関係でトランジット現象を起こすのは惑星をもつ恒星のうち、ほんの一握りといってよいだろう。にもかかわらず、天球のほんの一部を観測しただけで、膨大な惑星を発見するに至った。「地球は特殊」という論文が出てからわずか20年で、恒星が惑星をもつことは当たり前と考えられるようになった。

系外惑星を見つける他の方法として、重力によって空間が歪むことを利用した重力レンズ法や、また10数例しか観測事例がないが主星を覆い隠して系外惑星を直接観測する直接撮像法などがある。

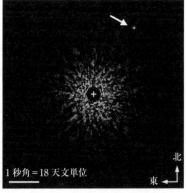

1秒角＝18天文単位

北
東

図3-3-18　すばる望遠鏡で直接撮像に成功した系外惑星 GJ504b
中心部の黒丸は主星を隠すマスク。

ハビタブル惑星

ハビタブルゾーン（HZ）は、主星の明るさによって範囲が変化する。太陽系の場合、地球と火星を含むと考えられているが、もっと暗い恒星では内側にシフトする。発見された数千個の系外惑星のうち、HZに位置するものも多数存在する。さらに、惑星の直径や質量が測定され、岩石の地表をもつ地球型惑星と考えられるものも少なくない。

地球から4.2光年の距離、プロキシマ・ケンタウリは3重連星αケンタウリの最も外側を回る恒星である。太陽系に最も近い恒星でもある。2016年にプロ

キシマ・ケンタウリに惑星が見つかった。HZ に位置し、質量は地球とほぼ同じか数倍程度と考えられている。何しろ太陽系に最も近い惑星系である。さまざまな方法による観測か可能なほか、現在の技術でも直接探査が可能な領域と考えることもできる。

地球から 39 光年のトラピスト 1 は、木星よりやや大きい程度の暗い恒星である。当然 HZ も小さいが、7 つある惑星のうち 3 つは HZ に位置し、さらに質量も地球とほぼ同じ地球型惑星であると考えられている。このような地球に環境が近いと考えられるハビタブル惑星は、現在のところ少なくとも数十個見つかっている。

2018 年に NASA はケプラーの後継機、TESS を打ち上げた。この衛星は全天探査を目指すとともに、比較的暗い恒星をメインターゲットとしている。暗い恒星は寿命が長く、生命発生の時間的猶予が十分にある。欧州宇宙機関（ESA）も系外惑星探査衛星 CHEOPS を 2019 年に打ち上げた。ハビタブル惑星は近い将来、大量に発見されることだろう。

バイオシグナチャー

ハビタブル惑星が見つかったとしても、そこに生命がいるのかどうかは、どのように調べるのだろう。極めて遠方にある系外惑星を直接探査するのは困難で、惑星からの光を利用するほかない。

惑星に大気があると、主星の光が惑星大気を通過するときにその成分によって光の一部が吸収される。大気の成分によって吸収が起こる波長がわかっているので、惑星大気がどんな成分でできているのかをうかがい知ることができる。例えば、金星や火星からの光を観測すると、大気主成分の CO_2 の吸収が見られる。地球の場合、それに加え、H_2O やオゾンの吸収が見られる。オゾンがあれば、大気成分に O_2 が十分に存在することを意味している。地球の O_2 は生命がもたらしたものである。こういった情報は生命が存在する兆候（バイオシグナチャー）として活用できる。

また、O_2 をもたらす光合成生物があるのなら、葉緑素の情報が惑星からの光に含まれるかもしれない。葉緑素を含む葉は緑色に見える。これは光合成に使う光が主に赤と青紫で、利用されない緑が反射されているためである。我々の

目には見えないが、葉は緑以外にも赤外線をとてもよく反射する。スペクトルで見ると、葉からの反射光を含む光は赤外線領域で強度が急に強くなる。このようなバイオシグナチャーを系外惑星からの光に見つけることができれば、その惑星には生命の存在が高いといえる。

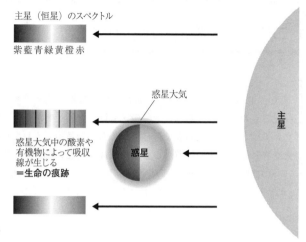

主星（恒星）のスペクトル

紫藍青緑黄橙赤

惑星大気

惑星大気中の酸素や有機物によって吸収線が生じる
＝生命の痕跡

惑星

主星

図 3-3-19　系外惑星大気による吸収を捉える

　ただし、惑星からの光はとても微弱で、灯台の脇の蛍のようなものである。その微弱な光を集めるためには、巨大な鏡が必要である。現在、ハワイ島のマウナケア山頂で建設中の TMT（Thirty Meter Telescope）は日本を含む 5 カ国共同で開発された直径 30 m もの口径をもつ望遠鏡である。現在稼働中のすば

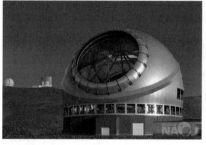

図 3-3-20　ハワイ マウナケア山に建設中の TMT（完成予想図）

る望遠鏡の 13 倍の集光力をもつ。この望遠鏡の目的の一つがバイオシグナチャー探査である。すばる望遠鏡は日本の力で作り上げたものだが、TMT は国際共同プロジェクトである。新たな知見に向けて、ほんのかすかなデータを取得するための装置は一国レベルのものではなくなり、人類が協力して人類の知見を深める時代に入ってきているともいえるだろう。その圧倒的な能力が発揮されることを期待したい。

Question !
惑星の分類についてまとめ、なぜそのような差異が生じるか考察しよう

コラム　太陽系外からの来訪者

　2017年10月に、秒速70km以上という猛烈な速度で地球付近を通過する天体が発見された。解析の結果、太陽のすぐ近くを通過した後、太陽の引力に軌道を曲げられ地球と火星軌道の間を通っていく双曲線軌道をもっていた。当初、彗星かとも考えられたが、その軌道から太陽系天体ではないことが明らかになり、国際天文学連合の機関であるMPC（小惑星センター）は、恒星間天体（Interstella）を意味するIの符号を新設し、1I/2017U1との番号がつけられた。発見団体の提案で名称は「オウムアムア」（ハワイ語で最初の使者の意味）となった。

　地球に近かった短い時期の観測でオウムアムアの形状は、明るさの変化から長さ400mに対し幅は40mほどしかなく、葉巻型のような細長い形で、またスペクトルも撮られ、赤い色をしているのではと考えられた。あらゆる波長の電波で調べられたが、意味のある電波は発せられていなかった。この接近は太陽系外天体を初めて間近に観測することのできた貴重な機会だった。なお、2019年には2番目の太陽系外天体2I/Borisovが発見された。

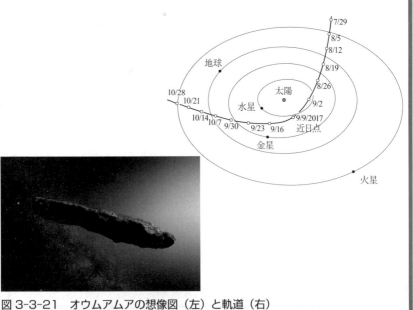

図3-3-21　オウムアムアの想像図（左）と軌道（右）

4. 恒星としての太陽

　地球から見た太陽の見かけの大きさは約 0.5°、偶然だが月とかなり一致している。月は潮汐力によって地球の自転を減速させ、そのエネルギーは月の公転を加速するので徐々に遠ざかっている。すると、月が太陽をぴったりと隠す皆既日食は、遠い将来見られなくなってしまう。

　1 au（天文単位）の具体的な距離は中世には大まかにわかっていたので、太陽の実際の大きさを導くことができる。すると、半径は 70 万 km となり、地球の約 100 倍である。ケプラーの第 3 法則から質量も求められ 2×10^{30} kg とわかる。大きさは約 100 倍なので、体積はその 3 乗の 100 万倍。質量もそのくらい巨大なのかと思いきや、実は 33 万倍程度。地球よりずっと軽い物質でできているのである。

4-1. 核融合反応

　太陽はおよそ 3/4 が水素、1/4 がヘリウムで構成されている（H と He で 98% 以上）。形成されたのは約 46 億年前、地球や他の惑星とほぼ同じ時期である。それ以来、太陽は莫大なエネルギーを放射し続けている。

　太陽のエネルギー源は、中心部で行われている水素の核融合反応である。恒星の中心のような 1,000 万℃を超える環境では、4 つの水素原子核が、お互いの電気的な反発力に打ち勝って接近し、融合して 1 つのヘリウムの原子核となってしまう。

$$4H^+ \quad \rightarrow \quad He^{2+} \quad + \quad 2e^+ \quad (e^+ は陽電子)$$

　このとき、反応の前後で質量が 0.7% ほど減少する。これを**質量欠損**という。化学で学んだ質量保存の法則や、反応の前後で原子の種類や数は変わらないという原則にことごとく反している。超高温の極限状態では日常では想像できないような現象が起こりうるのである。

　質量は単に無くなってしまったのだろうか。この答えは、アインシュタインによる特殊相対性理論（1905）から導かれるエネルギーと質量の等価性で説明

される。

$$E = mc^2$$

（c は光速：c = 3 × 10⁸ m/秒）

　E がエネルギー（単位は J［ジュール］）を表し、m は質量欠損（kg）である。質量はエネルギーの一形態であり、c²を比例定数として質量をエネルギーに換算できる。この関係式を用いると、水素原子 1 g（0.001 kg）が完全に核融合しヘリウムになったとしたら、0.000007 kg の質量欠損が生じ 6,000 億 J（1,500 億 cal）

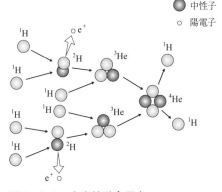

図 3-4-1　水素核融合反応

のエネルギーを生じる。これは石油 15 トンを燃焼して得られるエネルギーにほぼ等しい。

　このような核融合反応が太陽の中心部で行われ、太陽は毎秒約 400 万トン（大ピラミッドの質量に匹敵する）ずつ軽くなっている。

4-2.　太陽の構造

内部構造

　太陽の中心部分で核融合反応が起こり、エネルギーが作られる。エネルギーは主に波長の短い光の形で放射され、内部は非常に高密度なため、その光はすぐに物質に吸収され、また放射されることを繰り返す。中心部分から太陽半径の 7 割くらいのところまでは、このような形でエネルギーが表面に輸送される。ここを放射層という。ここまで実に 10 万年以上の時間がかかると考えられている。残り 3 割の距離は表面との温度差が大きくなるので、主にガスの対流によってエネルギーが輸送される。ここを対流層という。

太陽表面

　太陽を観察して見られる面を**光球**（面）という。表面温度は約 6000 K（ケルビン：絶対温度）である。光球面上には、対流によるガスの湧き上がりが**粒状斑**

として見られる。一粒が 1,000 km 程度、本州ほどもある。

太陽表面には磁場が何カ所もあり、太陽活動が活発なほどその数は増える。強い磁場はガスの湧き上がりを妨げるため、磁場と光球の交わる部分は温度が約 4,500 K と低くなる。すると放射する光の量が少なくなるため（シュテファン・ボルツマンの法則）、黒く見える。これを**黒点**という。逆に黒点の周囲ではエネルギー供給が増えるので明るくなり**白斑**となる。

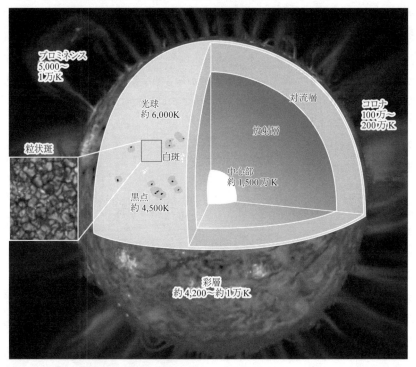

プロミネンス
5,000～
1万K

光球
約 6,000K

対流層

放射層

コロナ
100万～
200万K

粒状斑

白斑

中心部
約 1,500 万 K

黒点
約 4,500K

彩層
約 4,200～約 1万K

図 3-4-2　太陽の構造と表面の現象

太陽外層

光球を取り巻く数千 K～約 1 万 K の層を**彩層**という。皆既日食の直前・直後にピンク色に輝く薄い層として観測することができる。皆既日食になると、その外側に広がる極めて希薄な大気層の**コロナ**が観察できる。コロナは 100 万 K 以上の極端に高温なガスである。なぜこのような高温になるのか、長らく謎となっている（コロナ加熱問題）。

光球面から、彩層、コロナにかけて、ガスのかたまりが構造体を作ることがある。これを**プロミネンス**（紅炎）という。黒点やプロミネンスの数、コロナの規模は太陽活動が活発な時期に増大する。

4-3. 太陽活動と地球

太陽活動は黒点の増減を指標とすることができる。その周期はおよそ11年である。黒点数は15世紀から計測されており、17世紀後半から18世紀にかけて極端に減少したことが知られており、**マウンダー極小期**という。この時期、気候も寒冷化しており、ロンドンのテムズ川は冬季には凍り付き、氷上で市が開かれていた（図3-4-4）。屋久杉の年輪解析からも寒冷傾向が見出されており、寒暖の周期が14年であったこともわかった。この時期に育った樹木でバイオリンを作ったのが有名なストラディバリである。寒冷なためあまり育たず硬く上質な材料に恵まれたのだろう。

19世紀にも黒点が少なくなる時期があった。こちらは**ダルトン極小期**という。日本では江戸時代後期にあたり、天保、天明の大飢饉が起きた（火山噴火の日傘効果による寒冷化という説もある）。この時期の黒点周期は13年程度とやはり長くなっている。

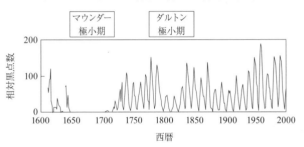

図 3-4-3　太陽黒点の変動

図 3-4-4　氷上祭り（アブラハム・ホンディウス：1684）
マウンダー極小期にはテムズ川が冬期に凍り付き氷上祭りが開催されていた。

太陽黒点数と気候の関係について、その仕組みはまだよくわかっていないが、太陽の放射量は黒点の増減に合わせて 0.1％程度変動することは直接観測されている。

　太陽活動は短期的な現象で地球に影響を与えることもある。太陽表面の爆発現象を**フレア**という。数分から数時間の間に地球が 1 年間に太陽から受け取るエネルギー以上の量を太陽の一部から放出する。地球を向いた場所でフレアが発生すると、激しい増光が見られ、数日後に大量の電気を帯びた粒子が地球に飛来する。この影響で、地球の磁場を乱す**磁気嵐**を引き起こす。両極にはオーロラが発生し、日本でも低緯度オーロラが見られることがある。一方、悪影響も起こる。電離層を刺激して通信不能状態（**デリンジャー現象**）に陥ったり、鳥や鯨など地磁気を頼りに行動する生物の異常行動を引き起こしたり、機器に異常電流を発生させたりする。1989 年 3 月に発生した磁気嵐ではカナダの電力システムがダウンし、600 万人が影響を受ける大停電となった。同年 10 月に起きたフレアでは、ロシアの宇宙ステーション「ミール」の宇宙飛行士が大量被爆を避けるため、放射線シールドの厚い区域に避難をした。2003 年 10 月のフレアでは、数十機の人工衛星が一瞬のうちに機能停止に陥った。GPS 衛星や通信衛星、種々の観測衛星など、人工衛星はすでに重要な生活基盤の一部となっている。地上だけでなく宇宙を含めた社会基盤を守るため、太陽活動は常に監視されている。その詳細は宇宙天気予報センター（http://swc.nict.go.jp/）で見ることができる。

図 3-4-5　2003 年 10 月に発生したフレア

> **Question !**
> 太陽活動と人間生活の関係についてまとめよう。

コラム　地上の星　核融合炉

　水の中には水素が含まれており、電気分解で簡単に取り出すことができる。500 ml ペットボトルの水には約 56 g の水素が存在し、これを核融合できたのなら、単純計算で日本人 200 人の年間消費電力をまかなうことができる。

　核融合反応を地球上でコントロールしながら連続的に起こすことができれば、夢のエネルギー資源となる。核融合炉は、世界各国で開発が進んでいる。しかしながら、1,000 万℃を超える環境に耐える素材はない。そのため、極めて希薄な水素ガスを、電気を帯びたプラズマ状態にして強力な磁場の中で挙動をコントロールしながら 1 億℃の超高温にして核融合させる。

　核融合炉開発のトップランナーの一つが日本である。日本の核融合実験装置 JT-60 は核融合状態を 30 秒保持し、運転のために与えたエネルギーの 1.25 倍のエネルギーを取り出すことに成功している（ともに世界記録）。

　現在、フランスに、EU や日本など 7 つの国と地域が共同で国際熱核融合実験炉（ITER：イーター）を建設している。イーターで挙動の未知の部分が多いプラズマの理解を深めながら、1,000 秒連続運転、入力の 5 倍程度のエネルギー効率を目標に研究開発される。核融合炉は長期的には枯渇することが明らかな化石燃料を使わず、また CO_2 を排出しない、燃料が極めて安価であるという利点がある。また、万一、炉が破壊されても暴走はせず、核融合条件を満たさなくなるので直ちに反応は停止する。その一方、制御が極めて難しいという欠点もある。

　核融合炉が実用化すれば、エネルギー問題は、かなりの部分で解決するのかもしれない。研究者たちは遅くとも今世紀中、早ければ今世紀の中頃には実用化を目指して「地上の星」の実現に努力をしている。

5. 恒 星

　夜空を見上げると、たくさんの恒星が星座を形作っている。街中でも少し暗いところに行って、しばらく待てば徐々に目が慣れてきて、思った以上に星を見つけることができる。これらの光は、今の姿ではない。1秒間に30万km進む光速というこの宇宙で最も速い速度、しかし有限の速度で、今、私たちの目に届いた光である。星によって数年前の姿、数千年前の姿だったりする。あまりに遠く、決して直接その場に行って観測のできない恒星。その姿はどのように理解されてきたのだろうか。

5-1.　恒星までの距離

　天動説か、地動説か。この大問題を解く鍵の一つが年周視差（p.222）だった。地球の公転によって比較的近くの恒星の位置が1年周期で変化して見える。太陽―地球を底辺とし、恒星を頂点とする直角三角形を考えればわかるように、底辺の距離は一定なので恒星が遠くなればなるほど頂角の大きさは小さくなる。

　頂角は、極めて小さい角になるので、直角三角形を扇形と近似しよう。すると、弧（太陽―地球距離）の長さは一定なので、円の半径（恒星の距離）と中心角（頂角）の関係は、円の性質から反比例する。つまり、恒星の距離と、頂角（すなわち年周視差）は反比例するのである。

　ここで、年周視差が丁度1秒角（1°の1/3,600）となるような恒星の距離を1とするような距離単位を作る。すると、上記の性質から、年周視差が2秒角の星の距離はその0.5倍、年周視差が0.5秒角だと距離は2倍となる。このような距離単位を**パーセク**（parallax second：視差秒角）という。

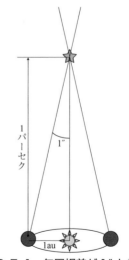

図3-5-1　年周視差が1″となるような距離を1パーセクという

これらの関係と用い、恒星までの距離を d（パーセク）は、年周視差を p（秒角）とすると、

$$d = 1/p$$

という簡単な式で表される。年周視差がわかれば、簡単に恒星までの距離を知ることができるのである。ベッセルの調べた、はくちょう座61番星の年周視差は、約0.3秒角。距離は1÷0.3で3.3パーセクと簡単に求まる。

　1パーセクは地球—太陽—恒星の直角三角形（または頂角1秒角の扇形）を考えれば、20.6万 au と求まる。3.1×10^{13} km（31兆km）という途方もない距離だが、隣の星までよりも小さい距離なのである。

　星までの距離を表すのに使われる単位には、**光年**（light year）もある。これは光が1年間に進む距離を1とした単位である。光速 c は 3×10^8 m/秒、光は1秒間に地球を7周半の距離を進む。1年間に進む距離を計算すると $c \times 60 \times 60 \times 24 \times 365.2422 = 9.5 \times 10^{12}$ km となる。パーセクと比較すると、1パーセク = 3.26 光年となる。

> ☞**やってみよう！**
> 太陽系に最も近いαケンタウリ星系のプロキシマ・ケンタウリの年周視差は0.77秒角である。パーセクと光年で距離を求めてみよう。

　年周視差は、極めて小さい角度を観測するため、地上観測では0.01秒角が限界と言われている。つまり、100パーセク（326光年）ほどの範囲の測定しかできない。ところが、宇宙から観測すれば空気の揺らぎなどに邪魔をされず、昼夜観測ができる。ESAが1989年に打ち上げたヒッパルコス衛星は、精度は地上より一桁上の0.001秒角、約3千光年の範囲の距離測定ができた。ヒッパルコス衛星はたった4年に10数万の恒星の視差を観測した。2013年にはESAは後継機ガイア衛星を打ち上げた。精度は何と10万分の1秒角。2022年に公開されたカタログには、観測した18億個以上の恒星の詳細なデータが記されている。

5-2. 恒星の明るさ
　夜、星を見上げると明るい星、暗い星があることがわかる。星そのものの明

図 3-5-2　ガイア衛星のカタログから作成した全天恒星図

るさの影響だったり、距離の関係だったりする。

　紀元前 2 世紀に古代ギリシャのヒッパルコスは、よく目立つ明るい星を 1 等星、肉眼でぎりぎり見える星を 6 等星とし、見た感覚から 6 段階に星の明るさを分類した。そして、およそ1,000 個もの恒星の位置と等級を決めて星表を作った。この星表から時を経ることおよそ 1800 年、ハレー（英）はヒッパルコスの星表を利用して、恒星も位置を変えることを発見した（恒星の位置変化を恒星の固有運動という）。

　19 世紀には 1 等星は 6 等星の約 100 倍の明るさであることが発見された。1856 年にポグソン（英）は、これを正確に 100 倍とし、等級を再定義した。5 等級差で 100 倍なので、1 等差では $\sqrt[5]{100}$ 倍＝2.51 倍の明るさとなる。このとき、基準としたのが、こと座のベガである。ベガを 0.0 等星として、明るさが 2.51 分の 1 になる度に 1 等星、2 等星…となる。ベガより明るい星の等級はマイナスとなる。

　等級の定義は、もともとは人間の感覚から由来している。明るさ（ルクス）や音（デシベル）も 1 段階違うと何倍というように定義されている。倍々に変化するものを人間の感覚は段階別に捉えるようである。

　等級は値が小さいほど明るい。このように定義することで、明るさを測定することで等級が決定する。例えば、恒星で最も明るいシリウスは－1.5 等星、最大光度の金星は－4.6 等星、太陽は－27 等星となる。

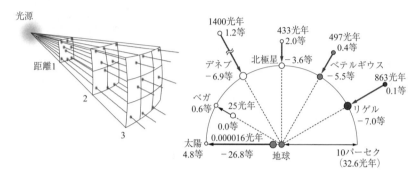

図3-5-3　距離と明るさの関係（左）と主な恒星の見かけの等級と絶対等級（右）

　このようにして測定された天体の等級は、地球から観測したときの明るさによって決まる。つまり、本来はとても明るい星でも、遠くの天体であれば等級は大きく（暗く）なる。このような等級を**見かけの等級**という。

　それでは、星本来の明るさを表現するにはどうすればよいだろう。平等な距離に配置してそのときの明るさを等級で表せばよい。このように、天体を同じ距離（10パーセク＝32.6光年）の距離に置いたときの等級を**絶対等級**という。

　距離と明るさの関係を考えてみよう。電灯があって、ある距離に置いた紙1枚で光を受ける。もし、距離が倍になれば同じ光の量を受けるためには4枚の紙が必要になる。すると1枚あたりの光の量は1/4になる。

　このように、光の明るさは距離の2乗に反比例する。すると、もし星までの距離がわかれば、ある距離に置いたときの等級が計算できる。

> **Question !**
> 距離が3倍になると、1枚あたりの明るさはどうなる？　また、100パーセクの距離で見かけの等級が6等の恒星の絶対等級は？

　星までの距離は年周視差で求めることができる。しかし、観測限界があり遠方の天体までの距離はわからない。上記の関係を逆に考えると、何らかの方法でその天体の絶対等級がわかれば、天体までの距離が求まることになる。

　この関係を式で表すと、以下のようになる。

$$m - M = 5 \log_{10}(r) - 5$$

（m：見かけの等級、M：絶対等級、r：距離（パーセク））

これを変形すると、$r = 10^{\frac{(m-M+5)}{5}}$ となり、m－M がわかれば距離 r がわかる。m－M を距離指数という。このような原理で宇宙の地図は作られている。詳細は次章「6. 宇宙の距離はしご」で解説する。

5-3. 恒星のスペクトル

天文学は望遠鏡が発明されて、光を集めることで大きく進歩した。その後、逆に光を分ける（分光する）ことで新たな展開を迎えた。光をプリズムに通すと虹色の帯状の像となる。これを**スペクトル**という（p.259）。

可視光線はおよそ波長 0.4 μm〜0.8 μm の電磁波で、人間の目に光として見える。波長が短い光は紫〜青に、長い光は赤く感じる。私たちは波長の違いを色の違いとして感知することができる。星は可視光線以外にも紫外線や赤外線、電波など、さまざまな電磁波を放射している。

どのような電磁波をどの程度の強さで放射するか、それは天体の表面温度で決まる（プランク分布：p.300）。オリオン座のベテルギウスのように主に赤い光を出す星は、表面温度は低い。リゲルは青白く輝いている。赤い光もたくさん放射しているのだが、それに増して青い光をたくさん出している。それらの色が混ざって青白く見える。このような星は非常に高温である。同じ面積から放射されるエネルギー量も表面温度で決まってくる。

星も私たちも、目の前の物々も、表面からその温度に応じた電磁波を放射している。この放射を**黒体放射**という。これは物質のもつ性質である。私たちの体は約 300 K で表面からは赤外線を放射している。噴火して地表を流れる溶岩は約 1,300 K、赤外線のほか、波長の長い可視光線を出すので赤く光って見える。

そのエネルギー分布を示したのが図 3-5-4 である。このような、ある波長でピークをもつような分布となる。これを**プランク分布**という（p.140）。

このように連続的に強度が変化するスペクトルを**連続スペクトル**という。図を見ると、温度が高いほどピークは短波長になる。ピークの波長 λ（ラムダ：μm）は表面温度 T（K）に反比例する性質がある。これをウィーンの変位則という。

$$\lambda = \frac{2900}{T}$$

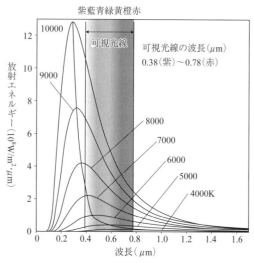

紫藍青緑黄橙赤

可視光線

可視光線の波長(μm)
0.38（紫）〜0.78（赤）

放射エネルギー（10^8W/m²・μm）

10000
9000
8000
7000
6000
5000
4000K

波長（μm）

図3-5-4　それぞれの温度の黒体が放射する波長別エネルギー分布

太陽の表面温度は約 6,000 K なので、代入をすると、ピークの波長は約 0.5 μm、主に緑色の光を沢山出していることがわかる。しかし太陽が緑に見えないのは、他の光も出していて、それらが混ざって見えるからである。

そして、図を見ると温度が高いほど放射エネルギーが多いことがわかる。1 秒あたり、1 m²あたりの総エネルギー（曲線に囲まれた面積）は表面温度 T の 4 乗に比例する。これを**シュテファン・ボルツマンの法則**という（p.144）。

このように、星の光を分光してスペクトルで見ることで、その星の表面温度がわかり、温度がわかると放射するエネルギー量が定量できる。星の総放射エネルギーは温度と表面積で求まるので、星までの距離がわかっていると観測した星の明るさから総放射エネルギーが求まる。両者の関係から、星の大きさを知ることができる。

オリオン座のリゲルとベテルギウスはともに 0 等星、距離は約 200 パーセク程度とさほど変わらない。低温のベテルギウスの表面温度は約 3,500 K、リゲルの1/3 ほどしかない。恒星表面 1 m²あたりの放射エネルギーは（1/3）⁴で約 1/81、にもかかわらず同じような明るさである。これはベテルギウスの表面積が極めて大きいからである。半径でいえば、太陽の約 1,000 倍以上。太陽系に置いたのなら、木星軌道の近くまですっぽりと飲み込んでしまう巨大さ

図3-5-5　電波望遠鏡 ALMA が観測したベテルギウス

である。

　恒星は遠方にあるため点光源としか観測できないのが常識だが、ベテルギウスは比較的近く非常に巨大であるため、面積体として観測に成功した。内部構造の不安定によって火星軌道サイズのこぶが存在する。

5-4. フラウンホーファー線と恒星のスペクトル型

　太陽の光を分光すると虹色のスペクトルが得られる。19 世紀、ドイツのフラウンホーファーは優れた望遠鏡技師でもあり、分光天文学者でもあった。彼の作る望遠鏡がベッセルらに年周視差を発見せしめたとも言える。1814 年、フラウンホーファーの開発したプリズム分光器で太陽を観測すると、虹色の帯に吸収線を見出した。特定の波長が吸収され、暗い線となっていたのである。その数は数百本に及び、特に顕著な 9 本については長波長から A、B、C、D・・・と記号を付けていった。このように太陽に見られる吸収線を**フラウンホーファー線**という。

　一方、元素をガスにして熱や電気のエネルギーを与えると、特定の波長だけで光る**輝線**を発することがわかった。スペクトルにすると、特定波長だけ何本かが輝いている。これを**輝線スペクトル**という。花火の着色はさまざまな元素が発する輝線を利用して彩られている。高速道路で見られるオレンジ色の街灯（ナトリウム灯）はナトリウムガスの発光を利用したものである。ナトリウムの発する強いオレンジ色の輝線を D 線という。1860 年、キルヒホッフ（プロイセン）は太陽スペクトルの吸収線の D 線が、ナトリウムの輝線と波長が一致することを見出した。

　輝線と吸収線は表裏一体で、元素はエネルギーを受けると特定波長の輝線を発する。しかし、より強いその波長の光を浴びると今度は吸収してしまう。太陽の光は連続スペクトル、太陽表面に存在するさまざまなガスが、自らが出すべき波長の光だけを吸収して、歯欠けの櫛のように沢山のフラウンホーファー線を作る。キルヒホッフはフラウンホーファー線の原理が太陽表面のガス状の元素によるものであることを突き止めた。つまり、分光をすることで恒星に存在する元素を特定することができる。それだけでなく、伝播してくる宇宙空間に存在する元素も知ることができるのである。

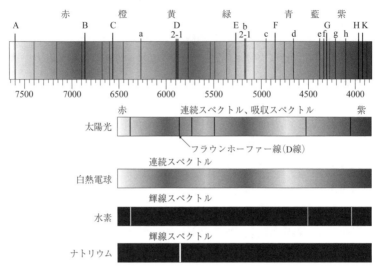

図 3-5-6 フラウンホーファー線（上）、連続スペクトルと輝線スペクトル（下）

この頃（19世紀半ば）、アメリカのハーバード大学天文台は口径15インチ（38cm）の当時世界最大級の大屈折望遠鏡を建造した。20世紀に入ってから台長となったピッカリング（米）は、スペクトルデータを含んだ詳細な星表カタログを整備しようとした。当時としては珍しい女性天文学者、キャノン（米）をリーダーとする女性チームを結成し、約30万個もの恒星を分類した。

　恒星の吸収線はさまざまな特徴があり、当時はその理由はよく知られていなかった。試行錯誤を繰り返し、アルファベット順に分類するが、その後、吸収線の特徴は表面温度によるものとわかった。そこで今までの分類を整理、統合をして再分類した。高温順に分類を並べると、O型、B型、A型、F型、G型、K型、M型となる。これを**スペクトル型**という。

　ハーバード大の学生たちは、この無秩序な並びに対して、Oh! Be A Fine Girl Kiss Me! という語呂合わせを編みだして記憶したのだという。それぞれの型は0〜9に細分される。例えばB9型より少し低温な恒星はA0型となる。太陽はG2型である。

5-5. HR 図

20世紀初頭、スペクトルの分類や、恒星までの距離の情報が蓄積される中、デンマークのヘルツシュプルングとアメリカのラッセルは、それぞれが恒星のスペクトル型（温度）と絶対等級に関係があることを見出した。

横軸にスペクトル型（温度）、縦軸に絶対等級を取って、恒星のデータを参照しながらプロットすると、いくつかの特徴的な集団を作った。この図をヘルツシュプルング・ラッセル図、または略して **HR 図**という。

HR 図の縦軸は上ほど小さい数値（明るい）、横軸は左が高温の星、右が低温の星となっている。多くの星は左上から、右下に列をなして並んでいる。これらを**主系列星**という。恒星の中心部で水素核融合を行い、安定的に輝いている星である。分布を見ると、左上の星は高温、そして明るい。質量が太陽の数倍から数十倍あるような星で、中心部の広い範囲で水素核融合が活発に行われ、非常に高温になっている。激しく水素を消費するため、主系列星としての寿命は数百万〜数千万年程度である。一方、右下の星は低温で暗い。質量が太陽よ

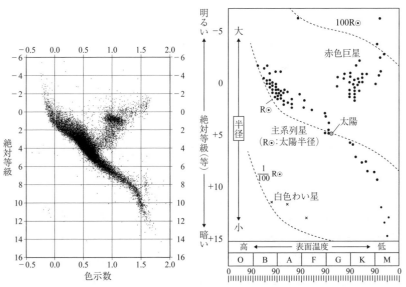

図3-5-7　探査機ヒッパルコスのデータから作成した HR 図（左）と HR 図の模式図（右）
左図横軸の色指数とはスペクトル型を数値化したもの。

りやや小さいか数分の1程度の星で、水素核融合反応は穏やかに行われ、主系列星としての寿命は数百億年から数千億年に達すると考えられている。

HR図の右上の集団は、低温でかつ明るい。低温であると、放射するエネルギーは少ないはずだ。にもかかわらず明るいというのは、ベテルギウスの例で見たように、極めて巨大であると考えられる。このような星を**赤色巨星**という。知られている赤色巨星のうち最大級のものは、はくちょう座V1489星で、太陽の約1,650倍の大きさをもつ。

左下にも数は少ないが星の集まりがある。高温で、かつ極めて暗い。単位面積あたりの放射量は非常に多いはずなのに暗い、というのは極めて小さい天体だからである。このような天体を**白色矮星**という。全天で最も明るいシリウスは連星で、主星のシリウスAと伴星のシリウスBからなる。シリウスBは白色矮星と考えられており、その大きさは地球程度しかない惑星サイズの星だ。しかし質量は太陽と同じ程度と、超高密度の天体である。

表3-5-1　質量による恒星の寿命の違い

星の質量［太陽質量］	星の寿命［年］
100	2.7×10^6
50	5.9×10^6
10	2.6×10^7
5	1.0×10^8
2	1.3×10^9
1	1.0×10^{10}
0.7	4.9×10^{10}
0.5	1.7×10^{11}

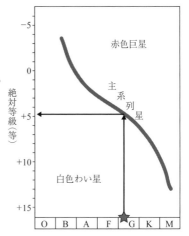

図3-5-8　スペクトル型から絶対等級が求まる

このように、HR図を用いて、恒星の分類ができる。また、恒星の進化を述べる際にも不可欠なものである。さらに、星は生涯のほとんどの期間を主系列星として過ごすことがわかっているので、観測された星はかなりの高い確率で主系列星と仮定することができる。すると、スペクトル型（温度）を測定するだけで、絶対等級が求められる。見かけの等級は観測可能なので、m−Mすなわち距離指数が求まり、大雑把ではあるが星までの距離を知ることができる。

5-6. 恒星の進化

　宇宙空間に存在するガスが集まり、分子雲となり、さらに収縮して、中心温度が1000万Kを超えると水素核融合を始めて、主系列星として輝く。星の生涯のおよそ90%を主系列星として過ごす。このとき、どのような型になるかは、恒星を作ったガスの量で決まる。大質量星は激しく核融合を行い、短命。小質量星は宇宙の年齢よりも長い寿命をもつ。太陽程度の質量の星は100億年は主系列星として輝き続ける。太陽が誕生して46億年。あと50億年は現在と近い姿が続くだろう。

　主系列星に限定して考えれば、明るさと質量の間には関係があることがわかっている。両者の相関図を作ると、図3-5-9のようにほぼ一定のライン上に分布する。恒星の光度は質量の3～4乗に比例する。すなわち、HR図から星の質量も大雑把に推測することができる。

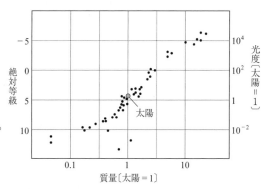

図3-5-9　光度—質量関係

　恒星の形は中心部での核融合反応による発熱、それに伴うガスの膨張力と、自身の質量で生じる重力による収縮力が釣り合って保たれている。

　水素核融合が中心部で行われると、生成するヘリウムは水素より重いので溜まって芯を作る。ヘリウムの芯がだんだん成長してくると、水素の核融合条件を満たす中心部をヘリウムが占めるようになり、核融合が起きにくくなる。するとヘリウムが収縮を始める。断熱圧縮によって中心部の温度が上昇するので核融合条件を満たす領域が広がり、ヘリウムの芯の周り（水素燃焼殻）で水素核融合が盛んに行われるようになる。

　以下、恒星の質量に応じた進化の様子を説明する。なお、太陽の質量を表すのに M ⊙ という表現を用いる。⊙は、天文学や占星術で太陽を表す記号である。

1 M_☉程度の恒星

　中心部のヘリウムの芯の中では核融合は起こらず発熱しないため、ヘリウムの芯は収縮していく。すると温度が上がり、また水素燃焼殻と中心部との距離が近くなるので、水素核融

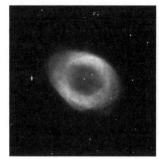

図3-5-10　惑星状星雲（こと座のリング星雲：M57）（左）と白色矮星（シリウスの伴星）（右）

合反応がさらに盛んになる。熱によって星は膨張し、表面温度は下がっていく。表面積は劇的に増えるので光度は増す。このように、主系列星から赤色巨星へと変化していく。

　中心部の激しい反応によって外層部の膨張速度が中心部の重力を上回り、外層部のガスが宇宙空間に広がっていって**惑星状星雲**を形成する。外層部を失った星は核融合ができなくなったためにどんどん収縮していく。大きさが1/100くらいになると、激しく運動する電子の反発力で支えられた高密度星の白色矮星となる。白色矮星は収縮を終えると発熱もしなくなり、次第に冷めて発光しなくなっていく。

3 M_☉〜10 M_☉程度の恒星

　中心部で水素核融合反応が始まってから、たった1億年ほどで中心部の温度が1億Kを超え、ヘリウムも核融合を始めて、炭素や酸素を作る。すると、軽い順に外層に水素、内側にヘリウム、中心部に酸素と炭素の芯を作る。中心部が6億Kを超えると、炭素が核融合を始める。この反応が始まると瞬時に炭素が連鎖的に核融合を起こしてしまい、星は大爆発を起こす。これを**爆燃型超新星爆発**という。

10 M_☉程度以上の恒星

　このような恒星では、炭素核融合の連鎖的な反応は起こらず、炭素からネオ

ン、マグネシウムなどが作られる。30億Kを超えると酸素が核融合しケイ素などが作られる。40億Kでケイ素も核融合する。この反応で、鉄、ニッケルなどが合成される。鉄は最も安定な元素で核融合することはできない。

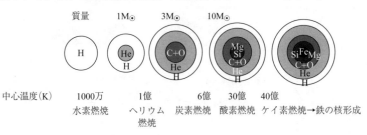

質量	1M⊙	3M⊙		10M⊙

中心温度(K)　　　1000万　　　1億　　　6億　　30億　40億
　　　　　　　　　水素燃焼　　ヘリウム　　炭素燃焼　酸素燃焼　ケイ素燃焼→鉄の核形成
　　　　　　　　　　　　　　　燃焼

図3-5-11　恒星の質量と内部構造

　ケイ素が核融合し始めてから1日程度の短い時間で中心部はさらに高温となり、鉄はヘリウムと中性子に分解されてしまう。超高温のため原子核を作る陽子や中性子の運動が、原子核に粒子を押さえ込む力を上回ってしまうのである。この反応が0.1秒という極めて短い時間で進行する。鉄の分解反応は吸熱反応で、熱を失った中心部分は急速に収縮する。中心部に物質が殺到し、陽子に電子が捕獲され中性子となり、中性子が原子サイズ間隔でぎっしりと詰まった状態になる。これを**爆縮**という。すると、それ以上収縮はできないので落下してきたものは跳ね返され、衝撃波となって星を爆発させてしまう。これを**重力崩壊型超新星爆発**という。このときの高エネルギー状態下で飛び散っていく元素に中性子が捕獲され、鉄より重い元素が作られると考えられている。

　中心部には、主に中性子でできた超高密度星が残る。これを**中性子星**という。白色矮星は太陽質量のもので地球サイズだったが、中性子星では太陽質量をもちながら、わずか10kmほどの大きさになる。

　超新星爆発する星の質量が大きいと、残される中性子星の質量も大きくなる。質量が大きくなるほど、また星の半径が小さいほど星からの脱出速度は大きくなる。太陽質量の数倍程度の中性子星が作られると、脱出速度が光速を超えて星から何の情報も得られなくなる。このような天体を**ブラックホール**という。質量が30M⊙を超える星からブラックホールができると考えられている。

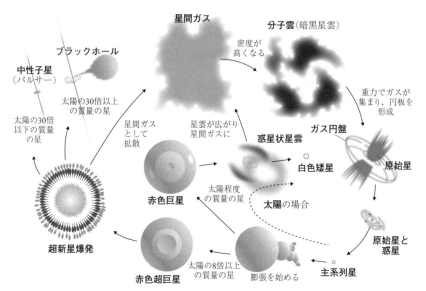

図 3-5-12　星の輪廻

Question !

恒星の質量と寿命とさまざまな天体の関係をまとめよう。

コラム　ベルのパルサー発見

　1967 年、大学院生だったジョスリン・ベル（英）は電波望遠鏡で遠方の天体を観測していた。毎日蓄積される膨大なデータから、1.3 秒ごと、極めて正確に定期的に発せられる信号を発見した。彼女の指導教官のヒューイッシュはこれを地球以外の人為的な信号かもしれないと考え、LGM-1（Little Green Men：当時の、宇宙人を意味する言葉）と名付けた。その後、電波をビーム状に発する小天体であることがわかった。この天体はパルサーと名付けられた。1.3 秒というのはこの天体の自転周期だったのである。アイススケートの演技で回転する時に腕を縮めると回転速度が速くなる（角運動量の保存）ように、もともとゆっくり自転していた天体が、収縮することで超高速で回転するようになったものである。

　パルサーのように高速で回転すると普通の恒星は遠心力で崩壊してしまう。パルサーは想像を絶する超高密度天体でなくてはならなかった。その後の研究でパルサーの正体は中性子星であることがわかった。ベルの発見は理論上の存在だった中性子星の発見でもあったのである。

　パルサーの発見で 1974 年ノーベル物理学賞が授けられた。しかし、受賞したのは発見者のベルではなく、指導教官のヒューイッシュだった。

6. 宇宙の距離はしご

　私たちはどこにいるのだろう。人々の住む大地は人間に対してあまりにも大きく、過去の人がこの大地がすべてのものの中心と考えたとしても無理はないだろう。観測と理論と、新たなことがわかるたびに、この世界（宇宙）は大きくなっていった。さて、人類は、どのようにこの宇宙の地図を作ってきたのだろうか。

6-1. ケプラーの第3法則の利用

　17世紀、ケプラーによって示された第3法則は、公転周期と軌道半径の関係を表していた。つまり、惑星の公転周期を知ることができれば、軌道半径を知ることができる（p.237）。当時は、太陽系の大きさそのものが宇宙の大きさにほぼ等しいと見なされていたので、最も外側を回る土星の軌道がほぼこの宇宙の大きさであった。1天文単位（au）の具体的な距離も17世紀半ばにはカッシーニによっておおむね求まっていたので（p.238）、この頃の宇宙の大きさは直径約20au（30億km程度）であった。現代に生きる我々の常識から考えれば、あまりにも小さい宇宙だが、それでも地球直径の20万倍以上。当時の人々にとっては途方もない大きさと感じられたことだろう。

6-2. 年周視差の利用

　太陽系を飛び出して、近傍の恒星までの距離がわかったのが19世紀のことである。利用されたのは年周視差（p.222）である。地球公転による星のわずかな位置のずれを利用して距離を求める。あまりに微小なずれなので、20世紀に入っても距離の知られた恒星はわずか100個余りほど。現在でも地上観測での観測限界は100パーセク程度である。ただし、空気に邪魔をされない宇宙での観測ではもっと精度を上げられ、最新の探査機による観測で10万パーセクの距離まで測ることができるようになった。

6-3. HR 図の利用

　恒星は生涯の約 90% を主系列星として過ごす。HR 図上で主系列星は、やや幅はあるものの列をなして分布している。恒星のスペクトル型がわかれば、主系列星と仮定することで絶対等級がわかる。すると、距離指数が求まり大雑把に距離を決められる（p.275）。

図 3-6-1　散開星団（M45：プレアデス星団）（左）、球状星団（M13）（右）

　この方法は一つの星に対しては誤差が大きいが、同じ場所に多数の星がある星団については精度よく距離を求められる。星団の星について、縦軸を見かけの等級で HR 図を作る。すると、多くは主系列星なので、本来の位置（絶対等級）とは離れた場所で列を作る。この差を読み取れば、それが距離指数となる。

　我々の銀河系の周囲には数十万〜数百万個程度の恒星の集まりである、球状星団が存在している。棒渦巻状の恒星の集まりであるディスクを取り囲むように球殻状に分布している。このことを最初に気がついたのは 1918 年、シャプレー（米）である。シャプレーはまた銀河中心から太陽系がかなり離れていることも示した。球状星団の分布を知ると、我々の銀河系の規模を知ることができる。現在知られている 150 個ほどの球状星団の空間分布を

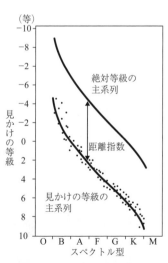

図 3-6-2　HR 図から星団の距離を求める

見ると、直径3万パーセク（10万光年）にほぼ収まる。我々の銀河系のスケールや構造は20世紀の前半にだいたいわかってきた（シャプレーは、距離の測定にはHR図ではなく、次に述べるセファイドを利用した）。

6-4. セファイド

　20世紀の前半に、ピッカリングに率いられたハーバード大天文台による恒星カタログが発表された。全天に及ぶ9等星までのスペクトル分類を含む22万5千を超える恒星が掲載された。このカタログが天文学に大きな発展をもたらした。

　ハーバードチームの女性天文学者、ヘンリエッタ・リービットは変光星の観測に定評があり、発見した変光星は2,400個にのぼった。数多くの変光星の中でも、彼女の心を惹いたのはケフェウス座 δ 型変光星（**セファイド**）だった。セファイドとは、18世紀末に発見された急激な増光と緩やかな減光を繰り返す変光星である。現在では、内部構造の不安定に由来する脈動によるものと理解されている。

　リービットは銀河系の伴銀河、小マゼランの中に25個のセファイドを発見した。図3-6-3のように、それらの変光周期と光度を比較し、横軸に変光周期（対数）、縦軸に光度を取ってグラフを作成した。2本の線は最大と最小光度を示している。このグラフからは、明るい星ほど変光周期が長いという関係が読み取れる。地球から見ると小マゼランははるか遠方にあり、それらの変光星の距離はほぼ同じと考えてよい。つまり、セファイドの変光周期から光度（等級）が求められることを示した。この重要性に気がついたシャプレー、ヘルツシュプルングらは、あるセファイドの距離を複数の方法で精密に測定し絶対等級を求めた。こうしてセファ

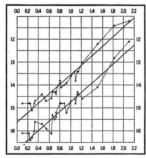

図3-6-3　リービット（左）と1912年の論文の図（右）

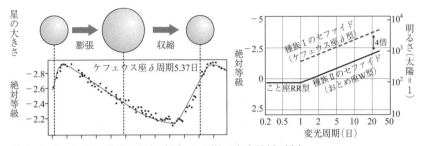

図 3-6-4　セファイドの変光（左）と周期―光度関係（右）
セファイドは膨張すると明るくなる。周期―光度関係を持つ脈動変光星には、いくつかのタイプがあることが知られている。セファイドは明るい星ほど変光周期が長い。この発見は天文学の発展に計り知れない恩恵をもたらした。

イドの変光周期を調べることで、絶対等級を求める方法が確立されたのである。年周視差は近傍の恒星しか距離を調べられなかったが、セファイドを用いることで、はるか遠方の天体の絶対等級、すなわち距離を求めることが可能となった。

　シャプレーは、我々の銀河系の周りの球状星団と同じように、アンドロメダ銀河などの渦巻き状の天体も同じような場所に分布している天体と考えた。我々の銀河系そのものが、この宇宙すべてだと考えたのである。このことを否定したのは、奇しくも自らが方法の確立に寄与したセファイドの観測によるものだった。アンドロメダ銀河の中にセファイドが発見され、その変光周期から

アンドロメダ銀河の距離が大雑把に求まった。アンドロメダ銀河は我々の銀河系の大きさをはるかに大きく超えた遠方にある天体だったのである。

　このように、セファイドを観測することで、我々の銀河系の外側の天体まで距離を知ることができるようになった。ただし、銀河の中の一つの星について調べなくては

図 3-6-5　アンドロメダ銀河（M31）
現在の測定では距離は 70 万パーセク（250 万光年）

ならないので、この方法で距離が測れるのは我々の銀河に比較的近いものに限られる。

6-5. ハッブル・ルメートルの法則

　アメリカ西海岸、ロサンゼルス郊外のウィルソン山頂に設置されたウィルソン山天文台は20世紀前半の天文学を牽引した。1908年、当時世界最大の60インチ（1.5 m）望遠鏡が完成。それから9年後、1917年には100インチ（2.5 m）望遠鏡が完成し、30年間も世界最大の望遠鏡の座にあった。100インチ望遠鏡の圧倒的な集光力を活かして、研究を進めたのがエドウィン・ハッブル（米）である。

　ハッブルは、シカゴ大で数学と天文学を学び、イギリスのオックスフォードに留学すると保険会社を経営する父の求めで法学も学んだ。ボクサーやバスケットボール選手、陸上選手としてもトップクラスの実力をもっていた。法律事務所や高校の物理、数学教諭として働きながら、シカゴ大ヤーキス天文台で研究を進めていた。第一次大戦が勃発す

図3-6-6　ハッブルと口径2.5 mのフッカー望遠鏡

ると、急いで博士号を取得し、志願して出征した。なんとも能力にあふれた活動的な人物である。帰国し、ウィルソン山天文台に職を得た。

　ハッブルは100インチ望遠鏡を駆使して、淡い渦巻き状の天体（銀河）の中にセファイドを探し、距離を求めることに尽力した。さまざまな銀河の中に数十個のセファイドを発見し、それぞれの銀河の距離を導き出した。その距離は我々の銀河系の大きさよりはるかに大きかった。その結果は、あまた存在する銀河が、我々の銀河系と同じように莫大な星の集合した天体であるという、銀河が散らばって存在する宇宙を示すものだった。

　ハッブルとそのチームは、100インチ望遠鏡の集光力を活かして銀河のスペクトルを撮影した。光を分けるスペクトル観測は直接観測より長い撮影時間が

必要である。一つの銀
河に対し、数晩の観測
を行いスペクトル像を
撮影していく。天体の
スペクトル像には吸収
線が含まれる。フラウ
ンホーファーの名付け
た H 線（0.3968 µm）、K
線（0.3934 µm）はカル
シウムによる紫～青色
付近の吸収線である。
撮影された吸収線 H
線・K 線の位置は、セ
ファイドで求めた距離
が遠ければ遠いほど、
本来の位置より波長が
長い側に大きくずれて
いた。これは何を意味するのか。

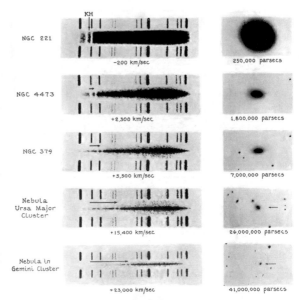

**図 3-6-7　ハッブルの共同研究者ハマソンによる観測
　　　　　画像とスペクトル**

出所：M. L. Humason（1936）The apparent radial velocities of 100 extra-galactic nebulae, *Astrophysical Journal*, 83.

　光や音は波として空間を伝わる。音で考えると、高い音は波長が短い（振動数が多い）、低い音は波長が長い（振動数が少ない）。音源が静止しているときは、同じ波長の音が広がっていくので、この音を聞く人は、みな同じ高さの音として感じる（図3-6-8左図）。ところが、音源が移動するとき（右図）は場所によって音の高さ（波長）が異なって聞こえる。右図の右端にいる人にとっては、音源が近づくので波長は短く（つまり高い音で聞こえる）、左端にいる人にとっては、遠ざかるので波長は長くなる（低い音として聞こえる）。このことを 19 世紀にオランダの科学者が列車にトランペット奏者を乗せ、同じ音を出し続けさせて音程が変化することを確認した。これをドップラー効果という。救急車のサイレンや、電車の中で聞く踏切音などで馴染みの深い現象であろう。

　これを光に置き換えると、波長の違いは色の違いに対応する。スペクトルの吸収線は元素の吸収によって、決まった場所に生じる。ここで、天体が近づい

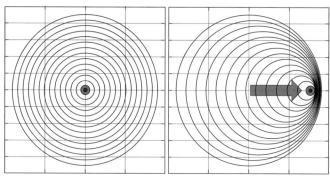

図 3-6-8　ドップラー効果
音源が静止している場合（左）と音源が中央から右に運動している場合
（右）。その場合、進行方向の観測者は波長が短くなり音が高く聞こえ、後
方の観測者は波長が長くなり音が低く聞こえる。

てきているとしたら吸収線の波長は短く（青い側にずれ：青方偏移）、遠ざかって
いると波長は長くなる（赤い側にずれる：赤方偏移）。

　さらに、波長のずれは音源（光源）の速度が大きいほど、そのずれも大きく
なる。つまり、ハッブルチームのセファイドによる銀河の距離測定と、スペク
トル観測を組み合わせて考えると、遠い銀河ほど速く遠ざかっている、といえ
る。

　銀河の遠ざかる速度を v、距離を
r とすると両者は比例するので、比
例定数を H とすると、v＝H・r とい
う簡単な式で関係を表すことがで
きる。比例定数 H をハッブル定数
という。

　ハッブル定数が決まれば、距離 r
は後退速度 v から求めることがで
きる（定数が正確に決まらなくても距
離比を知ることができる）。v はスペ
クトル観測から求められるので、
銀河の距離を比較的簡単に知るこ

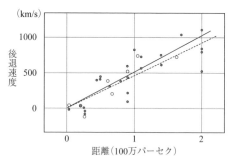

**図 3-6-9　ハッブルが 1929 年の論文に記
載したグラフ**
出所：E. Hubble（1929）A relation between distance and
radial velocity among extra-galactic nebulae, *Proceedings of
the National Academy of Sciences of the United States of
America*, 15（3）.

とができる。

　ハッブルが 1929 年に論文を発表し、この関係
式はハッブルの法則と呼ばれていた。最近に
なってベルギーのジョルジュ・ルメートルが
1927 年の論文でアインシュタインの一般相対性
理論を解くことで遠方の銀河ほど速く遠ざかる
ことを示し、ハッブルや他の研究者のデータを
組み合わせることでハッブル定数まで求めてい
たこともわかった。このような歴史的経緯を踏
まえ 2018 年の IAU（国際天文学連合）総会で、こ
の法則を**ハッブル・ルメートルの法則**と呼ぶべ
きであるとの提案がなされ可決された。

図 3-6-10　ルメートル

☞ **やってみよう！**

ハッブル・ルメートルの法則が導く宇宙の姿

　地球から観測した銀河が、遠方ほど速い速度で遠ざかっている。これは太陽系を
中心に宇宙が広がっていることを意味するのだろうか。簡単な実験で確かめてみよ
う。風船を用意して、マーカーでいくつかの点を描く。これが銀河である。例えば、
風船を直径 5 cm 程度に膨らませて、銀河 A から別の銀河の風船上の距離を巻き尺
で測る。次に直径 10 cm、15 cm と風船を膨らまして、それぞれ銀河 A から他の銀
河の距離を測る。そうすると、遠い銀河ほど遠ざかる速度が大きいことがわかるだ
ろう。次に、同じように別の銀河 B から 5 cm、10 cm、15 cm と膨らませていっ
て他の銀河までの距離を測る。すると、銀河 A と同じように、やはり遠い銀河ほど
速く遠ざかることがわかる。宇宙そのものが膨張をしていれば、どの銀河から観測
してもハッブル・ルメートルの法則が成り立つのである。この法則が導くのは、宇
宙は膨張を続けているという姿である。時間を逆に戻すと、宇宙はどんどん小さく
なっていき、ついにはある一点に集約されてしまう。このような考え方が、この宇宙
はある一点から大爆発で生じたという、**ビッグバン**という発想を生むことになった。

6-6.　Ⅰa 型超新星

　セファイドを用いると、恒星の絶対等級が正確に求められる。このように、
明るさが詳しくわかっていて距離を測定する指標となる天体を標準光源という。

周期が長く、明るいセファイドでも絶対等級はマイナス数等級程度なので、あまりに遠方の天体だと観測できなくなる。その限界はハッブル宇宙望遠鏡を用いても6千万光年程度（アンドロメダ銀河の距離の約20倍くらい）である。もし、もっと明るい標準光源であれば、さらに遠方の天体の距離が正確にわかる。

　超新星爆発は、質量の大きい恒星が、進化の最期に引き起こす大爆発である。いくつかの型に分類され、その中でもIa型と呼ばれるものは、白色矮星と赤色巨星の連星が作り出すものである。この時、放出されるエネルギーは一つの恒星が放出するエネルギーの数千億倍。つまり、数千億個の恒星からなる銀河そのものと同じ程度のエネルギーがたった一つの星から放出される。すなわち、極めて遠方の銀河でも**Ia型超新星**であれば観測可能なのである。

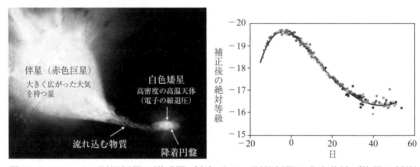

図3-6-11　Ia型超新星の模式図（左）とIa型超新星の光度曲線（複数の観測を重ねたもの）（右）
　Ia型超新星の最大光度の絶対等級はほぼ−19.5等となる。

　それではなぜ標準光源になりうるのだろうか。このような連星の場合、白色矮星に伴星の巨星からガスが降り積もり質量が増す。ある質量を超えると、核融合条件を満たし爆燃型の超新星爆発を起こす。喩えるなら、鹿威しに少しずつ水が溜まり、一定量以上になると傾いてコーンと音を鳴らすようなものである。核融合条件が一定であるので、放出するエネルギーや絶対等級がほぼ等しくなるのである。

> **Question！**
> 時代順に人類が測りえた最遠の天体の距離と方法の関係についてまとめよう。

コラム　聴覚障がい者が活躍したセファイド研究

　セファイドを発見したジョン・グッドリック（蘭）は子どもの頃の高熱が原因で聴覚を失っていた。変光星の観測に熱中し、ペルセウス座のアルゴル（メドゥーサの星）の変光の原因を、連星がお互い隠し合うことと見出した。ケフェウス座δ星が変光星であることも発見した。このような業績が評価され、21歳の若さで王立協会会員に推挙される。しかし、そのことを知る前に肺炎で亡くなってしまった。

　ハーバード大天文台のカタログ作成における写真解析チームのリーダー、キャノンも聴覚のほとんどを失っていた。その一方、視覚、判断力は極めて優れていて信じがたい速度で写真からスペクトル型を瞬時に判断し、分類をしたという。リービットもそのチームの一員である。彼女もまた聴覚障がい者であった。並外れた注意力で写真乾板上の変光星を見出した。数多くの変光星を発見し「変光星の魔人」との異名を取ったほどである。

　グッドリックが発見しリービットが花開かせたセファイド観測、そしてリービットのリーダーであるキャノン。セファイド研究にまつわる天文学者が聴覚障がい者であったことは興味深い。健常者にはない研ぎ澄まされた感覚あり、それが功を奏したのかもしれない。

7. 最新探査が描く宇宙の姿

　秋の穏やかな夜空に輝く大四辺形、ペガスス座。その北東側の頂点にある恒星アルフェラッツはアンドロメダ姫の頭の星でもある。アンドロメダ座には銀河系の隣の銀河であるアンドロメダ銀河があり肉眼でも簡単に見ることができる。このような天体は20世紀の初頭では銀河系内の天体なのか、外の天体なのか、まだわかっていなかった。それどころか、銀河系の詳しい姿すらよくわかっていなかった。そのような状況からわずか100年ほどで人類はダークマターを発見し、詳細な銀河分布を知った。さらに宇宙誕生の様子を考察したり、ごく初期の様子を実際に観察することで、この宇宙の成り立ちと進化の過程がわかってきた。この章では最新の研究結果を踏まえて、現在信じられている宇宙の姿を紹介する。

7-1. 銀河の姿

　全天には6等星より明るい星が約8千個ある。明かりのない場所で夜空を眺めると、地平線より下は見ることができないのでその半分、約4千個の星々が見られるはずである。そのような場所では、**天の川**（Milky way）が夜空に流れる姿が見えることだろう。天の川が星の集まりであることを発見したのは天体望遠鏡を自ら発明したガリレオで、17世紀初頭のことである。

図 3-7-1　石垣島から見た天の川

　18世紀、ウィリアム・ハーシェル（英）は口径50cm、長さは6メートルにもなる大望遠鏡を自作し、空間的に恒星はどう分布しているのか調べた。星の絶対等級を同じと仮定し暗い星は遠い、という原理で星の分布図を作成した。星の数は天の川に近づくにつれ増加することから、星はレンズ状に集まっていることを確信した。このようにして作られたのがハーシェ

ルの宇宙モデルである。

ハーシェルは、星の光を吸収してしまう暗黒星雲の存在を考慮しておらず、現在知られている我々の銀河系の大きさよりはずいぶん小さい像を描いた。20世紀

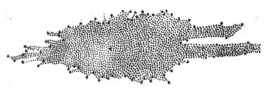

図 3-7-2　ハーシェルの宇宙モデル
ハーシェルは銀河系を直径 6000 光年のレンズ状の星の集団と考えた。

に入ると銀河系の大きさは直径数万〜数十万光年の大きさであることがわかり、またセファイドによる距離測定によって、淡いさまざまな形をした天体が我々の銀河系と同じような星の大集合体であることがわかってきた。そこで、我々の銀河系を天の川銀河、または単に銀河系と呼んで区別することとした。

銀河の形には、渦巻き銀河、棒渦巻銀河、楕円銀河、不規則銀河などさまざまな形のものが存在する。

M51　渦巻銀河

M83　棒渦巻銀河

M86　楕円銀河

M82　不規則銀河

図 3-7-3　さまざまな銀河

それでは天の川銀河はどのような形をしているのだろうか。20世紀半ば、渦巻銀河であるアンドロメダ銀河の腕に沿って高温のO、B型星が分布していることがわかった。水素ガスがO、B型星が大量に放射する紫外線を浴びると電離して、波長0.656 μm の輝線（Hα 線）を放射する。このような場所をHⅡ（エッチツー）領域という。銀河の腕に沿ってO、B型星とともにHⅡ領域も分布しているので、銀河系内のHⅡ領域分布を調べることによって、3

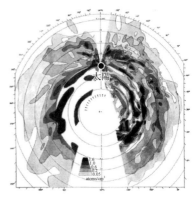

図3-7-4　オールトによる水素21cm電波を用いた天の川銀河の姿

本の腕構造が発見された。いて座にある銀河中心の方向は天体が密集しているため可視光線ではその向こうを見通すことができない。しかし、水素が放射する波長21 cm の電波であれば、その影響を受けにくい。1958年、オールト（p.251）は**水素21 cm電波**を用いて銀河中心の向こう側を含む水素の分布図、すなわち天の川銀河の形を描き出した。

　以下、その後の研究により明らかになった、銀河系の姿を紹介しよう。直径は約10万光年、約2,000億個の星の集団である。薄いレンズ状の形状（円盤部という）をしており、回転運動をしている。太陽系は銀河中心から約3万光年の位置にあり、この位置の天体は約2億数千万年で銀河中心を一周する。中央部分は球形に盛り上がっており**バルジ**と呼ばれている。バルジはやや棒状になっており、そこから腕状の構造が何本か延びていて、棒渦巻銀河を形成していると考えられている。円盤部を球状にすっぽり覆う**ハロ**と呼ばれる領域も存在し、ここには球状星団が分布している。

　銀河中心には、いて座 A*（Sgr A*：いて座エースター）という電波源があり、超巨大質量ブラックホールではないかと考えられている（図3-7-6）。ブラックホールからは光も何も出てくることはできないが、強大な引力で周囲の物質を運動させ電波や赤外線、X線などを放射させている。銀河中心は天体が密集しすぎていて可視光線では観測できない。21世紀初頭、赤外線を用いた十数年をかけた観測で、いて座 A*の周囲を公転する恒星の様子が捉えられた。図3-7-

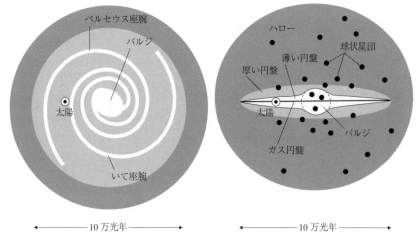

図 3-7-5　我々の銀河系像の概略

7のように6つの恒星の軌道
が推定された。恒星の公転
周期と軌道半径がわかれば
ケプラーの第3法則から回
転中心天体、いて座 A* の質
量が求められる。特に S2 と
いう恒星はすでに1周の公
転が観測されており、これ
によって非常に精密にいて
座 A* の質量が求まった。そ

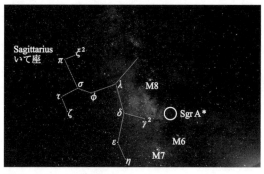

図 3-7-6　いて座 A*

れによると、およそ 400 万 $M_\odot$ という途方もない質量をもつ天体であることが
わかった。このような**超大質量ブラックホール**（Supermassive Black Hole：SMBH）
は他の銀河に中心にも、一家に一台的に存在すると考えられている。

　このような超大質量ブラックホールがなぜ銀河中心に存在するのかは、よく
わかっていない。超新星爆発によって生じる**恒星質量ブラックホール**は、銀河
系内に十数個見つかっているが、質量は数十 $M_\odot$ 程度で SMBH と比べてはるか
に軽い。SMBH がどのように形成されるかは恒星質量ブラックホールと SMBH

の間をつなぐ数百〜数十万 $M_\odot$ の中間質量ブラックホールの発見やその分布が鍵となる。2017年、日本の電波観測チームはいて座 A^* から200光年離れた位置に約10万 $M_\odot$ の中間質量ブラックホールと考えられる天体の存在を見出した。これが確認されれば、初の銀河系内中間質量ブラックホールの発見例となる。このような発見が積み重なれば、SMBH発達の仕組みも詳しくわかるようになるだろう。

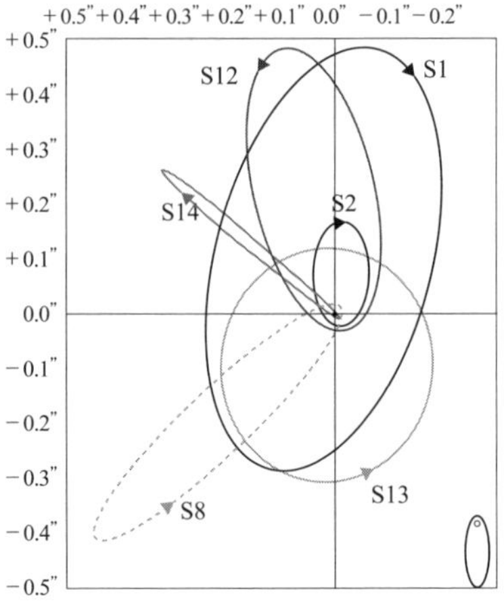

　前述の水素21 cm電波を観測し、波長のずれを見出せば、ドップラー効果から水素ガスの運動（銀河の回転速度）を知ることができる。質量は銀河中心に密集し、その質量でディスク構造の中の恒星が公転していると考えれば、太陽の周りを回る惑星と同じように中心に近ければ速く、遠ければ遅く公転するはずである（ケプラー運動という）。銀河系や、他の銀河について、このような銀河中心からの距離と公転速度の関係をグラフにすると図3-7-8（上）のようになる。Aはケプラー運動をした場合、Bは実際に観測された速度分布である。この観測事実が導くのは、驚くことに銀河外周部には見えない質量源が大量に存在しなくてはならないということである。見えない質量源が銀河を取り囲んでおり、それが見ることの

図3-7-7　いて座 A^* の周りを公転する6つの恒星の軌道
右下の楕円は同じスケールで描いた太陽系セドナの軌道、その中の小さな円が海王星の軌道を示す。

出所：F. Eisenhauer, et al. (2005), SINFONI in the Galactic Center: Young stars and infrared flares in the central light-month, *Astrophysical Journal*, 628 (1).

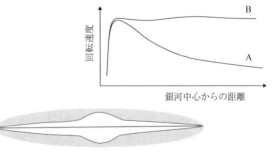

図3-7-8　銀河の回転分布
グラフの横軸は銀河中心からの距離、縦軸はドップラー効果によって調べられた回転速度。Aがケプラー運動をする場合、Bが実際に観測された速度分布。

できる恒星を引っぱっていると考えれば、観測結果を説明することができる。このような見えない質量源を**ダークマター**もしくは暗黒物質という。その正体はまったくの未知である。候補としては、暗く小さいながら高密度の天体（MACHO：Massive Compact Halo Object マッチョ）が挙げられる。ただし、銀河回転を支えるにはかなりの高密度で存在しなくてはならないのに対し、ほとんど観測できないので否定する意見も強い。未発見の素粒子ではないかという説もある。ダークマターは存在することは確からしいが、その正体はまだ闇の中である。

7-2. 銀河系の周辺

南半球で夜空を見ると、天の川から少し離れたところにぼんやりと雲のような天体がある。大きいものと小さいものがあるので、大マゼラン雲、小マゼラン雲と呼ばれている。銀河系の周りには、10数個の矮小銀河が分布しており、そのうち特に大きいものが大小マゼラン雲である。同じような構造が隣の銀河、アンドロメダ銀河にも見られる。アンドロメダ銀河までの距離は約250万光年。我々の銀河系の円盤部の直径が約10万光年なので、銀河系を25個並べた距離である。太陽系の場合、海王星の外側のEKBOが比較的密集している範囲を見ると直径およそ100au、この範囲を3千個並べてやっと、隣の恒星のケンタウルス座α星に届く。これと比較すると、銀河同士はずいぶん密集して分布していることがわかる。このように銀河系やアンドロメダ銀河を含む、大小50個ほどの銀河が密集して**局部銀河群**を形成している。

7-3. 宇宙の大規模構造

もっと広い範囲での銀河分布はどうなっているのか。それを知るには多数の銀河のスペクトルを観測し、ハッブルの法則から後退速度（距離）を求めていけばよい。1977年からハーバードスミソニアン天体物理学センター（CfA）で始まった大規模サーベイ観測（領域を決めてくまなく観測すること）、CfAサーベイは20年間にわたって実施された。1987年に発表されたサーベイ結果は驚きをもって迎えられた。地球を中心とした5°×135°の観測領域、奥行き5億光年の扇形の図にプロットされた1,100個の銀河図からは、銀河は一様に分布して

いるのではなく、ある一定の場所に密集してフィラメント状の構造をもつこと、ほとんど銀河のない場所もあることが見て取れる。まるで、空虚な泡（ボイド）の周囲に銀河が分布しているように例えられるので**ボイド構造**と呼ばれるようになった。1989年には更に観測を重ねた図が発表され、地球から3億光年の距離に東西5億光年にわたって横たわる巨大な銀河のフィラメント状の集合体の姿を明らかにした。その巨大さから、この構造は**グレートウォール**と呼ばれる

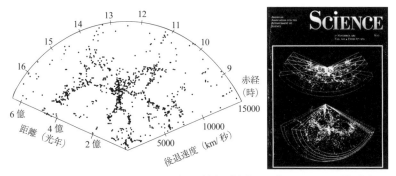

図3-7-9　CfA サーベイによる銀河分布（左）と『Science』誌（246（4932），1989）の表紙を飾ったグレートウォール（右）

ようになった。

　1998年から始まったスローン・デジタル・スカイサーベイ（Sloan Digital Sky Survey: SDSS）は、ニューメキシコ州にあるサクラメント山脈の最南端、アパッチポイント天文台に設置された口径2.5 mの専用望遠鏡で、より大規模な銀河分布を調べるサーベイ観測である。効率よく観測するために、観測視野の銀河の位置をあらかじめ調べておき、焦点面に置くアルミプレートに640個の孔を開けておく。プレートの孔にはそれぞれに光ファイバーがつなげてあり、銀河からの光を分光器に導く。すなわち、一度の観測で640個の銀河の光を分光観測することが可能なのである。その結果、観測天体は2億を超え、分光観測した銀河の数も93万個に及んだ。観測結果からは、ボイド構造がこの宇宙の広い範囲にわたって存在していること、CfA サーベイで発見されたグレートウォール様の**フィラメント構造**が多数存在することがわかった。一つのボイドの規模は約1億光年にも及ぶ。このように、ボイドとフィラメントによって構成される構造を**宇宙の大規模構造**という。

この構造は宇宙において
かなり一様な状態で分布し
ていることから、宇宙の始
まりの時点で飛躍的な体積
膨張を果たしたインフレー
ション現象（p.304）の証拠と
も考えられている。

数千億の恒星の集合体が
銀河を作り、周辺の矮小銀
河とともに銀河群を作る。
それらも寄り集まるように
して分布し銀河団を形成し
ている。例えば銀河系やア
ンドロメダ銀河などからな
る局部銀河群や、他のおよ
そ100の銀河群が半径1億

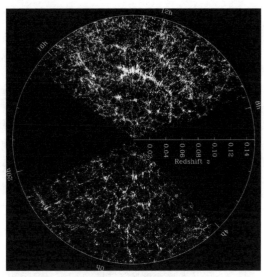

図 3-7-10　SDSS による銀河分布
天の赤道を含む 2.5°幅の観測領域に存在する銀河をプ
ロットしたもの。外側の円で 20 億光年の距離。データ
のない部分は銀河系の円盤部に邪魔されて観測できない。

光年程度の範囲に集まって、おとめ座銀河団を形成している。銀河団も特に密
集したところでは超銀河団となり、さらにそれらが集まってグレートウォール
状のフィラメント構造とボイドを作る。これが宇宙の大規模構造である。SDSS
や他のサーベイも合わせておよそ半径 80 億光年までの範囲ではこのような構
造が一般的だと考えられている。

古代ギリシャのエラトステネスが地球をおよそ 4 万 km 程度の球と見出して
から、たった 2000 年ほど。人類は知見を重ねて 80 億光年の彼方の構造まで見
通すことができるようになったのである。

7-4. 見ることのできる宇宙の果て

観測可能な宇宙の果てはどの程度の距離なのだろうか。その答えは意外なと
ころからやってきた。1960 年代、アメリカのベル研究所のペンジアスとウィル
ソンは通信衛星の波長 7 cm の電波を受けるマイクロ波アンテナを管理していた。
彼らは原因不明のノイズに悩まされていた。原因を人間活動のせいではないか

と考え、街が寝静まってから観測してみるも、ノイズは消えなかった。アンテナの表面に付着した鳩の糞が電波源ではとも考え、掃除をしたものの変わらない。彼らは、電波源は自然であり、ありとあらゆる方向からマイクロ波としてやってくると結論づけた。

　時を同じくして、天文学者たちはビッグバン論争の渦中にあった。フリードマン（露）やルメートル（p.289）が方程式から導き、ハッブルが観測から実証したように、宇宙が一点で始まったのなら、初期状態は超高温高密度であったとガモフ（米）は考えた。ガモフは、その高温状態の物質が放射する電磁波が宇宙のありとあらゆる方向からやってくると予言した。遠方であるため後退速度は大きくなり、放射される電磁波の波長は長く引き延ばされ、波長の長いマイクロ波となることも予想されていた。これを**宇宙マイクロ波背景放射**（Cosmic Microwave Background：CMB）という。

　ペンジアスとウィルソンは自分たちが観測したノイズが宇宙背景放射そのものではないかと考え、電波天文学者ディッケ（米）に相談をした。ディッケは相談の電話を受けると、それがCMBであることを直感した。電話を切った後「諸君、先を越されたよ」とチームメンバーに語った。まさにディッケのチームはCMBを受信する観測装置を立ち上げるためのミー

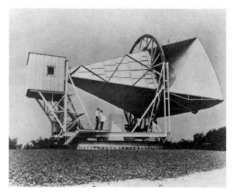

図3-7-11　ペンジアスとウィルソン、ホーン型電波望遠鏡

ティングのさなかだったのである。CMBの発見はビッグバンの直接証拠となった。ペンジアスとウィルソンはこの功績により1978年にノーベル物理学賞を受賞した。

　彼らが受信した波長7cmのマイクロ波がCMBであることを確かめるためには似た周辺の波長の電波も調べ、電波スペクトルを測定する必要がある。スペクトルの形がプランク分布に一致すれば、宇宙誕生初期の高温による黒体放射と考えることができる。ガモフは大雑把に、CMBは5K（ケルビン、−268℃）

程度のスペクトルとなるだろうと考えた。

CMB を多波長で観測するためには、地球大気が妨げとなる。CMB スペクトルを精密に観測したのは 1989 年に打ち上げられた COBE 衛星（米）である。観測の結果、黒体放射 2.7 K のスペクトルに極めてよく一致することが確かめられた。

さらに COBE のデータは重大な発見をもたらす。CMB の強度はありとあらゆる方向から極めて均一なものであることを確認した。しかし、そのうえで詳細に調べるとその強度がほんのわずか、10 万分の 1 程度のゆらぎが含まれているのを発見したのだ。

1980 年代に、ビッグバンの前に宇宙が始まってから極めて短い時間（10^{-35}秒程度、1 兆分の 1 秒の 1 兆分の 1 のさらに 1000 億分の 1）に宇宙空間が 10^{33} 倍にも劇的に膨張したというインフレーション説が提唱された。あまりにも急激な膨

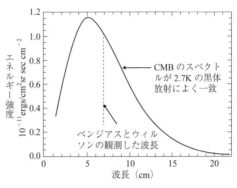

図 3-7-12　COBE が観測した CMB スペクトル

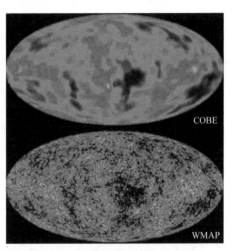

図 3-7-13　CMB の 1/10 万ゆらぎ：COBE（上）と WMAP（下）

張で、インフレーション前の宇宙のもっていた量子レベルのわずかなゆらぎが膨張した宇宙全体に反映され、物質のムラを作った。そう考えると、COBE の観測した 10 万分の 1 のゆらぎは、そのムラが観測された結果といえ、インフレーション説の有力な証拠となった。このように一様なわずかなムラが宇宙全体に作られ、ムラの濃いところには物質が集まる。質量は引力を生じさせ、物

質がより密集し、それが発達して銀河や銀河団、そして超銀河団のフィラメント構造やボイド構造といった一様な宇宙の大規模構造を作るもととなったと理解されている。

　ありとあらゆる方向からやってくるCMB、その正体は何か。宇宙が生まれ、超高温状態から膨張しながら徐々に温度を下げていく中、宇宙誕生から約38万年後、宇宙の温度は3千Kを下回る。この頃の宇宙は、ほぼ水素とヘリウム原子核（プラズマ）で構成されていた。原子核の周りには電子が自由に飛び回り、光を吸収して、直進することを妨げてしまう。太陽の内部も高温でたくさんの光を放射しているが、高密度高温のためプラズマとなっていて光は直進することはできない。見られるのは高密度プラズマの表面である光球である。つまり、宇宙初期は宇宙そのものが恒星内部のような状態だった。宇宙の温度が膨張によって3千Kを下回ると、原子核は電子を捕獲し原子となる。すると、光が直進できない"もや"のかかった状態から、光が直進できる世界へと変化する。これを**宇宙の晴れ上がり**と呼んでいる。このとき、宇宙全体からありとあらゆる方向に3千Kの黒体放射による光が放射された。これがCMBの正体である。CMBとは宇宙が生まれて38万年後の、光や電波で見ることのできる最も遠く、最も古い姿なのである。3千Kの黒体放射は赤い光（約0.7 μm）を中心とした連続スペクトルを放射する。しかし、はるか遠方にあるため、ドップラー効果で引き延ばされ、2.7Kの連続スペクトルとして観測されるのである。

7-5. WMAP衛星の活躍

　COBEは、CMBに極めて小さいムラを見つけた。しかし、角度分解能が7°しかなく、ムラのつぶつぶを見るには十分な性能がなかった（図3-7-13上）。言ってみれば、目鼻があるのは何となくわかるが、顔の様子はよくわからないピンボケ写真のような状態だった。COBEの成功を受け、2001年には後継機のWMAPが打ち上げられた。WMAPはCOBEの30倍以上の感度と角度分解能を持つ。

　このムラのつぶつぶはさまざまな情報を与えてくれる。太鼓の上に砂を撒いて叩くと、太鼓の皮の振動で規則正しく砂がムラを作る実験を見たことがある人もいるだろう。このムラは太鼓の大きさによって決まってくる。小さい太鼓

なら高い音、大きい太鼓なら低い音となる。それに応じてムラの規模も変わってくる。弦楽器であれば、コントラバス、ビオラ、バイオリン……。つまり、ムラの粒の大きさは宇宙ができて38万年後の宇宙の大きさを反映している。宇宙の晴れ上がり以前は、水素やヘリウムは電子をまとわない裸の原子核の姿で、周辺に電子が自由に飛び回るプラズマの状態だった。プラズマの性質は音を伝える空気に似ている。宇宙全体が楽器で、CMBのわずかなムラはその楽器が奏でる音色を示している。

さらにつぶつぶの様子からはもっとたくさんの情報を引き出すことができる。つぶつぶの大きさは楽器の大きさに対応する。しかしそれ以外に、その倍音（周波数が倍の音、オクターブ上）や半分、三分の一といった倍音成分を含んでいる。この倍音成分の含み方は音を伝える空気の性質によって変化する。ヘリウムガスを吸うと同じ人でも声が変わる、これは同じように声帯が振動しても、振動させられる空気の分子量（重さ）が変化することで倍音の含み方が変化するためである。CMBのつぶつぶも倍音成分と同じようにさまざまな大きさのものが存在する。この存在比を調べるとプラズマの性質がわかり、当時の宇宙の陽子、電子の量を知ることができる。

これは宇宙に存在する物質の総量と考えてよい。質量はエネルギーと等価なので、エネルギー量に換算して考える。その他、謎の質量源ダークマターの量や、宇宙全体のエネルギー量もCMB観測から求められる。

すると、我々が知る普通の物質、地球や恒星や銀河など観測可能なものの総質量をエネルギーに換算したものは、宇宙全体のエネルギーのわずか数％を占めるのみであった。そして、この宇宙は膨張しており、その膨張率は一定ではなく加速しながら膨張していることもわかった。加速膨張するためにはエネルギーが必要である。これを**ダークエネルギー**と呼ぶ。宇宙全体のエネルギーの大部分は宇宙を加速膨張させるダークエネルギーであることがわかった。

その後、2009年に欧州宇宙機関のプランク衛

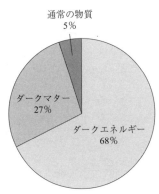

図3-7-14　宇宙のエネルギー分布

星が打ち上げられ、より詳細な CMB 観測を行った。他の観測結果も照らし合わせると、宇宙の年齢は 138 億歳で、この宇宙はエネルギー換算で、観測できる星などの物質 5％、ダークマター 27％、ダークエネルギー 68％の割合であるとわかった。我々の目に見えているものはこの宇宙のほんの一部に過ぎなかったのである！

　新たな発見があるたびに人類は新たな宇宙の地平や、詳しい宇宙像を獲得してきた。しかし視野が広がれば広がるほど、より深い謎に直面する。我々は何も知らないということを知ること、解決すべき課題が示されること。何と素晴らしいことだろうか。

7-6. 私たちは星の子

　今から 138 億年前、この宇宙は始まった。その前には空間もなく物質もなく時間もなかった。宇宙は誕生すると、**インフレーション**と呼ばれる極めて短い

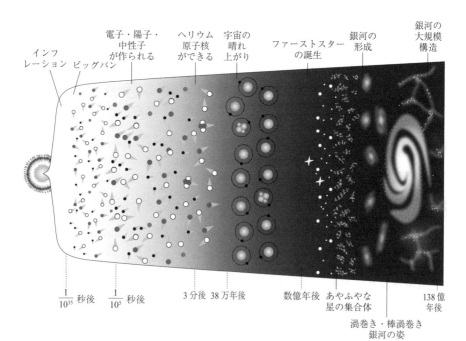

図 3-7-15　宇宙の始まり：インフレーションとビッグバンから現在まで

時間に急激な膨張を果たした。このときの物質分布ムラが現在観測される CMB に反映されていると考えられている。宇宙は無の状態から次々に生まれ、泡のように消えていくことを繰り返しているという説がある。この宇宙は何らかの理由でインフレーションを起こし、生き残ることができた。インフレーションによって、10^{-35} 秒という極めて短い時間に宇宙空間が 10^{33} 倍にも劇的に膨張した。そしてインフレーションによって莫大な熱エネルギーが与えられビッグバンが始まる。熱エネルギーによって宇宙はさらに膨張していく。ビッグバン開始後 10 万分の 1 秒後には 1 兆 K を下回り、電子などの物質が生じ、直後に陽子（水素原子核）と中性子が作られた。膨張するにしたがって温度が下がり 3 分後には 10 億 K 程度となり、陽子と中性子が結合してヘリウム原子核が作られた。わずかにリチウムとベリリウムも作られたが、これ以降は宇宙の温度が下がり続け、元素が合成されなくなった。こうして現在に通じる水素原子核 75%、ヘリウム原子核 25% の宇宙ができた。つまり、宇宙が始まって最初の 3 分間で現在宇宙に存在するすべての物質のもとが作られたのである。宇宙はさらに膨張を続け 38 万年後、温度が 3 千 K を下回ると原子核が電子を捕獲できるようになり、水素、ヘリウムは原子となった。宇宙はプラズマから光が直進できる状態になった（宇宙の晴れ上がり）。

「宇宙最初の 3 分間」以降、宇宙は膨張を続け、温度は下がっていく。核融合を行うことができず、膨張するだけの宇宙の暗黒時代ともいうべき時期が続いた。新たな元素が合成されるようになるには、物質が集まり恒星を作って核融合が開始されるのを待たねばならなかった。これには数億年を要した。最も古い恒星"ファーストスター"はいつ頃誕生したのか？　宇宙進化を論じるうえで重要な意味をもつこのテーマは、現在熱い観測レースが繰り広げられている。

ビッグバン時のわずかな物質の分布ムラが重力的に物質を集め、核融合可能な状態となり、恒星が生まれた。恒星は銀河を作り、それらも集まって銀河団を形成し、宇宙の大規模構造を作っている。

恒星の核融合によって恒星内部で鉄までの元素が合成され、超新星爆発を起こすと、鉄より重い元素（超鉄元素）が合成される。近年の研究では、超新星爆発よりも「中性子星連星の合体」のほうが効率よく超鉄元素が合成されると考えられるようになっている。

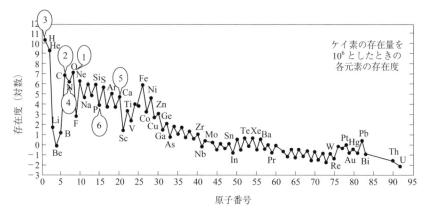

図3-7-16　宇宙の元素存在比（太陽系）（上）、各元素の体内存在量（体重70 kgの場合）（右）
吹き出しの数字は体内存在量の多い順を示す。

構成元素	存在量（キログラム）	存在比
酸素	45.5	65%
炭素	12.6	18%
水素	7	10%
窒素	2.1	3.0%
カルシウム	1.05	1.5%
リン	0.7	1.0%
硫黄	0.2	0.3%
カリウム	0.1	0.2%
ナトリウム	0.1	0.2%
塩素	0.1	0.2%
マグネシウム	0.1	0.2%

　私たちの体は、およそ6割が水でできている。水は H_2O、ビッグバンのときにできた138億歳の水素と、太陽よりずっと重い恒星の中で核融合によってできた酸素でできている。宇宙における元素の存在比を図3-7-16に示した。表3-7-1は人体の元素存在比である。こうして見ると人体は水素と、恒星内部で数千万度、数億度の環境でできた軽元素で主に構成されていることがわかる。その他にも必須元素として、鉄、銅、スズ、セレン、ヒ素など超鉄元素も極めて微量であるが体内に含まれる。これらは超新星爆発や中性子連星合体といった宇宙で最も激しい現象を経験してきている元素である。さらに私たちの体の10%を占める水素はビッグバンを経験してきている。宇宙が生まれ、星が輝き、

最期の大爆発を起こし……この第3部で私たちはさまざまな宇宙の現象を学んだ。これらの現象は遠い宇宙の無縁なものではなく、宇宙の輪廻の旅の結果として、今ここに私たちの体を形作っている。

　私たちは星の子。この宇宙はどうなっているのか、宇宙がどのようにできたのか、それを学ぶのはまさに自分は何者なのか、どこから来たのかを知ることに通じるのである。

> ## Question！
> 身近な惑星から始まり、規模が大きくなるとどのような天体（群）と呼ばれるようになるのか、その大まかなスケールとともにまとめてみよう。

コラム　重力波とブラックホール、 そしてマルチメッセンジャー天文学

　重力波とは巨大な質量源が運動することで生じる空間のゆがみが伝わるものである。アインシュタインが一般相対性理論でその存在を予言してから 100 年、2015年 9 月、アメリカの LIGO（ライゴー）が重力波の検出に初めて成功した。このときはブラックホール連星の合体に伴う重力波であった。観測結果から合体天体の質量が計算できる。合体したのは 29 M☉ と 36 M☉ のブラックホールで、今までほとんど観測されていなかった中間質量ブラックホール同士だった。重力波天文学の幕開けは単なる初検出というだけでなくブラックホールの進化を知るうえでも重要な発見であった。さらに重力波は電磁波ではないので、宇宙の晴れ上がり「以前」も理論上観測することが可能だ。

　ところで、鉄より重い元素は、原子核の融合では生成されず、原子核が中性子を捕獲して作られる。鉄より重い元素を作るためには、いかに効率よく中性子星から中性子を放出し、周りの元素に捕獲させるかということが重要になる。中性子星連星とは大質量星の連星がともに超新星爆発を起こし、中性子星になった状態で連星となったものである。物質が放出される速度が超新星爆発より中性子星連星合体の方が 10 倍程度も大きく、中性子を放出する効果が高いと考えられている。2017年8 月に LIGO と EU の重力波検出施設 Virgo（ヴィルゴ）がそれぞれ中性子星連星の合体による重力波を捉えた。理論上の現象であった中性子星連星の合体が初めて詳細に観測された。中性子星連星が互いを公転しながら重力波を放出することでエネルギーを失い、徐々に近づいて、ついには合体すると考えられていた。この現象で、理論通りに合体して観測可能な強い重力波を発することが証明された。合体時、重力波以外にも、ガンマ線、X 線、紫外線、可視光線、赤外線、電波によって観測が行われた。このように、さまざまな方法で協働して補完し合う天文学研究をマルチメッセンジャー天文学と呼んでいる。それぞれの方法でわかること、得意なことが異なるので、総合的に現象の理解を深めることができる。マルチメッセンジャー天文学の発達によって、より新しい宇宙の描像を人類は手に入れることになるだろう。

索　引

(**太字**は本文中のキーワードおよび該当頁)

314

316

【著者紹介】

杉本 憲彦（すぎもと　のりひこ）第 2 部担当
慶應義塾大学法学部日吉物理学教室教授、American Geophysical Union, *Journal of Geophysical Research*（JGR）: *Planets* 誌アソシエイト・エディター
京都大学理学部卒業、京都大学大学院理学研究科博士課程（地球惑星科学専攻）修了。理学博士、気象予報士、ワインエキスパート。
2005 年名古屋大学大学院工学研究科 COE 研究員、2008 年慶應義塾大学専任講師、准教授を経て、2020 年より現職。その間、2014〜2016 年フランス・エコールポリテクニーク客員研究員、2018〜2021 年慶應義塾大学自然科学研究教育センター副所長。
専門は気象学、地球流体力学、惑星大気科学など。
主な著書に『風はなぜ吹くのか、どこからやってくるのか』（ベレ出版、2015 年）、『法学・経済学・自然科学から考える環境問題』（共著、慶應義塾大学出版会、2017 年）「空があるから」（文担当、『月刊たくさんのふしぎ』2020 年 8 月号、福音館書店、2020 年）など。

杵島 正洋（きしま　まさひろ）第 1 部担当
慶應義塾高等学校理科教諭
東京大学理学部地学科卒業、東京大学大学院理学系研究科修士課程（地質学専攻）修了。
1998 年より現職。その間、2002〜2015 年慶應義塾女子高等学校講師、2014 年より慶應義塾大学講師。
専門は地質学、堆積地史学、地学教育など。
主な著書に『新しい高校地学の教科書』（共著、講談社ブルーバックス、2006 年）、『地球のしくみがわかる　地学の図鑑』（技術評論社、2022 年）など。

松本 直記（まつもと　なおき）第 3 部担当
慶應義塾高等学校理科教諭
横浜国立大学教育学部（地学専攻）卒業、横浜国立大学教育学部修士課程（地球科学専攻）修了。気象予報士。
1990 年より現職。その間、1999〜2002 年横浜国立大学教育人間科学部講師、2005〜07 年、2011 年慶應義塾湘南藤沢中・高等部講師、2012 年より慶應義塾大学講師。
専門は地学教育、観測天文学など。
主な著書に『新しい高校地学の教科書』（共著、講談社ブルーバックス、2006 年）など。

はじめて学ぶ大学教養地学

2020 年 6 月 5 日　初版第 1 刷発行
2023 年 3 月 30 日　初版第 2 刷発行

著　者―――――杉本憲彦・杵島正洋・松本直記
発行者―――――大野友寛
発行所―――――慶應義塾大学出版会株式会社
　　　　　　　〒 108-8346　東京都港区三田 2-19-30
　　　　　　　TEL　〔編集部〕03-3451-0931
　　　　　　　　　　〔営業部〕03-3451-3584〈ご注文〉
　　　　　　　　　　〔　〃　〕03-3451-6926
　　　　　　　FAX　〔営業部〕03-3451-3122
　　　　　　　振替　00190-8-155497
　　　　　　　https://www.keio-up.co.jp/
装　丁―――――後藤トシノブ
印刷・製本――三協美術印刷株式会社
カバー印刷――株式会社太平印刷社